探矿工程与地质勘探

崔正筠　韩玉珠　李少南　编著

吉林科学技术出版社

图书在版编目（CIP）数据

探矿工程与地质勘探 / 崔正筠，韩玉珠，李少南编

著 . -- 长春 : 吉林科学技术出版社，2019.8

ISBN 978-7-5578-5991-6

Ⅰ . ①探… Ⅱ . ①崔… ②韩… ③李… Ⅲ . ①探矿工

程—工程地质勘察 Ⅳ . ① P642

中国版本图书馆 CIP 数据核字 (2019) 第 167197 号

探矿工程与地质勘探

编　著	崔正筠　韩玉珠　李少南	
出 版 人	李　梁	
责任编辑	端金香	
封面设计	刘　华	
制　版	王　朋	
开　本	185mm×260mm	
字　数	330 千字	
印　张	15	
版　次	2019 年 8 月第 1 版	
印　次	2019 年 8 月第 1 次印刷	
出　版	吉林科学技术出版社	
发　行	吉林科学技术出版社	
地　址	长春市福祉大路 5788 号出版集团 A 座	
邮　编	130118	

发行部电话 / 传真　0431—81629529　　81629530　　81629531

　　　　　　　　　　81629532　　81629533　　81629534

储运部电话　0431—86059116

编辑部电话　0431—81629517

网　址	www.jlstp.net	
印　刷	北京宝莲鸿图科技有限公司	
书　号	ISBN 978-7-5578-5991-6	
定　价	60.00 元	

编委会

前　言

　　探矿工程有时也称勘探技术，一般泛指地质勘探工作中有关的工程技术。除钻探和坑探两个主要方面外，凡为了完成地质勘探工作而必须进行的其他工程，如交通运输、修配业务、动力供配等，也都属探矿工程的范畴。其中钻探工程又分为地质勘探钻进和工程技术钻进两种。前者根据地质设计，在预定地点，利用钻探设备钻穿岩层，取得岩样、水样、土样等实物资料，并通过钻孔进行地下物理测量或地下水动态观测等，在地质勘探中应用最广。

　　"地质"，准确的应叫地质学，习惯了就叫地质。地质学是七大自然科学之一，主要是研究地球及其成因和演化发展。实际应用是非常广泛的：地震的预测、各类矿产的寻找、勘探，灾害性的滑坡，古生物的演化。凡是建筑在地面上的物体，都要事先搞清楚地下的情况。地质勘探是在对矿产普查中发现有工业意义的矿床，为查明矿产的质和量，以及开采利用的技术条件，提供矿山建设设计所需要的矿产储量和地质资料，对一定地区内的岩石、地层、构造、矿产、水文、地貌等地质情况进行调查研究工作。

　　其中物理勘探简称"物探"，是以各种岩石和矿石的密度、磁性、电性、弹性、放射性等物理性质的差异为研究基础，用不同的物理方法和物探仪器，探测天然的或人工的地球物理场的变化，通过分析、研究获得的物探资料，推断、解释地质构造和矿产分布情况。主要的物探方法有重力勘探、磁法勘探、电法勘探、地震勘探、放射性勘探等。依据工作空间的不同，又可分为地面物探、航空物探、海洋物探、井中物探等。

目　录

第一章　岩土工程

第一节　岩土工程概论

一、简介

（一）岩土工程的形成

半个世纪以来岩土工程已形成一门独立的学科，它的迅速发展是由于国家大规模建设的开展。土木工程的规模越来越大，如三峡工程可称为世界上最大的岩土工程。一亿立方米岩土体的开挖带来了许多的岩土工程的难点和新点问题。

20世纪50年代Geo technical大家称为"土工技术"，就当时来说，人类的活动和建设主要在沿海和沿江地区，遇到的主要是土层，加之建设规模远不如现代，谈不上深基坑之类问题，所以这样的翻译也是顺理成章的。60年代开始了我国大规模"三线建设"，考虑靠山、进洞、隐蔽的要求，遇到的不仅仅是土的问题还有大量是岩石的问题，因此，Technikon cal也就称之为"岩土工程"。

随着岩土工程的发展，难题和新的问题不断出现。90年代出现"岩土工程"的英文称为Bioengineering，这是1991年国际滑坡和岩土工程学术会议上武汉理工大学首次提出，被与会代表所认同。

目前国家正式将岩土工程归为一级学科——土木工程的二级学科，设有硕士点和博士点，形成了一门独立的新兴学科。

（二）岩土工程的研究对象和目标

岩土工程作为一门工程学科，它必须有明确的对象，我们认为它的对象就是三个——边坡、基础、洞室（简称坡、基、洞），三者的形成可分为天然的和人工的。从物质结构组成可分为土体、岩体和混合体（土石混合）。这三者的稳定性是岩土工程的基本问题，如何评价，如何开挖都必须考虑它的稳定性，由此而派生的物性探测、参数测试、计算方法、监测预报、改性措施、先进的施工机械和组织等随之迅速发展，并推动了岩土工程的发展，丰富了岩土工程内涵。因此，作为岩土工程的目标就是要做到合理、有效、可靠、经济的坡、基、洞工程。

（三）岩土工程的研究内容

研究岩土体的性状和力学行为

—物理力学特性、应力应变、本构关系、地下水作用……

岩土体对建筑工程的响应

—承载力、稳定性、变形、破坏……

岩土体性状改善

—与工程匹配：桩、锚、置换、改性……

创造和改善人类生存的环境

—资源开发有用矿物（金属、非金属、石油、天然气），绿色建设，生态改善等措施……

（四）岩土工程的主干课程和主要相关课程

由此可见土力学和岩石力学是岩土工程的专业基础课，它重点研究岩土体的组成、性质、状态和力学行为，这些是岩土工程的最基础的研究内容，而就工程来说，必须还有施工、机械、组织、管理等一套技术。一句话，在稳定、可靠、合理的前提下，追求单位造价最低的最终目标。

当前急待解决教材建设，一套有明确内涵和目标要求的教材，对推动学科发展至关重要。

二、岩土工程的发展历史

8 年前，笔者曾经发表过一篇小文章，谈论过对岩土工程的认识。现在社会上对推行岩土工程体制已基本上没有争论了。随着形势飞跃的发展，给我国岩土工程界以机遇与挑战。广大岩土工程工作者，特别是年轻一代，负有重大的历史使命，应该充分利用这个良好时机，为完善岩土工程体制、为完成岩土工程体制与国际接轨而奋斗。

1. 历史背景

简略回顾岩土工程的发展历史背景是必要的。发达国家自二次世界大战结束后兴起的岩土工程（geotechnical engineering）行业至今有 50 多年了，在工程建设领域有很高的地位，备受相关方面的重视。

2. 我国推行岩土工程管理体制至今 30 余年

在原国家计委设计局和后来的建设部勘察设计司领导的大力倡导与支持下，经过有关社会团体、大专院校、科研单位、工程勘察设计骨干单位的不断努力，在人才培养、经验交流、技术立法、经济立法、体制改革等方面取得了卓有成效的成果。目前我国已初步确立了岩土工程体制，工程勘察的业务范围有了很大的扩展，从业人员的社会地位有明显提高。当然，在部门、地区之间、工程勘察设计单位之间岩土工程的技术水平、技术装备水平还是有明显差别的。为推进注册土木工程师（岩土）执业资格考试的落实，自 1998 年

6月成立第一届专家委员会以来，经过几年的筹备，今年2月又成立了第二届专家委员会。2001年12月我国正式加入了世界经济贸易组织（WTO）。建设部和人事部决定今年开始进行注册土木工程师（岩土）执业资格考试。这将推动我国岩土工程管理体制更快的发展，并最终与国际接轨。

与国际上发达国家相比，由于历史、社会等原因，我国岩土工程目前的差距主要表现在：

———政企没有真正分开，计划经济体制下的管理思维方式还没有根除，还没有摆脱某些行业分割、地区保护的局面；

———市场处于无序竞争等不正常状态；

———相当一部分专业技术人员的技术素质不够高，知识面太窄，解决岩土工程问题的能力不够强，技术装备不先进，与岩土工程体制不相适应；

———管理体制，特别是质量管理体制相当不完善，尤其是某些中、小型工程中岩土工程勘察工作量布置、钻探现场描述、取土、水试样和成果报告等方面的质量问题比较突出；———有的部门工程勘察设计单位内部分工过细，以致影响专业技术人员的全面发展。

上述这些问题严重影响我国岩土工程的进一步发展，有待各级政府主管部门、行业协会、广大工程勘察设计单位领导和岩土工程专业技术人员与管理人员共同努力，充分应对机遇与挑战，以尽快实现岩土工程管理体制与国际接轨。

（一）对策

1. 抓好深化体制改革

深化体制改革有多方面的工作需要做，其中与岩土工程发展密切相关的两个环节，就是要实行两个分开，即政企分开，技术（知识密集型）与劳务分开。二个分开，便于根除部门分割（垄断）、地区保护。根据国际发达国家和国内先进单位的经验，要鼓励成立以专业技术人员为主的岩土工程咨询（或顾问）公司和以劳务为主的钻探公司、岩土工程治理公司等；推行岩土工程总承包（或总分包），承担任务不受地区限制。岩土工程咨询（或顾问）公司承担的业务范围不受部门、地区的限制，只要是岩土工程（勘察、设计、咨询监理以及监测检测）都允许承担。但如果是岩土工程测试（或监测检测）公司，则只限于承担测试（监测检测）任务。钻探公司、岩土工程治理公司不能单独承接岩土工程有关任务，只能同岩土工程咨询（或顾问）公司签订承接合同。

入世后要适应竞争对手多元化的局面。

2. 认真研究世界贸易规则，搞好市场整顿

根据经济全球化的新形势，我国加入世界经济贸易组织后的对外承诺，允许外国企业在中国成立勘察设计咨询合资、合作企业，5年内开始允许外商成立独资企业。在行业协会的主持下，大力整顿工程勘察设计咨询市场秩序势在必行。按照服务贸易透明度原则和最惠国待遇原则，逐步建立公开、公正、公平、竞争有序的、统一开放的市场，以融入国际工程建设市场。各工程勘察设计咨询单位需要结合自身具体特点，找准自己的发展空间，

确定自身的发展战略，明确本单位在市场上将占据的位置。有条件的企业既要立足于国内（国内市场面对国际化环境），还要打入国外市场去创业。

入世后已有条件直接学习外资先进的管理模式和营销理念。

3．全面提高岩土工程队伍的整体素质

受传统工程地质勘查体制（请注意：这里不是指工程地质）弊端和工程勘察设计分工不合理的影响，早期大专院校培养的专业人才有不少人不适应岩土工程工作的要求。技术在不断发展，需要陆续更新知识。为此，行业协会需要定期对在职专业技术人员和管理人员进行再教育，按照不同类型进行培训。即使通过了土木工程师（岩土）执业资格考核、考试的，也应该按规定定期接受继续教育，以达到全面提高我国岩土工程队伍总体素质的目的。

在我国，岩土工程包括 5 个方面，作为一个合格的岩土工程师，不但要能够做好以岩土工程勘察、设计、咨询和监理为核心的技术把关，还应该能够准确提出岩土工程治理公司在施工中应注意的关键问题。因此，岩土工程师应具有全面的理论基础，还应有丰富的实践经验，素质的提高就得靠不断的充实积累，不断地总结提高。要善于实践，善于研究新问题，善于总结提高。

4．要改革市场准入制度，完善质量管理体制

现行新的《工程勘察单位资质分级标准》可以说是个过渡型的标准，还带有计划经济性质的成分。单位资质的弊端是显而易见的。总工程师的个人素质再高，也把握不住现场工序中的漏洞。不少工程质量事故的实例可以充分说明这一点。国际通行的市场准入制度是着眼于负责签发工程成果，并对工程质量负终生责任的专业技术人员的基本素质上，单位靠符合准入条件的注册岩土工程师在成果、信誉、质量、优质服务上的竞争。岩土工程市场在实行注册岩土工程师执业制度后，将逐步过渡到由岩土工程师去主宰，再加上完善的岗位质量责任制，目前工程质量的弊病才有可能根除。

可见，进行注册土木工程师（岩土）执业资格考试具有深远的意义。这有利于进一步推行岩土工程体制，有利于提高岩土工程技术队伍的总体素质，有利于保证工程质量，有利于加强国际交流，推动我国岩土工程与国际接轨。

（二）几个热点问题的讨论

1．重视技术创新问题

抓好技术创新，有利于提高单位的竞争力和信誉，有利于提高工程质量，这是优胜的后盾。从行业总体来说，广义的技术创新包括专业技术人员的技术创新、技术装备的创新、施工法的创新等等，这是赶超世界先进水平的动力。因此各级领导和广大专业技术人员都要重视和鼓励技术创新。

2．要推动岩土工程咨询监理的正常开展

在国际上，岩土工程咨询监理有悠久的历史，受到社会的重视。在中国，由于历史和

社会的原因，岩土工程咨询监理没有正常的开展，只有上海等地区开展得好一些。现行的《工程勘察单位资质分级标准》已经将岩土工程咨询监理与岩土工程勘察、设计、监测检测并列为综合类和专业类甲级可以承担的业务范围。为此，岩土工程骨干单位应该不失时机，积极创造条件，开展岩土工程咨询监理业务，很好地抓住这个经济增长点。

3. **推动环境岩土工程的发展**

环境工程地质（environmental engineering geology）和环境岩土工程（environmental geotechnology）先后兴起于 1981 年和 1982 年，在中国先后开展了几次全国性的环境工程地质学术会议，在美国、中国等国家先后召开了几次国际性的环境岩土工程的学术会议。两者属于两个不同的学科，又密切相连。环境岩土工程是岩土工程的重要组成部分，特别是在某些特定环境下的工程建设必须予以充分重视，不能忽略。由于某些原因，环境岩土工程的发展在我国受到了不应有的干扰和忽视。几十年来大量的工程事故及其造成的恶果，有力地说明了不重视环境岩土工程就要受到惩罚。作为一个岩土工程的专业技术人员，不掌握环境岩土工程的有关专业知识和技能是极不称职的。新的《工程勘察单位资质分级标准》中已将环境岩土工程作为工程分级标准的内容，足见工程建设主管部门对环境岩土工程的重视。行业协会等有关社会团体、广大岩土工程专业技术人员、管理人员需要同心协力，共同为推动环境岩土工程的发展而坚持不懈地努力。

三、岩土工程概述

岩土工程作为一门独立的专业，发展历史并不长，在国际上起源于 20 世纪 60 年代，传入中国不超过 30 年。文中对岩土工程进行简单介绍。

（一）岩土工程的定义

在 JSJ 84—94 建筑岩土工程勘察基本术语标准中定义为"以土力学、岩体力学及工程地质学为理论基础，运用各种勘察探测技术对岩土体进行综合整治、改造和利用而进行的系统性工作"。

GB/T 50279—98 岩土工程基本术语标准中定义为"土木工程中涉及岩石、土的利用、处理或改良的科学技术"。以上表述均抓住了岩土的工程性质和整治改造的中心特质。

（二）岩土工程的研究对象、内容和任务

从岩土工程的定义中可以看到，岩石和土（包括岩土中的水）是岩土工程研究的基本对象。在这个对象分类中，当岩土作为地基来承载建筑物、道路、桥梁、设备和堆场堆料时，它是承载体。文中主要研究的是岩土的强度和变形问题，在地基基础设计中强调地基变形控制原则；当基坑工程、边坡工程、地下洞室开挖的工程施工时，此时的岩土体既可能是荷载，也可能是自承体，面临的是岩土体的变形和稳定问题；另外，当岩土作为建筑材料应用于堤坝、围堰及填方工程时，以岩土材料的选用和质量控制作为主要研究方向，

并兼顾岩土体的稳定和变形。当然，地质灾害和环境工程方面也是以岩土的各种性质为另一个研究方向。

岩土工程的主要工作内容有以下几方面：

1. 岩土工程勘察，是依据国家现行有关技术规范、规程要求，在继续做好工程地质勘查的基础上，紧密结合工程的特点和要求，进行岩土工程的技术分析和论证，依据技术可靠、经济合理并切实可行的原则，提出岩土工程评价、建议方案和施工要点等。

2. 岩土工程设计，是依据岩土工程勘察报告及建（构）筑物结构设计提供的数据和要求，以岩土体作为工程结构和工程材料的工程设计。例如地基基础设计、边坡设计等。

3. 岩土工程治理（施工），主要指岩土工程设计项目的具体实施，如地基处理、岩土体加固改良的施工等。

4. 岩土工程监测，主要是基坑开挖以后的地基检验、地基回弹观测、各类岩土工程施工期间的检验和监测（包括质量检验和监测、重要建筑物和构筑物的变形长期观测）、边坡监测、滑坡位移监测、地下水长期观测以及现场原位测试等。

5. 岩土工程监理，指对岩土工程全过程进行监督检查，控制勘察、设计与施工质量，及时解决工程建设过程中的岩土工程问题。岩土工程的中心任务是将岩土体作为工程建设环境、建设材料，并将其与建（构）筑物联系起来，组成一个有机的整体，进行合理地利用、整治和改造，以求解决和处理工程建设中出现的与岩土体有关的工程技术问题。简单说来就是处理地质体的工程缺陷，使之满足工程建筑物对岩土体的工程要求。

岩土工程的特点：

岩土工程是土木工程的一个分支，作为一门独立的技术科学，有其特有的一些特点，下面仅谈谈其主要特点，尚不很全面：

1. 岩土工程和其他一些相关学科有密切的联系，其中同工程地质和结构工程密切关系尤为突出，这里仅简述一下岩土工程和以上二者间的关系。工程地质主要研究与工程建设有关的一些工程动力地质作用和现象，包括它们的特征、形成机制、发生和发展演化规律、影响因素、可能产生的工程地质问题、分析评价和预测预报方法以及防治措施，即侧重于与工程有关的地质方面的研究。而岩土工程是以此为基础，根据工程目标和地质条件，建造满足使用要求和安全要求的工程或工程的一部分，解决工程建设中所有与岩土有关的技术问题。简单地说工程地质是研究地质体的工程缺陷，岩土工程则强调对岩土体的合理利用、整治和改造。

岩土工程和结构工程的密切关系是显而易见的。无论何种建（构）筑物、道路桥梁和隧道洞室等都是建造在地基上甚至是岩土体内，地基和上部结构之间必须同时满足静力平衡和变形协调两个前提条件。地基的变形会改变结构的应力，结构的荷载分布和刚度变化又会产生不同的地基变形，地基是否破坏、变形是否过大直接影响结构的安全和使用功能。因此，地基和上部结构是相互影响、相互作用的一个有机整体，研究地基的岩土工程和研究上部结构的结构工程之间的密切关系则可见一斑了。

2.岩石和土本身具有的特点也赋予了岩土工程与众不同的特性——复杂性。岩石和土不同于混凝土、钢材等性质较为均匀连续的人工材料。土是碎散的颗粒，颗粒之间存在大量的孔隙，可以透水、透气，即具有孔隙性，这是土的第一个主要特征——碎散性；自然界中的土一般都是由固体颗粒、水和气体三种成分组成，这是土的第二个主要特征——三相体系；土的第三个主要特征——自然变异性，因为土是自然界在漫长的地质年代内形成的性质复杂、不均匀、各向异性且随时间不断变化的材料。岩石的主要特征是具有裂隙性。岩石处在一定的地质环境中，由各种宏观地质界面（断层、节理、破碎带、层理、接触带等）分割成具有一定结构的地质体，于是具有或长或短，或稀或密，或宽或窄的裂隙。这些地质界面统称为结构面或不连续面，岩石与其结构面的共同体称为"岩体"。岩体具有非连续性、非均质性、各向异性、异于自重应力场的天然应力场和岩体中水对其性质有重要影响等特点。以上岩石和土的复杂性赋予了岩土工程特殊的复杂性。

3.岩土工程具有不确定、不严密、不完整和不成熟性。岩土工程是由土力学、岩体力学对岩土的工程地质性质和力学性质进行研究，是以传统力学为基础发展而来的。力学的计算要求有相对明确的计算条件，而岩土体的复杂性则决定了它无法确定一个相对明确的计算条件。因为岩土体的复杂在于它无法用一个准确的模型来模拟，它既非刚体，也非典型的弹塑性体，不能以理想的黏滞液体模拟。岩土体本身的性质不同于相对均匀连续的混凝土、钢材等人工材料，是不可控的，是自然界给定的。而且，这种性质只能通过勘察查明而又不能完全查明——具有条件不确定性。代表岩土性质的各种指标只有通过原位测试、原型监测和室内试验取得。同一指标在不同的试验中，由于条件、原理、方法以及精度不同往往会得到不同的成果数据，因此取得的计算参数就不是精确的——具有参数不确定性。另外，岩土工程学的确立尚不足50年，犹如一个人的婴幼儿时期，人格和身体发育远谈不上完整和成熟。

4.可以预测，由于岩土工程与其他相邻学科存在相互重叠、相互搭接的部分，其他相邻学科以及电子、计算机等应用技术的发展必将促进岩土工程的发展。另外，岩土工程作为一门应用科学，是土木工程的一个分支，随着土木工程建设的发展，土木工程中的岩土工程问题会不断出现，也必然会不断地促进岩土工程的持续发展。当今世界，人口不断增加，特别是我国由于人口基数大，人口增长更加迅速，直接加快了城市数目、规模和公路铁路的增加、扩大速度。今后岩土工程不但会在水利工程、矿山（井）工程、建筑工程、市政工程和交通工程等方面继续发挥重要作用，还将在人类不断向地下、海洋、沙漠拓展生存空间的过程中发挥先锋作用。总之，在今后滚滚向前的工程建设浪潮中，岩土工程师面临的既是巨大的挑战也是罕见的机遇，是大有可为的。

四、岩土工程施工技术

对岩土工程施工方法进行系统的分析、研究和总结，深刻认识岩土工程施工的规律性特点，准确把握各类施工技术的真正内涵，使施工技术的选择和实施与所需解决岩土工程问题的设计方案圆满地结合起来，对岩土工程学科的发展和完善具有重大意义。

（一）岩土工程施工技术的特点

1. 不确定性

首先，由岩土工程勘察报告中的很少的场地数据很难对场地岩土的全部性能都了解清楚；其次，某些岩土的结构及性能参数又容易随环境条件而改变，而施工时又常改变了岩土的环境条件；第三，改变了的岩土结构及性能反过来对施工过程又施加一定的影响，不可能在事先把这一切了解得非常清楚，所以施工是在对岩土性质及其变化不是全部了解清楚的情况下进行的。这种不确定性的影响，轻则需调整施工工艺参数，重则甚至改变工法，这是无法回避的事实。根据原位测试和现场监测得到施工过程中的各种信息进行反分析，根据反分析结果修改设计、指导施工，这种信息化施工方法将是解决这个问题的重要手段。

2. 区域性

各地区的自然条件不同，岩土性质存在很大差异。不同土的应力应变关系不一样，压缩性指标和抗剪强度指标、工程处理目的、设计参数，施工的方法都不相同。例如，在施工技术的选用上，上海注重软土的；重庆注重山区岩石的；太原则注重能够解决湿陷性黄土问题的。

3. 隐蔽性

地基处理、桩基、地下连续墙、锚杆等都是在岩土中隐蔽施工，工程完成后的运行也是在隐蔽条件下进行的，不易发现问题，出现问题后的判断和处理难度也较大，而且是否解决了问题须有一定的时间来验证。在岩土工程施工中、工后采用了各种有针对性的检测、监测方法，检测、监测成为解决这类隐蔽性工程可能出现问题的重要技术手段。

4. 依赖性

众多岩土工程施工技术，不但取决于所需解决的岩土工程问题，更依赖于相关学科的发展。20 世纪 60 年代末随高压射流切割技术的发展，出现了高压喷射注浆法；射流泵及真空泵技术孕育出来真空预压法；液压技术的发展，使大吨位的静压桩变为现实；超声波技术的发展，使岩土工程施工技术的质量检验上了一个新台阶，其与相关的岩土工程施工技术配套，使信息化施工成为可能。

5. 前导性

各种施工技术都是先研究施工效果，后研究计算理论和设计方法，如复合地基、扩底桩、夯扩桩、夯实水泥土桩等迅速发展完善及大范围的应用，但其相应的设计计算理论还在"蹒跚而行"。

（二）我国岩土工程施工技术应用现状

1. 地基处理技术

（1）世界上各种成熟的地基处理方法在我国都得到了广泛的研究和应用，有些工法，如真空预压法达到了世界领先水平；

（2）自主开发了一系列有本国特色的地基处理技术，如二灰桩复合地基；钢渣桩复合地基；渣土桩复合地基等，这些成果的开发应用，不仅节约大量资源，降低工程费用，改善环境、减少城市污染，而且使形成的复合地基桩土应力比更趋合理；

（3）研究开发了介于桩基与复合地基之间的新型地基基础形式———钢筋混凝土疏桩复合地基，使桩间土的承载作用得到充分发挥，桩、土共同承受上部结构荷载，从而有效控制建筑物沉降；

（4）托换技术在手段和工艺上有了显著进展，完成了许多高难度的托换工程，我国建筑物整体平移技术居世界领先地位，从 20 世纪 60 年代到目前为止，全国已有 40 座大楼被整体"搬家"，超过国外大楼平移的总和；

（5）我国在建筑物纠偏技术中采用了水冲法、应力释放法、反向掏芯抽降法等，将大量条形基础、筏式基础以及桩基础的倾斜建筑物纠正。

2. 基础工程施工技术

（1）各种先进的、落后的，技术含量高的、技术含量低的大直径钻、冲、挖孔桩技术在全国各地得到广泛的使用；

（2）研究开发了后压浆桩技术，在灌注桩成桩后对桩底和桩身表面实施压力灌浆，改善桩端和桩周土性，提高桩基承载力，减少桩基沉降量，效果显著；

（3）注重施工中的环境效应，采用预钻孔、静压等措施，扩大了钢筋混凝土预制桩的应用范围，而且由于其质量相对稳定可靠，故在城市郊区或场地宽阔的工程以及不宜用其他桩型的场合仍采用；

（4）沉管灌注桩已在数亿平方米的工业与民用建筑中应用，在中小城市，因其低廉的造价，使用极其广泛。

3. 边坡加固工程施工技术

（1）我国岩土锚固的应用在 20 纪 80 年代后进入飞速发展时期，在边坡稳定、深基坑支护等许多水利、电力和城市建设重大工程中得到应用，施工设备、机具、材料完全自力更生；

（2）采用二次灌浆技术，大幅度提高了软土中锚杆的承载力；基本上掌握了软土中锚杆蠕变变形和预应力值变化的规律；在实践中，找到了控制软土基坑周边位移的若干有效方法，我国的软土锚固技术接近世界先进水平；

（3）土钉支护技术在我国发展很快，如土钉支护与其他的止水设施或支护结构相结合使用，形成的复合土钉支护；土钉支护与深层搅拌桩、高压旋喷桩相结合构成的止水型土钉支护；土钉与预应力锚杆相结合构成的加强型土钉支护；土钉与微型桩、超前注浆、超前竖向土钉相结合的超前加固型土钉支护等，拓宽了土钉支护的应用领域，我国的土钉支护技术已跻身于世界先进行列；

（4）采用各种排桩支护结构，辅以深层搅拌桩等隔水措施来代替槽式地下连续墙，经济实用的 SMW 支护结构也在我国研制成功；

（5）对基坑开挖过程重新审视，按时空效应原理开挖基坑，是基坑工程中的重大技术创新和变革，其原理为解决其他岩土工程问题开辟了一个新的途径。

4. 非开挖技术

非开挖技术是指在不开挖地表的条件下探测、检查、修复、更换和铺设各种地下管线的技术，是近 30 年来发达国家发展起来的一项非社会效益与经济效益极为良好的高新技术。我国引进这类技术不到 10 年，尚处于消化、吸收阶段。

（三）岩土工程施工技术的运用和发展

1. 岩土工程施工技术的选用原则

（1）经济性原则

由于施工技术的"不确定性"，每类岩土工程问题往往要准备几套技术或方案，而每种技术方法有可能应用于几类岩土工程问题，需要通过经济、工期、技术、安全等方面对比才能选定。但无论如何，技术的经济性占第一位，这也符合国情。

（2）适用性原则

实施任何一项技术都涉及人与物、空间与时间、天时与地利、工艺与设备、使用与维修、专业与协作、供应与消耗等各种矛盾，不仅要满足工程的总体要求，而且还要考虑各部分之间的互动影响，此外还要考虑施工技术的"隐蔽性"，所以在岩土工程上没有绝对好或不好的技术。亦即不能以某种技术的某个 / 几种指标来评定它是绝对好或差的技术。不一定使用最好的，但一定使用最合适的施工技术。

（3）实践性原则

由于岩土工程施工技术的"不确定性""依赖性"和"前导性"，所以某种技术是否可行决不能仅依靠理论分析、计算来判断，更重要的是实践，因为技术方法、方案的选定并不是一成不变的，施工工艺的改进，新机具、设备的出现和不断改善，使得相同的设计采用了与以往不同的技术方法来完成，它与长期不变的结构设计是不同的。

（4）绿色性原则

岩土工程施工中的环境效应，各种施工方法对环境的影响程度，将成为选用与否的重要参考。可以预计，随着各地日益严格的不改进，将逐渐退出历史舞台，更多的绿色施工技术将成为"主角"。

2. 岩土工程施工技术的发展方向

（1）我国现代土木工程建设发展趋势是人们将不断拓展新的生存空间，开发地下空间；

向海洋进军，修建跨海大桥、海底隧道和人工岛；改造沙漠修建高速公路和高速铁路等，与之相应的技术方法也将不断地出现、完善、更新；

（2）对已有的技术方法进行"反思"，不断拓宽其适用的条件。随着相关学科技术日新月异的发展，可能规范公布之日，就是其中的某些技术原则、参数"落伍之时"。通过"反思"，振冲法应用地层由砂性土拓宽到黏性土，深层搅拌法由软土拓宽到湿陷性黄土，所以"反思"是十分必要的；

（3）对众多的施工方法进行"梳理"，大力发展和推广绿色施工方法，引进开发了发达国家的技术、设备，应该尽快地本土化；

（4）每一项岩土工程施工技术都体现了众多学科的研究成果，所以对机械、材料、冶金、电子、计算机、化工、化学、流体力学、岩土力学等学科的前沿实用理论、技术进行不断地追踪、了解和掌握是岩土工程技术创新之源。

1. 通过分析，研究，揭示了岩土工程施工技术中的规律性特点及其产生的原因；

2. 提出的在岩土工程施工中"不一定使用最好的，但一定使用最合适的"原则为未来一段时间内的首选；

3. 在国际竞争大环境下，我国的岩土工程施工技术应尽快适应于我国土木工程建设发展趋势的需要，对现有的技术方法进行"反思"，对引进的技术尽快地本土化，是立足之本；追踪相关学科理论、技术的发展，这是创新之源。

五、岩土工程勘察工作的任务

（一）何谓岩土工程勘察

设计和施工的基础是岩土工程勘察工作。如果勘察工作不到位，将会揭露出不良工程地质问题来。即使上部构造的设计、施工达到了优质，也会遭受到破坏。不同类型、不同规模的工程活动都会给地质环境带来不同程度的影响；相反，不同的地质条件又会给工程建设带来不同程度的效应。

岩土工程勘察工作，主要是为了查明地质条件、分析地质问题、对建筑地区做出评价。岩土工程勘察工作的任务主要是按照要求，查明场地的工程地质条件及岩土体性态的影响，结合工程设计、施工条件以及地基处理等工程的具体要求，进行论证与评价。提出具体的建议应该如何处理岩土工程问题及解决问题，并提出设计准则和指导性意见，为设计、施工提供依据，服务于工程建设的过程。

岩土工程勘察工作应该分阶段进行。岩土工程勘察可分为选址勘察、初步勘察和详细勘察三阶段，其中可行性研究勘察应符合场地方案确定的要求；初步勘察应符合初步设计或扩大初步设计的要求；详细勘察应符合施工设计的要求。

岩土工程地质勘查的主要内容包括：调查工程的地质、勘探和采取岩土水试样、原位测验、室内测试、现场检测。最终根据以上几种或全部手段，对场地工程地质条件进行定性或定量分析评价,编制满足不同阶段所需的成果报告文件。

    岩土工程勘察要求我们不仅仅限于传统的勘察方法和勘察手段,还要面临更多的考验,需要找到更科学、更有效的解决办法。基础地质资料主要是对区域地质调查和基础地质调查研究的结果,不仅可以为岩土工程勘察提供原始的地质资料,还能有效节约勘察的成本和对技术的要求。

(二)岩土工程勘察的方法

1.测绘与调查

    在勘察的初期阶段,工程地质测绘是岩土工程勘察的基础工作。这一方法的本质是运用地质、工程地质理论,对地质现象进行观察和描述,分析其性质和规律,得以推断出地下的地质情况,为勘探、测试工作等勘察方法提供依据。在地形地貌和地质条件较复杂的场地,必须进行地质测绘;但对地形平坦、地质条件简单且较狭小的场地,则可采用调查代替地质测绘。工程地质测绘是调查场地工程地质条件最有效的方法。高质量的测绘工作能够准确地判断地下的地质情况,并能够起到重要作用去有效地指导其他勘察方法。

    工程地质测绘应做到:

    (1)充分收集和利用已有资料,并综合分析,认真研究,对重要地质问题,必须经过实地校核验证;

    (2)中心突出,目的明确,针对与工程有关的地质问题进行地质测绘;

    (3)保证第一手资料准确可靠,边测绘,边整理;

    (4)注意点、线、面、体之间的有机联系。为了能够掌握工程地质测绘的基本程序及过程,实地拟按生产实际分为资料准备、外业测绘及资料综合整理等三个阶段进行。

2.勘探与物探

    勘探工作的各种方法包括物探、钻探和坑探等。这些都是用来调查地下地质情况的有效方法,也可以利用勘探工程取样来进行原位测试和监测。根据勘察目的和岩土的特性,分别选用上述不同的勘探方法。

    物探是一种间接的勘探手段,与钻探和坑探比较,比较方便、经济和迅速,可以迅速解决工程地质测绘中难以了解却又急待了解的地下地质情况,经常与测绘工作配合使用。它可以作为钻探和坑探的辅助手段。但是,物探成果的判断经常具有不确定性,容易会受地形条件等的限制,所以还是需用勘探工程来验证。

    钻探和坑探也称勘探工程,都是直接勘探的手段,可以根据这个了解地下的地质情况,在岩土工程勘察中,这个是必不可少的。其中钻探的使用最普遍,不同的钻探方法可根据地层类别和勘察要求选用。当钻探方法不能查明地下地质情况时,可采用坑探的方法。由于坑探工程的类型较多,所以应该根据勘察的要求精确地选用。

3.原位测试与室内试验

    为岩土工程问题分析评价提供所需的技术参数,包括岩土的物性指标、强度参数、固结变形特性参数、渗透性参数和应力、应变时间关系的参数是原位测试与室内试验的主要目的。原位测试一般都有助于勘探工程的有效进行，是另一种勘察方法。我们可以对比一下原位测试与室内试验，可以得出它们都会有各自的优缺点，毕竟在世上是没有完美的事的。因此我们需要根据情况来去选择最适合的方法。

4. 现场检验与监测工作

构成岩土工程系统的一个重要环节之一是现场检验与监测工作，在施工和运营期间会进行大量的工作；但是这个一般需在高级勘察阶段开始实施，因此又常常被列为另外一种勘察方法。能有效地保证工程质量和安全，提高工程的效益。

所谓的现场检验，就是包括在施工阶段对之前岩土工程勘察成果的验证检查以及对岩土工程施工监控和质量控制。现场监测主要包含施工作用和各类荷载对岩土反应性状的监测、施工和运营中的结构物的监测和对环境影响的监测等各个方面。

在检验与监测所获取的资料，可以及时修正设计，在技术和经济方面优化。因为由此可以反求出某些工程技术参数。这项工作主要是在施工期间内进行，如果在建筑物竣工运营期间进行，那就是有特殊要求的工程或者是一些对工程有重要影响的不良地质现象。

伴随着科学与技术的高速发展，可以不断在岩土工程勘察领域中加入高科技的应用。

（三）岩土工程勘察中常见问题与解决办法

1. 岩土工程勘察中常见的问题如下

（1）资料搜集不全，任务不明确。设计意图明确，才能有的放矢地解决工程设计和施工中的岩土工程问题。《岩土工程勘察规范》明确规定详勘时应"搜集附有坐标和地形的建筑总平面图；场区的地面整平标高；建筑物的性质、规模、荷载、结构特点；基础形式、埋置深度；地基允许变形等资料"。但不少勘察报告前期资料搜集不全，拟建工程的结构形式、地面整平标高等情况不清，勘察技术不能满足设计单位的要求。

（2）有关界面划分的问题。有不良地质体的地质界面、地质构造和软弱结构面的判定、岩土体和岩石风化程度的界面划分等。

（3）对于地质形态的问题。有地下物体、空洞及埋藏的深度、分布的形态的问题。

（4）关于岩土参数的问题。难以取到原状岩土样和难以进行室内外试验的岩土层。很难确定岩土的设计参数。

（5）对于综合能力的问题。某些勘察技术人员缺乏以下方面的能力：对勘察各专业的室内和野外原始资料的整理、分析和利用；缺乏如何辨别真伪、去伪存真、补充印证、归纳总结；缺乏建筑、结构设计方面的知识。常造成勘察的目的性不明确，所提供的资料不能 TECHNOLOGY WINDTECHNOLOGY WIND 满足设计的需要。

（6）关于技术素质的问题。大部分是关于勘察技术人员知识的广度和深度问题，勘察的各专业主要是缺乏内部沟通和技术交流问题，对于各自的技术服务对象和技术发展的状况不太了解，导致碰到重大项目和复杂工程时束手无策，不知应采用何种技术方法和手段去解决所碰到的技术问题。

2. 解决办法如下

（1）严格执行建设程序、规范市场行为、推行全程化监理。先勘察、后设计、再施工，这是工程建设必须遵守的基本程序，也是国家一再强调的十分重要的几个环节。

（2）加强勘察技术人员的再教育和技术培训并形成定期制度，促进其知识的更新换代。勘察单位施行内部岗位轮换制度，促成勘察各专业的技术交流、知识渗透，尽可能组织技术人员参加各种有关的学术活动和讲座，达到扩大勘察技术人员的知识广度和深度的目的。强调计算机技术的应用（如受压层深度计算、承载力计算、土压力计算、各类静力或动力有限元计算、基坑支护设计计算、沉降分析、数理统计、地基与基础协同作用分析、地震效应分析、渗流分析等），采取这些措施无疑可以大大提高他们的技术综合能力。

（3）野外严格按操作规程要求进行施工，结合各种勘察工作方法手段成果，做到野外资料全面准确可靠，室内整理编写岩工工程勘察报告资料应完整、真实准确、数据无误、图表清晰、结论有据、建议合理、便于使用和适宜长期保存，并应因地制宜，重点突出，有明确的工程针对性。

六、岩土工程勘察思考

20 世纪 80 年代以来，我国开始实施岩土工程勘察体制，开始针对各个场地的岩土工程条件，提出建议，帮助设计选定基础处理形式与施工方案，工程勘察工作的领域随之拓宽。随着工程勘察水平的不断提高，工程勘察正逐步与岩土工程相融合；同时由于岩土工程研究和改造对象与工程勘察对象相一致，因此，今后岩土工程的发展方向也可能逐步走向勘察、设计一体化。工程勘察中的岩土工程勘察日益向着勘察设计更加密切联系的岩土工程方向发展。

近年来，岩土工程勘察在快速的发展过程中，不论是在体制还是在勘察方法、计算机辅助软件、勘察报告编制等各方面工作都有了长足的进步，并且还在不断优化中。广州市多个道路、桥梁、污水管及泵站等市政工程的岩土工程勘察报告，并深入钻探工地，做十字板剪切、静力触探、测斜等现场试验，在工程实践的基础上积累了一定的岩土工程勘察经验，且形成了自己的一些初步看法。下面就以在岩土工程勘察工作中所意识到的问题提出讨论。

（一）勘察布孔

勘察与设计的接口：收到设计人的勘察任务书后，应认真阅读，仔细分析，充分了解设计意图，不明白的地方及时与设计人沟通，存在疑虑的地方需向设计人提出。设计人往往有偏于保守的倾向，如对地基承载力要求过高、要求一桩一钻、对桩基承载力提出过高要求等。由于岩土体始终是一个灰箱，无法彻底查清岩土体的分布及其物理力学参数，在做与岩土相关的工程设计时固然要留有一定的安全富余度，但是必须在了解场地岩土条件的情况下才能准确把握安全的尺度，采用过于保守的岩土参数，过高的安全系数将不可避免地造成工程建设的极大浪费。做岩土工程勘察的人一般比做结构设计的人更清楚或者更容易把握场地的岩土条件情况，因此岩土工程师应当，也有必要提出意见供设计人参考。

在勘察任务书与工程平面布置图确认无误后，勘察人员应到现场踏勘，了解场地情况，并提出勘察纲要供钻探等供外业使用。

（二）外业钻探

为加快勘察进度，标贯孔，特别是取样钻孔应优先施工。标贯孔先施工可以尽早了解砂土层的密实度和稠度情况，为野外勾画草图提供方便，取样钻孔先施工，可以尽早为岩土实验室提供样品，避免因为未出具试验结果而迟迟不能提交正式报告。

（三）现场试验

现场试验是确定岩土物理力学性质的可靠方法。目前最常用的岩土现场试验有标准贯入、静力触探、十字板剪切、抽水试验等。由于标准贯入试验可以非常简捷有效及时地划分出砂土的密实度及稠度，因而成为岩土工程勘察最常用的现场试验手段。对软土则需要做十字板剪切试验确定其的抗剪强度和灵敏度。

做十字板剪切试验之前，应先做静力触探试验，以划分土层，这样既可以针对有需要的软土层做试验，同时可以避免十字板剪切试验出现板头损坏等事故。条件许可则可备两套微机、探头/板头、电缆及杆件，以避免频繁的更换静探探头和十字板头，切换工作模式，从而减少出错概率，并提高工作效率。

提高十字板剪切试验效率的另一项建议是：加密十字剪切试验的垂向密度。增加十字板剪切试验的垂向密度的边际效益非常明显，即利用架设好的十字板试验设备，无须更换板头和重新架设，只增加少量时间，而获得的试验数据则可以成倍增加，大大增加了统计的置信度，进而增进对岩土层的认识。

（四）编录

钻探编录则是工程勘察质量保证的基础。工程地质野外编录应力求简明准确，抓住密实度、稠度、风化程度等主要特征，准确地描述，并划分层位。

随着办公自动化、无纸化的普及，以及数码相机、手提电脑价格地不断下降，应适时地为外业人员配备数码相机和手提电脑。目前外业人员一般都携带数码相机，以便拍摄场地条件及岩芯相片，建议将手提电脑也提供给外业编录人员。一方面，有手提电脑的帮助可以提高外业人员的编录速度，还可利用电脑绘制剖面草图等，提高编录的准确性；另一方面，编录后即可通过邮件等发回办公室或驻地，内业人员可以迅速获得编录信息，亦无须重复录入编录内容，进一步提高了效率。

（五）室内试验

岩土层划分及其物理力学参数是岩土工程勘察的最重要成果。前者一般通过钻探及现场试验可划分，而岩土的物理力学参数一般是通过室内土工试验成果统计确定。

勘察人员在录入试验数据的过程中既浪费时间，又容易出错。在勘察报告的编写过程中，试验数据及编录表的录入约占 10% ～ 15% 的时间，因此实现试验数据电子版本的通用及野外编录工作的电脑录入，可以大大提高勘察报告的编写速度。

室内试验存在的另一个突出问题是：岩土样品试验项目的选择问题。建议设计人在提出勘察任务时应明确选择所需岩土参数。

（六）提出建议

从事岩土工程勘察工作应熟悉桩基及各种地基处理方法，提出切实有效的地基处理方案。在工程建设中，设计人往往忽略了勘察报告中在基础处理形式及施工方案方面的建议。勘察和设计往往隶属于不同部门，勘察部门在勘查报告移交后，就万事大吉；设计部门收到勘察报告时，只看剖面图、柱状图和岩土参数，对地基处理建议等不加重视。此外，勘察人员由于工作的局限性，偏重于查明岩土情况，缺乏地基处理方面的设计施工经验，勘察报告中的建议往往比较空泛，久而久之，设计人员对勘察建议重视程度降低。

（七）岩土勘察信息库

多年以来都有学者提出建立岩土勘察信息库的建议，将已有的勘察资料部分甚至全部输入到上述信息库里面，今后临近的工程就可以直接利用前人钻孔资料，以减少时间和金钱的耗费。

从制度上讲，假设一个区域建立了这样的信息库，则该区域就可以减少或者不用钻探了，那么该区域的勘察单位就是面临无米下锅的困难境地。而勘察单位在不断提供资料的同时，发展变得越来越难以为继，其中的利益分配还有待于从制度层面上厘清。

从技术上讲，岩土勘察信息库就算建立起来了，依然有很大的局限性。高层建筑、深基坑、地下铁道、隧道不断涌现，不可能有现成的足够深度的钻探资料以资利用；对于桩基础，往往需要一桩一钻，在岩溶地区，对于大直径桩甚至于要一桩几钻，不可能利用几十米或者几米以外的旧资料来设计桩基！

因此，想通过收集已有钻孔资料建设信息库来取代今后的勘察工作是不可取的，但信息库的建设，必然有利于对工程场地岩土条件的初步认识，也可以减少初步勘察的工程量。

七、工程物探与岩土工程

工岩土工程是一门多学科的综合性边缘学科。从事这一专业的技术人员需要掌握广泛的学科知识（如工程地质、工程测量、水文地质、工程物探、土力学、结构力学、土木建筑、计算机应用等）和具有较强的综合分析能力。20 世纪 80 年代以来，伴随着国民经济的高速发展，我国岩土工程的基础理论研究、设计、勘察手段和诸多相近专业的技术水平及所依赖的诸多测试方法、设备有了质的飞跃。我国工程勘察专业开始逐渐向岩土工程延伸，从而大大促进了岩土工程技术发展，也带动了许多相近专业技术水平的提高。与岩土工程密切相关的工程物探是近 20 年才发展起来的一种服务于工程建设的新的地球物理探测技术，它是一种非破损探测技术，具有采样密度大、速度快、成本低、所采集的信息量大、科技含量高、服务领域宽等特点。

（一）工程物探的发展与展望

1. 工程物探技术

近 20 年来，工程物探技术取得了飞速的发展，集中体现在根据弹性波理论、电磁波理论和电学原理发展而来的各种工程物探技术。主要有浅层地震反射波法、浅层地震折射波法与弹性波测井、面波法、多道瞬态面波法、多波地震映象法、高密度电法、地质雷达技术、TEM 法、电磁波层析成像技术（CT）、桩基无损检测技术、地下管线探测技术等。这些新技术已被广泛应用于国民经济中各行各业的工程建设项目上，解决了诸多以前用传统勘察方法无法解决的岩土工程技术难题。工程物探作为一种新的、有效勘探、检测手段被越来越多的岩土工程、设计人员所接受。

但是，应明确各种工程物探方法的有效性决定于它对探测对象物性的适用性，物性条件的适用性越强，解决问题的可靠性越大，因此，为了有效地解决某些岩土工程复杂的技术难题，必须采用多种工程物探手段联合使用，互相补充、互相验证，这就是综合工程物探技术。

20 年来，众多工程物探技术发展的成熟程度不尽相同。在岩土工程专业方面应用最广泛的主要是由弹性波理论发展而来的面波勘探技术、多波地震映象技术、浅层地震反射波和折射波勘探技术、弹性波测井技术和弹性波无损检测技术，它们被广泛应用于岩土工程勘察、特殊地质条件勘察与评价、治理和工程质量检测。

我们相信在广大工程物探专业技术人员的努力下，这些新的物探技术将会不断地得到完善，其应用领域将会越来越广阔。

2. 工程物探设备

20 世纪 80 年代，我国工程物探设备主要依赖进口，由于进口设备价格昂贵，从而限制了工程物探技术的推广使用。随着我国国民经济的高速发展，电子技术、电子计算机技术的普及和提高，为适应工程建设需要，在我国工程物探技术人员的努力下，伴随新的工程物探技术，近年来已研制出一大批实时采集处理，集硬、软件功能于一体的工程物探测试设备，如交流电法仪、高密度电法仪、多功能面波仪、地质雷达仪、管线仪、TEM 仪、浅层地震仪、工程勘探与工程声波仪、桩基检测仪（低应变、高应变）。设备由模拟量实现为数字量化水平，高模数转换及低噪音，大动态范围和高分辨率、智能化的水准。不少工程物探设备的性能可与国外同类仪器相媲美，个别仪器如 SWS 多波工程勘探与工程探测仪在功能和技术综合指标方面，处于国际领先水平。

众所周知，工程物探成果的可靠性和成果的解释精度除物探方法选择正确与否外，很大程度上取决于工程物探设备的灵敏度、抗干扰能力，以及对干扰源的分离和压制技术。同时，配套设备也是很重要的环节，例如震源击发装置的能量大小、激发方式，也是影响其勘察深度、使用范围的重要因素。特别是众多建设在城镇的工业、民用、市政设计项目岩土工程勘察，采用弹性波工程物探方法时，往往由于受安全、环境保护等因素的制约，无法采用传统的放炮击发方式，而采用锤击击发方式，该方式击发能量有限，勘探深度往往达不到勘察要求而限制了工程物探技术在城市工程勘察中的使用。因此，研制一种击发能量大，又能快速移动的陆域信号击发装置就显得尤为迫切和重要。如果这一技术瓶颈得以解决，工程物探技术在城市岩土工程勘察领域将会大有用武之地。水域震源击发装置已由我院研制成功，并已发展到第三代。该设备作为北京水电物探研究所研制的 SWS 工程探测仪的配套装置，2002 年年初出口到日本，从一个侧面说明该设备的技术先进性和国际市场的需求。

此外，传感器（拾波器）的灵敏度和耐用性，也是困扰工程物探专业的另一瓶颈，我们与西方先进发达国家的同类产品有一定的差距，寄希望在不远的将来，经过努力能解决这个问题。

（二）工程物探资料的分析和解释

工程物探数据的野外采集是工程物探工作的关键。如何把野外采集的有关数据通过内业的分析、计算、解释成工程地质资料，对物探工程师来说更为重要。解释成果的正确与否，直接影响到岩土工程师对岩土工程问题的分析、判断和处理方案的选择，事关工程的安全。这就需要物探工程师除了拥有深厚的本专业知识外，还要有丰富的岩土工程专业知识。

工程物探资料的分析和解释，以弹性波勘探方法为例；首要的任务是分离和压制妨碍分辩有效波的干扰波，保留能够解决某一特定工程地质问题的有效波。从理论上说，可以通过硬件和软件来实现，但实际上分离和压制是有限度的，而干扰波的存在是永远的。物探工程师只有具具有丰富的实践经验，才能在众多的测试数据中识别出干扰波和有效波，去伪存真，得到真实的解释成果。其次由于物探方法的多解性，因此，工程物探资料的分析、解释成果还必须与钻探、原位测试、室内试验成果等进行对比、验证。在对比中两者不一致的情况时有发生，对此要具体分析，关键是要做出正确解释，比如弹性波物探方法是根据弹性波在岩土体中的传播速度来划分地层界面。但是由于弹性波速度反映的是地层的力学性质，不同的地层可能具有不同的力学性质，也可能具有相同或相近的力学性质。当弹性波速度相同或相近，两个地层紧接在一起时，在解释上便可能出现同一速度层。出现这种情况并不可怕，怕的是由于其他干扰波的叠加、影响造成的假判、误判，造成解释成果出现较大的偏差。只有通过对比、验证、积累经验，才能促进分析、解释技术水平的提高。

物探工程师对物探资料的解释、分析是借助岩土体力学性质变化特征去认识岩土体的内在本质，而岩土工程师是从地质学的角度、岩土体的外表特征去认识和差别岩土体的内在本质。

（三）工程物探与岩土工程的关系

工程物探从学科上讲是一个独立的学科，但在工程勘察领域它是一种为岩土工程服务的手段，是一项综合应用技术。

岩土工程师解决岩土工程问题，就好比医生给患者看病一样，通过表面的病情了解、观察，初步判断其病因，然后选择必要的检查手段，如血液、尿液常规检查、CT、X光透视、B超等，根据检验技术人员提供的检查结果，综合分析，最终确定病因或病灶位置，根据诊断结果，采取必要的治疗措施，达到为病人治病的目的。而物探工程师就好比上述提供检查手段和检查结果的技术人员。两者之间是一种相辅相成的关系。

岩土工程师需要物探工程师解决的岩土工程问题归纳有以下几个方面：

1. 界面问题：主要有岩土体的界面划分，地质构造和软弱结构面的判定，以及不良地质体的地质界面等。

2. 形态问题：主要有不明地下物体、空洞，以及界面的分布形态、埋藏位置和埋藏深度等。

3. 参数问题：岩土工程勘察、设计所需的各种参数，如动力参数、卓越周期、结构自振周期、剪切波速等。

4. 施工质量检测：地基加固效果的对比、桩基检测、其他工程质量方面检测。

岩土工程师在接受工程勘察任务后，应根据勘察技术要求、地场岩土条件、需要解决的问题等，确定是否采用工程物探技术手段，确定之后应向物探工程师提出明确的勘察任务，即所需查明的目的层或目的物；物探工程师则应根据目的层和目的物的性质，结合测区的地质构造、地形地貌特征、地震地质条件等因素，选择可行的工程物探方法，然后进行测线设计和工作前的试验工作，确定最佳的采集装置，再正式开展工作。

岩土工程师如何用好工程物探技术？物探工程师如何更好地为岩土工程服务？我们知道，任何一项技术都有它的适用性和局限性，只有了解它、认识它才能用好它，这就需要两个专业经常进行技术交流，知识互相渗透，并且通过工程实践，掌握对方的工作性质、目的、方法和特点，才能更好地服务于对方，达到共同提高、共同进步的目的。

（四）工程物探技术在岩土工程中的应用

1. 岩土工程勘察

由于工程物探技术可以连续加密的测点资料构成连续的地质界面，因此能有效地解决传统钻探手段以点带面划分地质界面方法常带来的漏判、划分不准确等缺点，并且能有效地解决传统勘探手段难于解决的诸多岩土工程问题，如地下不明物体、洞穴、滑动面、软弱结构面、断层、破碎带等地下的分布特征、形态、埋藏深度、位置。相对钻探方法工程物探技术的使用，受场地、地形条件的限制较少；具有节省时间、节省费用、勘探精度高等特点。合理地选择、运用工程物探技术与传统勘探手段相结合，无疑在激烈的勘察市场竞争中是一致胜的法宝。

在岩土工程勘察工作中应用最为广泛、发展最快的是弹性波技术，由于它是利用介质传递弹性波的特点来揭示地下物体界面，当地下物体的界面物性差异较大时，弹性波就会从运动学和动力学两个方面表现出异常来。例如：SWS 工程勘察与工程检测仪，其成果可以绘制地下剪切波速度等值线图，清晰再现地下介质的物性。其次是电磁波技术和电法技术，主要代表是地质雷达勘探方法和高密度电法。工程物探方法的适用范围和适用条件在国家标准《岩土工程勘察规范》（GB 50021—2001）的有关条件和条文说明已有明确的规定，在此不一一赘述。

采用弹性波速度测井技术和建设场地常时微动测试可以获得建设工程抗震设计、建设场地和地基地震效应评价所需的岩土动力参数和设计地震动参数，如动剪切模量、剪切波速、动泊松比、动弹性模量、卓越周期、结构自振周期等。它们是建筑场地的类别划分、地震作用和结构抗震验算的主要依据。

2. 岩土工程检测

工程物探技术在岩土工程检测方面的应用主要是地基加固效果的质量检测，大坝的碾压密实度、路基的密实度、砼构件、基桩的质量检测和评价。常用的方法有瞬态面波法、地质雷达、弹性波速度测井等，主要是通过弹性波速度和电磁波速度与原位测试试验值以及密实度之间建立相关关系，通过施工前后的检测结果进行对比分析。此外，根据弹性波和电磁波在介质中传递的速度变化可以对大坝及建构筑物等砼构件的裂缝进行检测，掌握裂缝状况和有关参数，判断对在建构筑物的危害程度及研究相应的补强措施。可以检测砼路面、沥青路面、垫层的厚度等。

桩基无损检测是工程物探技术在建设工程施工质量控制应用最为广泛的一种重要技术手段。主要的测桩方法分为动力测桩法和声波测桩法两种，它是根据弹性波传递速度变化来判断砼质量、桩身缺陷和缺陷的位置、桩的施工长度和桩的形状等，具有成本低、速度快，适合大面积检测，并且可以随机抽样，而被全世界广泛采用。

（五）结束语

1. 工程物探技术经过 20 多年的发展，已经从定性分析逐渐发展到目前的半定量分析及定量分析，许多物探成果可以提供定量的岩土力学参数，直接应用于岩土工程设计、施工，并且可以被岩土工程师和结构工程师所接受。

2. 各种工程物探技术都有它的适用性与局限性，应根据被探测的目的层或目的物的埋深、规模及其与周边介质的物性差异，合理地选择一种或几种有效的工程物探方法。工程物探成果解释时应考虑其多解性，应区分有用信号与干扰信号。

3. 正式开展工程物探工作之前，应认真做好前期试验工作，认真做好对比研究，选择最佳的采集方案和最佳的采集装置，这是保证勘探成果质量的前提条件。

4. 工程物探成果应该通过与钻探、原位测试、试验成果进行对比、验证，并建立相对应的经验关系，从而建立起一系列定量分析、判断标准，使工程物探技术和成果更好地应用于岩土工程专业。

八、岩土工程的勘探技术

（一）岩土工程勘察

岩土工程勘察作业是工程建设的一项基础性工作，是整个工程设计和施工的依据。随着越来越多的高层建筑的出现，岩土工程勘察越来越重要，而且仅仅采用传统的勘察方法及手段也很难满足现代设计的需要。另外，由于许多工程的复杂程度、工程地质条件等都有很大不同，所以，对于具体工程项目的勘察要求也各不相同。因此，在这种背景条件下，提高岩石工程勘察技术水平尤为重要。

（二）岩土工程勘察的内涵

岩土工程是一门包括岩体工程和土体工程的学科。而岩土工程勘察就是运用各种勘察手段和技术方法有效查明建筑场地的工程地质条件，分析可能出现的岩土工程问题，对场地地基的稳定性和适宜性作出评价，为工程规划、设计、施工和正常使用提供可靠的地质依据，从而利用有利的自然条件避开或改造其不利因素，进而保证工程的安全稳定、经济合理和正常使用。

（三）岩土工程勘察的基本任务

1. 查明建筑场地土层类型、深度、分布、工程地质特征，提供设计所需的岩土工程参数，分析和评价地基的稳定性、均匀性、承载力和压缩性。

2. 查明建筑场地内及附近有无影响工程稳定性的不良地质作用，并查明其类型、成因、分布范围、发展趋势和危害程度，并提出评价与整治所需的岩土技术参数和方案建议。

3. 查明场地的地震地质条件，划分场地类别，划分对抗震有利、不利和危险的地段，判别场地有无液化地层存在及判定液化等级，对液化场地提出消除液化的措施和建议。

4. 查明地下水类型、埋藏条件、渗透性、腐蚀性、以及地下水季节性变化幅度，评价地下水对基坑施工的影响。

5. 为基础方案的技术、经济对比分析提供相应的岩土工程参数，并进行具体的基础方案的对比论证，提出符合本场地工程地质条件及满足上部结构特征要求的基础方案建议。

（四）岩土工程勘察的方法或技术手段

1. 工程地质测绘与调查

这种手段是岩土工程勘察中一项基础工作，在可行性研究阶段或初步设计阶段，这种方法往往是主要勘察手段。其本质是通过运用地质、工程地质理论，对地面的地质现状进行观察和描述，并通过分析其性质和规律，推断出地下的地质情况，从而为其他勘察方法提供有利依据。在岩土勘察的众多方法中，工程地质测绘是其中最为经济、有效的一种。高质量的测绘工作能够很准确的推断出地下的地质情况，可以为其他的勘察方法提供有效的指导。

由于岩土工程设计可以划分为低级到高级的不同阶段，因此，岩土工程勘察可分为四个阶段：可行性研究勘察阶段（又称"选址勘察"），初步勘察阶段，详细勘察阶段，施工勘察阶段。而工程地质测绘与调查正是在第一第二阶段起着重要作用。

2. 勘探与取样

为了查明地下岩土的性质、分布及地下水等条件，勘察工作中常需进行勘探并取样进行试验工作。勘探包括地球物理勘探、钻探和坑探。勘察工作中具体勘探手段的选择应符合勘察目的、要求及岩土层的特点，力求以合理的工作量达到应有的技术效果。

（1）物探

物探是一种间接的勘探手段，与钻探和坑探相比，这种手段更为轻便、经济、迅速，能够将工程地质测绘中难以推断但又亟待了解的地下地质情况及时解决，因此，这种方法经常与工程地质测绘工作配合使用，此外，这种方法还可以作为钻探和坑探的辅助或先行手段。但是，物探的使用往往会受到地形条件的限制，其结果也经常会具有多解性，所以，其成果还需要用勘探工程来进行验证。

（2）钻探和坑探

勘探工程是钻探和坑探的别称，是查明地下情况最直接最可靠的勘察手段，在岩土工程勘察中必不可少。钻探工作可以在很广泛的范围中使用，可以根据勘察条件的不同而选用不同的钻探方法。当钻探无法达到目的时，可采取勘探方法。勘探工作种类繁多，所以要根据勘察的要求来选用适当的方法。为避免随意性和盲目性，勘探工程的布置要以工程地质测绘和物探的成果作为为指导。但勘探工作一般情况下都需要动用一些机械设备，耗费人力物力较多，而有些勘探工程周期比较长并且容易受条件限制，因此勘探工程应做到经济合理、目的明确，要加强观测编录工作，尽可能以较少工作量取得较多的成果。工程地质测绘、物探和钻探关系密切配合须得当。

在岩土工程勘察中，常规使用的是钻探方法。与坑探、物探相比较，钻探有其突出的优点，它可以在各种环境下进行，一般不受地形、地质条件的限制；能直接观察岩心和取样，勘探精度较高；能提供作原位测试和监测工作，最大限度地发挥综合效益；勘探深度大，效率较高。

（3）岩土工程钻探的特点

1）钻探工程的布置，不仅要考虑自然地质条件，还需结合工程类型及其结构特点。如房屋建筑与构筑物一般应按建筑物的轮廓线布孔。

2）除了深埋隧道以及为了解专门地质问题而进行的钻探外，孔深一般十余米至数十米，所以经常采用小型、轻便的钻机。

3）钻孔多具综合目的，除了查明地质条件外，还要取样、作原位测试和监测等；有些原位测试往往与钻进同步进行，所以不能盲目追求进尺。

4）在钻进方法、钻孔结构、钻进过程中的观测编录等方面，均有特殊的要求。在湿陷性黄土地区不应使用水钻进行勘察。

岩土工程钻探的特殊要求：

1）岩土层是岩土工程钻探的主要对象，应可靠地鉴定岩土层名称，准确判定分层深度，正确鉴别土层天然的结构、密度和湿度状态。

2）岩心采取率要求较高。

3）钻孔水文地质观测和水文地质试验是岩土工程钻探的重要内容，借以了解岩土的含水性，发现含水层并确定其水位（水头）和涌水量大小，掌握各含水层之间的水力联系，测定岩土的渗透系数等。

4）在钻进过程中，为了研究岩土的工程性质，经常需要采取岩土样。

3．原位测试与室内试验

这种方法的主要目的是为岩土工程问题的分析评价提供所需要的技术参数，包括岩土工程的强度参数、物性指标、渗透参数、固结变形特性参数等，是详细勘察阶段中使用的主要方法，但一般情况下都需要借助勘探工作同时进行。

这两种测试方法，各有其优缺点。

4．现场检验与监测

现场检验与监测，其主要目的是保证工程质量和安全，提高工程效益。所谓现场检验，包括在施工阶段中对之前的岩土工程勘探得出的结果进行验证核查，以及对岩土工程施工进行监理和质量控制。现场监测则主要是包括对由于施工作用和各类荷载对岩土反应性状影响的监测、对环境影响的监测和施工运营中的结构物监测等方面。通过现场检验和监测所获得的资料，可以反求出一些工程技术参数，并且可以以此为依据进行及时的修正设计，使之可以在经济和技术方面得到优化。

岩土工程勘探的质量决定了整个工程的质量，因此，要特别重视。在整个勘探过程中，勘探人员要严格按照规定来进行，确保在勘探过程中不会出现对工程质量有较大影响的纰漏，要本着对工程负责的态度，保证工程能够安全、按时、按量的竣工。

九、岩土工程勘察应用

岩土工程技术是一门实践性很强的实用技术，近 40 多年来，我国在工程建设中的地基处理、岩土工程方面已取得了巨大成就，我国工程地质勘查专业经过近 20 年的努力，已实现了向岩土工程勘察方向发展，技术人员的知识得到了更新换代，岩土工程技术不管从勘探手段、测试设备、试验仪器、计算机技术的应用还是技术人员知识的广度和深度都有了很大的提高。岩土工程勘察在经济建设工作中的重要地位。岩土工程勘察是建设工程项目规划、可行性研究、选址和设计的重要依据，是保证建设工程质量的重要因素，岩土工程勘察的准确性和科学性，对建设项目具有极大的影响。

（一）工程概况

1. 现场情况

某办公楼位于某市中心路段，受某公司委托，公司对其拟建场地进行了详细阶段的岩土工程勘察。该场地东西长约 70m，南北宽约 50m。需要查明场区的工程地质条件，为基础设计及施工提供可靠的岩土工程参数。

2. 勘察方案及勘察工作量布置

根据本场地岩土的具体情况和拟建物的性质以及甲方的要求，确定了勘察孔距及孔深，共设计钻孔 9 个，孔深设计 25.00 ~ 30.00m，孔距设计 19.00 ~ 25.00m。根据建筑物的性质和勘察技术要求，按照现行勘察设计规范、规程，结合本区的工程地质水文地质条件，实施以上勘察方案。通过勘察工作，取得了可靠的基础资料，达到了预期的目的。

钻探：钻探工作采用 G—2 型工程钻机回转钻进完成，通过钻探工作查明了地基岩土的性质、厚度和分布情况，同时保证了各项试验的顺利进行。

3. 场区自然气候

场区属亚干旱气候，年平均降水量 662.5mm，年平均气温 12.3℃，最高气温 40.5℃，最低气温—21.4℃，常风向南风，强风向北风，最大风速 18m/s，初霜日期 10 月 24 日，终霜日期为翌年 4 月 4 日，封冻日期 12 月 20 日，开冻日期为翌年 2 月 17 日，最大冰厚 0.29m，最大冻土深度 0.5m。

4. 岩土工程条件

1. 地形、地貌。场地原为住房，现已拆迁，地形较平坦，地面高程为 18.35 ~ 19.08m，最大高差 0.73m；场地整平标高为 18.64m。

2. 区域地质构造、地震情况。按大地构造一般划分，该区其南部由交代式花岗岩及中、新生界火山岩（玄武岩）组成，北部由山群变质岩组成。凹陷内基岩由中—新生代火山碎屑岩（喷出岩）、沉积岩等组成，其上第四系发育。某县抗震设防烈度为 7 度（第一组），设计基本地震加速度值为 0.15g。

（二）场地岩土工程分析与评价

1. 工程勘察

根据初步勘察成果判定，本工程有大量的拟建物基础将选择花岗岩残积土作为其持力层，由于场地内花岗岩残积土穿插有大量不同岩性的岩脉，并且其风化程度不同，造成岩土软硬不一。根据经验，采用常规土工试验和标准贯入试验成果提供设计所需的岩土设计参数往往偏低，为了能准确地提供设计所需的岩土设计参数，本次勘察共进行了6台载荷板试验以获取不同花岗岩残积土的承载力特征值和变形模量。其所获得的地基承载力特征值比采用常规方法提供的提高到约1.5倍（180kPa提高到289kPa），变形模量提高到3倍（5MPa提高到15.3MPa），取得了较大的经济效益。

2. 场地稳定性与适宜性

经对场地地质资料的综合分析，现对场区的地基岩土的工程地质条件评价如下：

（2）场区地形平坦，地貌形态单一，地质构造简单，除表层素填土外，均为第四系全新统和第四系上更新统冲洪积成因的岩土层。

（2）在勘探深度范围内，无软弱下卧层存在，根据《建筑抗震设计规范》场地主要土层为粉土及风化岩，由于勘探深度内见地下水，且粉土层地质时代为Q3，可不考虑液化影响，工程地质条件较好，适宜工程建设。

（3）根据某公司提供的《波速测试报告》，波速测试为：1）5#孔波速Es=261.7m/s；2）7#孔波速Es=251.9m/s；所以该场地为Ⅱ类建筑场地，场地覆盖层厚度大于5米，中硬场地土。为建筑抗震有利地段，可进行建设的有利场地，工程地质条件较好，适宜建筑。

（4）本次勘察深度范围内见地下水，初见水位约在10.80m，稳定水位约在11.00m，为基岩裂隙水。

3. 地下水对工程影响的分析评价

该场地地下水为基岩裂隙水，勘察期间测得稳定地下水位埋深为11.00m，相应标高为7.64m。该地下水年变化幅度约为2.00m，历年最高水位约9.64m。

4. 基坑工程评价

由于建筑需要，场地平整形成了大量的人工边坡，开挖深度标高约12.64m（深度约6.00m）。本次勘察对场地内是否存在不良地质作用和潜在不良地质作用进行了大量的深入调查研究，提出了防治措施。对有关边坡的安全和稳定性问题做了专题研究，通过计算分析了边坡的稳定性条件，提供了各种边坡的支护方案和支护设计、施工所需的有关岩土参数，对施工、检测、监测工作提出了合理化的建议。

可用以上参数进行初步设计，锚杆的实际抗拔力应通过抗拔试验确定。

（三）施工注意事项

1. 拟建建筑物视地下车库标高进行基坑支护设计，开挖施工过程中，应对基坑采取适宜的支护措施。基坑形成后，建议加强基坑及相关建筑物变形监测工作，以便及时发现问题，采取相应措施。

2. 进行基坑开挖时，宜先采用帷幕止水措施后，再进行基坑开挖，以确保施工的顺利进行。

3. 由于泥质具有浸水易软化、失水易干裂的特点，人工挖孔桩开挖揭露至设计标高或持力层时应及时清底、浇灌混凝土封底，以免地下水长期浸泡而降低地基强度。

（四）结论与建议

1. 根据（GB50011—2001）建筑抗震设计规范中有关规定：该场地抗震设防烈度为 7 度，设计基本地震加速度值为 0.15g，地震动反应谱特征周期为 0.35s，该场地土类型为中硬场地土，建筑场地类别为 Ⅱ 类，为可进行建设的一般场地，可不考虑场地内饱和砂土的液化问题。

2. 经取样室内水质分析，依据岩土工程勘察规范（GB50021—2001）：场地内地下水对混凝土结构具弱腐蚀性，对钢筋混凝土结构中钢筋无腐蚀性，对钢结构具弱腐蚀性，应按有关规范要求进行防护。拟建建筑物设有地下室，在地下室设计与施工时应考虑地下水浮力的影响。

3. 根据场地岩土工程条件，结合建筑物荷载的特点，拟建建筑物适宜选择桩基础，建议选用人工挖孔桩基础，以中风化玄武岩作为桩端持力层。

4. 基础施工过程中，应加强验槽、验桩工作，必要时应进行施工勘察（超前钻探）。

十、城市建设与岩土工程

（一）我国目前城市建设的发展概况

目前我国经济建设已进入一个高速发展的阶段，城市化水平不断提高。截止到 1997 年年底，我国设市城市 668 个，特大城市和大城市 75 个，中等城市 192 个，小城市 401 个，城市化水平达 30%。人口的增长加速了城市的发展，北京、上海各约 1000 万人口，香港约 600 万人口，天津、武汉、南京、广州、成都等城市人口均在 300 万以上。京、津、沪等特大城市正向国际化大都市迈进；武汉、广州、南京、成都等一批大城市的国际化程度也日益提高。我国 50% 以上的国民生产总值、70% 以上的工业生产总值、90% 以上的高等教育和科技力量都集中在城市。可以说城市是我国现代化主要基地。国民经济的发展还带动了中小城市的兴起和发展，由于交通通信的高速发展而形成城市集群。城市化进程的加速，对基础设施建设的需求不断增加，城市工程建设如雨后春笋，大量兴建。人们修建高层建筑，开发地下空间，兴建立交桥、高速公路、高速铁路等，"向高空要地方，向地下要空间"，高层建筑将超过 140 层，地下室将发展至 3 ~ 4 层，地下空间利用将达 15 ~ 40 米。城市建设立体化、交通高速化、土木工程功能化，已成为现代土木工程的特点。城市建设遇到越来越复杂的岩土体利用、改造问题，岩土工程问题也越来越突出。

（二）城市建设中的岩土工程问题

进行城市建设工作，首先要做出城市总体规划，进而做出建设项目的详细规划、初步设计和施工图设计。在每一个阶段，都会遇到各种各样的岩土工程问题。

1. 城市规划阶段

城市总体规划要考虑工业、文教、商业、交通、市政、生活居住等功能分区及协调发展，并进行建筑分带；考虑土地的有效利用，并对地质环境、环境公害和工程建筑群的布局进行控制，避免城市建设的盲目性。城市规划确定后，即应研究城市分期发展的安排，编制出第一批建筑及分批建设示意图。在第一批建筑地段内应确定街道、重要建筑物以及各种线路的位置。

这一个阶段的岩土工程问题是：

a. 要评价规划区的总体稳定性，特别是地震烈度，在强震区范围内的城市需进行地震危险性分区和地震影响小区划。对于重大工程需进行地震反应分析，解决工程抗震设计问题。

b. 在城市规划区和重大工程项目的场地及附近，应查明断层的分布、位置、规模及性质，重点查明活断层特性：类型、规模、分级、引起地震的可能性及其对工程的危害。

c. 地震时饱和砂土振动液化的可能性及等级的确定与处理，以及对液化机制的研究。

d. 对大中城市地面沉降（如上海、天津、宁波等城市）的问题，需找出原因采取有效的工程措施。

e. 对各种原因（如地下抽水、构造活动等）引发的地裂缝（如西安、兰州等城市）进行研究，提出治理对策。

f. 对各种类型的滑坡形成条件与特性进行监测及预报，提出防治措施。

g. 对岩溶塌陷（如桂林、武汉等城市），进行塌陷预测、评价，研究治理措施。

h. 城市建筑污染，如各种建筑废弃物（建筑垃圾、工业垃圾、生活垃圾）的处置，水质污染等，要建立相关制度、政策和法律法规，对其进行规范处理。

2. 建设项目设计和施工阶段

这一阶段的任务是根据工程地质条件，选定建筑场地，确定各建筑物在场区内合理配置，选定基础类型和埋深，确定地基承载力，预测总沉降量及不均匀沉降，选择地基处理方案，评价施工条件。

所遇到的岩土工程问题是：

a. 岩土层的工程特性及变形特性，特别是特殊性土（黄土、红黏土、膨胀土、软土、冻土、冲填土）、岩石风化层及残积土、岩溶地基等不良岩土层的承载力、抗剪强度、压缩性及其他力学性质和变形特性；同时要研究岩土的动力特性。

b. 高层建筑深基坑支护设计、开挖及降水引起的系列岩土工程问题，如深基坑边坡稳定；支护方式（钢板桩、钢筋混凝土桩、水泥搅拌桩、地下连续墙等）的强度、防渗性及造价的比选设计和理论分析；板桩入土深度及涉及的抗倾覆与基底的隆起、管涌等问题；板桩体滑动问题；墙外土体侧向位移及沉降问题等等。

c.基础选型及各种地基处理方案的选用，如适用于不同土层的各种基础形式（如钢管桩、钢筋混凝土预制桩、钻孔灌注桩、石灰桩等）的技术经济比较，加强大直径扩底墩技术的研究。

d.桩—土—承台共同工作的问题，如提高复合地基（碎石桩、旋喷桩、深层搅拌桩、砂桩、灰土桩、加筋土等）的承载力及桩土应力比研究，桩的直径、长短、间距的合理设计；桩的负摩擦力问题；桩墩侧摩擦力与端承力的关系。

e.地基原位测试技术和桩基检测技术（如大应变、小应变测桩技术）的研究。

f.城市地下空间开发引起的系列岩土工程问题，包括土体的各向异性及应力—应变的非线性；深层土压力的复杂性；深层岩土取样、岩土测试、应力与位移监测、地下埋设物探测技术；地下水勘察、治理的措施；大面积降低地下水位、开挖引起的地面下沉、土层位移与环境地质影响等问题；地下工程围岩稳定分析评价、计算及施工、支护问题；施工中水、流沙、瓦斯、岩爆等危害的防治；为改善岩土性质进行的新技术（高压喷射注浆技术等）及新型施工开挖支护方法（逆作法、新奥法、盾构法等）的应用。

g.由于地下水位上升造成地下构筑物上浮、地下室漏水、地基承载力降低引起基础失稳、沉降剧增，地下水对基础的侵蚀等问题，需查明原因，寻求对策。

h.城市改扩和建筑物的修复的问题，主要为下部结构的托换、建（构）筑物的纠偏以及原有建筑物的加载。

（三）城市建设中的岩土工程研究内容

岩土工程是各项土木工程中涉及岩土体的利用、整治和改造的科学技术是以土力学、岩石力学、工程地质学和地基基础工程学为理论基础，解决和处理在工程建设过程中所有与岩土体有关的工程问题的一门应用科学。它贯穿于工程建设的全过程，在勘察、设计、施工、监测、监理各个环节中都有体现。

岩土工程的工作内容主要有五个方面：

a.岩土工程勘察。按有关技术规范、规程的要求，结合岩土工程技术和实践经验，通过各种勘测技术和现代电子计算技术及数值分析等方法，准确反映场地的工程地质条件及其对岩土体性状的影响，结合工程设计、施工条件以及施工、开挖、支护、降排水等工程要求，进行技术论证，提出岩土工程问题及解决问题的决策性具体意见，并提出基础、边坡等工程的设计准则和岩土工程施工的指导性意见。

b.岩土工程设计。主要包括地基加固处理设计，桩基础设计，基坑支护或降排水设计，边坡或岸坡的支护、支挡设计，滑坡整治设计，地下工程的加固或防渗设计以及环境岩土工程问题治理的设计等。

c.岩土工程治理和施工。主要包括地基加固处理工程，基坑、边坡或岸坡的支护、支挡工程，滑坡整治工程，地下工程的加固或防渗工程以及环境岩土工程问题的治理等。

d. 岩土工程监测。主要包括基坑开挖地基回弹观测，土压力、孔隙水压力监测、深层位移、支撑轴力监测，基坑开挖沉降、位移监测，建筑物沉降、变形观测，边坡、滑坡体的位移观测，地面变形观测，岩土工程治理质量和效果监测及根据工程的专门要求而进行的监测等等。

e. 岩土工程监理。主要包括对岩土工程勘察、设计、施工的某个环节或全部从技术经济、进度等方面进行检查、监督控制工程质量，及时解决出现的问题，保证岩土工程经济、合理、快速实施。

（四）结语和建议

城市建设和岩土工程密切相关。在向 21 世纪迈进的进程中，为实现我国国民经济腾飞的战略目标，必须充分认识城市建设中岩土工程问题的多样性、复杂性和新特点。要建立城市岩土工程数据库和专家系统，作为城市规划、建设科学决策的重要依据。要在实践检验的基础上，创造和发展岩土工程领域的新理论、新技术、新方法。要密切结合城市建设发展中紧迫的、重大的岩土工程问题进行科技攻关。要建立适应 21 世纪城市建设发展需要的岩土工程教育体系，大力培养未来城市建设需求的岩土工程师。要与国际接轨，建立岩土工程师注册执业制度，借此加强岩土工程师的行业管理和提高岩土工程师的地位。

十一、工程地质与岩土工程

（一）工程地质

这里所指的"工程地质体"就是指工程所及的岩土体和所在或邻接的地质环境，必须同时研究在自然和人为因素作用下、在地质历史时期和工程建设时期对岩土体性状的影响。这一"岩土体加地质环境构成工程地质主体"的学术观点，不仅在国内外工程地质界的相关研究和论著中得到不同深度和广度的阐述和解释，而且为工程实践所证实。"工程地质问题"是指工程地质条件与工程建筑之间存在的矛盾。不同类型、不同结构、不同规模的工程建筑物，由于工作方式和对地质体的负荷不同，工程地质问题是复杂多样的。工程地质工作是通过工程勘察来实现的，具体就是查明工程地质条件，解决（论证）工程地质问题，选择场地，预测工程兴建后对地质环境的影响，提出防护措施和建筑物设计、施工的建议。

（二）岩土工程

岩土工程是土木工程中涉及岩石和土的利用、处理或改良的科学技术。岩土工程的理论基础主要是工程地质学、岩石力学和土力学；研究内容涉及岩土体作为工程的承载体、作为工程荷载、作为工程材料、作为传导介质或环境介质等诸多方面；包括岩土工程的勘察、设计、施工、检测和监测等等。由此可见，工程地质是地质学的一个分支，其本质是一门应用科学；岩土工程是土木工程的一个分支，其本质是一种工程技术。从事工程地质工作的是地质专家（地质师），侧重于地质现象、地质成因和演化、地质规律、地质与工程相互作用的研究；从事岩土工程的是工程师，关心的是如何根据工程目标和地质条件，建造满足使用要求和安全要求的工程或工程的一部分，解决工程建设中的岩土技术问题。因此，无论学科领域、工作内容、关心的问题，工程地质与岩土工程的区别都是明显的。近年来，许多工程地质人员向岩土工程转移，结构出身的岩土工程师注意学习地质知识，这是很好的现象，但这种现象不能说明工程地质和岩土工程将"合二而一"。

（三）岩土工程与工程地质的关系

关于岩土工程与工程地质之间关系的论述，国内各家已有诸多见解，大致归纳起来有以下四种。

1. 岩土工程是工程地质的分支。

2. 岩土工程是岩土力学在岩体工程和土体工程上的应用。

3. 岩土工程是把岩土体既作为建筑材料也作为地基、介质或环境的结构工程，更确切地说是基础工程（下部结构）和地下结构工程。

4. 即前述我国国颁标准《岩土工程勘察规范》对岩土工程的定义。不难看出，前三种见解分别出自工程地质专业人员、岩土力学专业人员和结构工程专业人员。尽管上述见解不无道理，但非全面，而且给人一种"专业偏见"的感觉，因为这样定义岩土工程并不完全符合迄今为止国内外众多岩土工程实例的客观反映。后一见解明显不同的是强调了工程地质、岩土力学、结构工程之间的关系是既有区别又相互紧密结合的关系，而不是从属的关系：明确指出岩土工程的学科范畴是包括多种学科、技术和方法的土木建筑工程，即岩土工程是多种技术和方法相结合的综合技术方法，岩土工程学科是多学科相互渗透且结合的边缘学科，它不可能由某单一学科主宰。在前述《岩土工程勘察规范》定义的基础上，试给出岩土工程的补充解释如下：岩土工程是为某项专门目的工程服务所做的工程地质勘查、基础和地下结构的方案选择与设计、基础和地下结构施工三位一体的工程。专门目的的工程是指与国民经济建设有关的建筑工程（狭义上指工业与民用建筑工程和市政工程）、水电工程、铁道工程和矿山工程等。基础是指上述专门工程涉及的下部结构，即建筑基础、大坝基础、道桥基础等。工程地质学是岩土工程学的地质理论基础，与岩土力学和结构学（钢筋混凝土结构及砌体结构、钢结构等）既相区别又紧密结合。因此，岩土工程学是上述三门学科的边缘学科，不能笼统地称为工程地质学分支。

（四）工程地质与岩土工程的发展

关于工程地质与岩土工程今后发展的方向和重点，已有不少专家通过不同方式发表了意见，不拟具体涉及。从大方向观察，笔者认为，工程地质与岩土工程这两个专业，既不会逐渐归一，也不会逐渐分离，而是像两条缠绕在一起的链子，在互相结合，互相渗透，互相依存中发展。

1.地学与力学的结合

地质学和力学是岩土工程的两大支柱。地质学有一套独特的研究方法,通过调查,获取大量数据,进行对比综合,去粗取精,去伪存真,由此及彼,由表及里,找出科学规律。这是一种归纳推理的思维方式,侧重于成因演化,宏观把握和综合判断。岩土工程是以力学为基础发展起来的,力学以基本理论为出发点,结合具体条件,构建模型求解。这是一种演绎推理的思维方式,侧重于设定条件下的定量计算。但是,工程地质学家如果不掌握力学,则对工程地质问题难以做出定量而深入的评价,难以对工程处理发表中肯的意见;岩土工程师如果不懂得地质,则难以理解地质与工程之间的相互作用,也难以对症下药提出合理的处置方案。这两种思维方式有很好的互补性,应互相渗透,互相嫁接,必能在学科发展和解决复杂岩土工程问题中发挥巨大作用。

2.抓住机遇,努力创新

半个世纪以来,无论工程地质还是岩土工程,我国取得的巨大成就和科技创新是有目共睹的。现在的中国,一方面是工业化尚待继续完成,城市化和新乡村的建设正在加速进行;另一方面,保护环境,使社会经济协调和可持续发展的任务已经摆在我们的面前。21世纪对中国,将是水利、水电、道路、桥隧、高层建筑和地下工程并驾齐驱的世纪,工业化、城市化、乡村现代化、保护和改善环境等并举的世纪。我国地质条件异常复杂,环境特别脆弱,对工程地质和岩土工程带来了许多世界级的难题,也为创新提供了空间和机遇。例如深长隧道穿越活动断裂,异常高地温、高地应力、高压涌水、深切河谷的高边坡和高填方、大型山体滑坡、大型泥石流、跨流域调水的生态保护,软土地基上建造摩天大楼,松软土中开发地下空间,密集的城市群中进行垃圾卫生填埋等等。希望工程地质专家和岩土工程师抓住机遇,在完成工程任务的同时,发扬创新精神,提出更先进的科学理论和实用技术。要结合重大工程问题创新,结合中国特点创新,更要在原创性和概念创新方面狠下功夫。只有原始创新,从概念上突破,才能领导国际潮流,将我国工程地质和岩土工程的科技水平推向新的高度,走在世界前列。

3.关于专业人才的培养

过去设置工程地质专业,培养了大批工程地质人才,是学习苏联和计划经济的结果。现在高校本科撤销了工程地质专业,大批工程地质人员转向岩土工程,是向市场经济转轨和工程建设的需要。但绝不是岩土工程可以替代工程地质,不再需要工程地质人才了。今后的岩土工程师主要来自土木系,他们虽然学过工程地质,但深度是有限的。投入工作后,侧重点和注意力主要放在工程问题的处理上,很难下功夫修补地质学功底,遇到复杂地质问题还得请教地质学家。中国的地质条件如此复杂,工程建设规模如此巨大,没有高素质的工程地质专门人才难以设想。因此,高校应将工程地质和岩土工程作为重要二级学科,培养相应的硕士和博士,作为技术骨干,不断充实到建设队伍中去。

十二、岩土工程勘察中的岩土测试

伴随着科学技术的快速进步和在岩土测试方面取得的突破性进展，一些传统的测试技术在重难点的克服中很难再取得突破性的进展。而现在较为流行和占据优势地位的虚拟岩土测试技术则已经开始在岩土工程测试技术中被广泛地应用。因此，怎样最大限度地利用现有的科学技术来推动岩土工程测试技术的快速发展，成为目前社会关注的重点。同时，怎样利用其他的科学技术，例如电子计算机技术、电子测量技术、声波测试技术、遥感测试技术等来促进岩土工程测试的发展也是目前研究的重点。只有岩土测试技术的不断进步才能保证岩土工程测试结果的稳定性以及可重复性。除此之外，在整体科技水平提高的基础上，以及岩土测试技术形式和设备的不断改进，在不久的将来，必将会导致岩土工程方面测试结果的可靠性，以及在岩土工程勘察中发挥出关键的作用，推动岩土工程勘察的快速、健康发展。

（一）岩土工程测试

一般岩土工程测试的主要内容包括：岩石测试、室内土工测试、原位测试和现场监测。而在整个岩土工程和岩土工程勘察中，岩土测试占有极其特殊地位，并起到极其关键的作用。下面主要探讨两个方面的问题：

1. 标准化的取样技术

目前，我国岩土工程测试在取样的过程中存在严重的漏洞。一是所取得的岩土样品的质量不过关，甚至有很多的工程技术人员也会出现怀疑的态度；二是目前我国使用的采样技术不同于国际上的标准，不被国际所认可；三是在实际中执行相关的规程或是制度时，很少有人能够认真执行。目前我国所制定的《岩土工程勘察规范》和《原状土取样技术标准》等已经在标准上基本和国际一致，同时也考虑到了我国的实际国情，但是由于体制和经济等因素限制，导致执行力度不够。

2. 建立测试资质认定制度

为了能够尽快地和国际接轨，我国应该在 ISO9000 的规定范围内，积极的完善和改进相应的法规和标准（包括仪器标准和方法标准），并在严格执法的基础上，建立国家对测试单位、测试报告签字人员及仪器生产厂家的资质进行认定的制度。除此之外，在使用国家指定的专业测试设备和产品时，也要定期严格的对设备仪器进行检查。

（二）岩土测试对样品的要求

严谨的岩土样品测试结果是保证岩土工程勘察结果可靠的重要基础，同时也是科学准确反映出岩土工程性质的前提条件。因此，在岩土工程取样中必须要严把质量关，只有符合质量要求的样品才能在高精密仪器和测试人员的努力下，获得精准可靠的结果，为岩土工程勘察和后续的岩土工程顺利进行提供坚实的基础。在现实的测试中，对岩土样品的要求具体如下：

首先，所取的岩土样本必须能够准确的反应出岩土所在区域的工程特性，也就是说，样品必须具备充足的代表性；

其次，保证在采样的过程中，岩土的天然性状不会发生严重的改变，主要是在采样时样品的结构不会受到严重的扰动，含水量变化微小；

再次，所取的岩土样品和数量必须满足各个试验所需要的最小限度。通常情况下，常规的岩土试验要求的岩土直径大于7厘米，长一般在20厘米左右，准备6块（$\phi 5cm \times 10cm$）左右的岩土标准样品用于岩石单轴抗压强度试验，而其他的一些特殊试验，则需要根据该实验的具体情况来选择适当的样品规格。除了合格的样品规格外，还应该具备精密的仪器设备来保证试验的顺利进行。

（三）岩土测试项目的确定及试验条件的选择

一般常规的测试项目是测试人员都比较熟悉的，但是针对一些特殊性较强的试验项目，则需要测试人员对测试项目进行具体的研究分析：

首先，常规的低压试验—固结试验，可以为建筑物地基进行沉降计算提供重要参数。因此，在实际中，应该根据具体情况选择适当的变形计算方法，针对不同的建筑物使用目的，选用不同的试验方法。例如，在计算中如果需要按照分层总和法进行沉降计算时，其试验最大荷级只要大于预计的土自重压力与附加压力之和就可以。但是，当土层的各向异性出现明显的显著性时，则必须要在明确垂直荷载作用的前提下，熟悉的掌握土层水平方向的排水固结情况。

其次，岩土测试所选用的试验方法直接影响到抗剪强度试验土的抗剪强度的计算。因此，岩土测试试验方法的选择应该根据排水条件和施工速度等综合因素来确定。

（四）地基土中涉及一些特殊成分土的问题

在岩土工程勘察中进行岩土测试时，经常会遇到区别于常见土的一些特殊土。因此，要针对这些土进行特殊的分析：

首先，粉土；粉土区别于目前的黏性土，但是由于某些振动作用会使粉土发生液化而具备和粉砂一些相似的性质，而同时又因为粉土的颗粒中可能会含有微量的黏土而使其又具有一些黏土的性质。但是，粉土中的颗粒80%（或更多）是粉粒或极细砂粒，存在于这些颗粒之间的微量水分足以使这些土颗粒聚集在一起，进而出现"假塑性"现象，这一现象则可以导致搓条法塑性试验不能真正反映这类土的可塑状态下限。

其次，玄武岩风化土；在我国部分地区富含一些玄武岩风化土，但是这些岩土又会因为所处的地理区域不同，而具有不同的性状特点，例如在吉林省南部地区公主岭市等区域，玄武岩风化土其风化层多呈灰绿色，色较杂，而我国南部地区多呈红色，褐红色。但是，岩土层处于地下水位之下时，则会导致岩土的缝隙之间充满水，使得具有较高的含水量。而在此条件下测定的承载力明显偏低。因此，如果取样不当以及扰动时结果离散性较大，都会导致和实际情况不符，造成岩土测试结果的不准确。

随着经济的快速发展和人们生活水平的快速提升，人们对于建筑物类型要求越来越多。由此导致的建筑物的多样化、功能越来越复杂化，以及在地质条件复杂的地区进行施工的越来越多。因此，对岩土测试的要求也越来越高，提出的标准也越来越严格。这就要求在岩土工程的勘察过程中，尽可能地保证岩土测试结果的稳定性和可靠性，同时还要根据工程的要求和岩土的具体性状等条件，提出相应的对策和施工方案。

第二节　环境岩土工程

一、环境岩土工程

当今世界，学科的高度分化和高度综合成为现代科学技术发展的重要特征之一，学科之间相互渗透、相互交叉，又产生了许多边缘学科与分支学科。环境岩土工程是岩土工程与环境科学密切结合的一门新学科。主要应用岩土工程的观念、技术和方法为治理和保护环境服务。人类生产活动和工程活动造成许多环境公害，如采矿造成采空区坍塌，过量抽取地下水引起区域性地面沉降，工业垃圾、城市生活垃圾及其他废弃物，特别是有害有毒废弃物污染环境，基坑工程土方开挖和预制桩挤土效应对周围环境的影响等。另外，地震、洪水、风沙、泥石流、滑坡、地裂缝、隐伏岩溶引起地面塌陷等灾害对环境造成破坏。这些环境问题的治理与预防给岩土工程师提出新的研究课题。而随着城市化和工业化的发展加快，环境岩土工程的研究将更加重要。

（一）环境岩土工程概念

1. 环境岩土工程的定义

对于环境岩土工程的定义，许多研究学者都根据各自的经验提出不同的解释。可归纳如下：环境岩土工程是利用岩土工程的理论与实践解决由于人类活动和工农业生产带来的包括环境的合理利用、保护和综合治理的工程措施等的环境问题。

2. 环境岩土工程的分类

就目前涉及的问题来分，环境岩土工程可分为两大类：

第一类是人类与自然环境之间的共同作用问题。这类问题的动因主要是由自然灾变引起的，如地震灾害、土壤退化、洪水灾害、温室效应等。这些问题通常称为大环境问题。

第二类是人类的生活、生产和工程活动与环境之间的共同作用问题。它的动因主要是人类自身。例如，城市垃圾、工业生产中的废水、废液、废渣等有毒有害废弃物对生态环境的危害；工程建设活动如打桩、强夯、基坑开挖和盾构施工等对周围环境的影响；过量抽汲地下水引起的地面沉降等等。有关这方面的问题，统称小环境问题。

（二）环境岩土工程研究的基本问题

根据有关岩土体环境问题的发生机理，对环境岩土工程的基本问题归纳如下：

1. 岩土体力学稳定、变形以及渗流问题。同岩土工程一样，岩土体的力学稳定、变形以及渗流是环境岩土工程的基本问题。如打桩挤土、基坑周围地表的沉降、城市开采地下水引起的地面沉降、城市地下岩溶塌陷、滑坡、采空区塌陷等。

2. 地震及环境振动问题。主要是城市中施工等活动产生的振动，如打桩、强夯、交通产生的振动与噪声等。环境岩土工程研究其对周围岩土体、建筑以及居民的影响以及减振隔振措施。

3. 岩土体化学问题。主要有岩土体的酸碱腐蚀、岩土体污染、固体废料的淋溶、地下水污染、海水入侵、土壤盐碱化及盐渍土、水化学作用下岩土体的微观结构变化及其对宏观性状的影响等。

4. 与能量场变化有关的问题。在环境岩土工程中主要是与温度有关的问题，如冻土问题、核废料深埋处置中岩体的热应力与热应变以及由此引起的岩体结构变化与稳定问题。

5. 岩土体物质的机械迁移问题。在特定的地区，岩土物质在风力、地面流水作用下发生迁移与堆积而产生一系列环境问题，如沙漠中的流动沙丘、沙尘暴、海岸侵蚀与淤积、水土流失、河流冲刷坍岸、河流下游的淤积与地上悬河。

6. 放射性问题。目前地下空间和建筑中的放射性氡是最主要的，也是危害最大的放射性物质，其赋存、运移以及防护是环境岩土工程的主要研究内容。

7. 特殊岩土体问题。环境岩土工程对特殊岩土体的研究除了其物理力学、化学性质外，更注重于对分析评价方法本身的研究。改进现有的分析评价方法，使其更接近实际。进一步研究特殊岩土体的利用整治措施。

8. 生态问题。在高原、极地、干旱荒漠地区生态极其脆弱，环境容量极小，轻微的扰动就能引起不可逆转的破坏，并可能对更大区域的环境产生影响。环境岩土工程研究在生态敏感地区进行工程建设、资源开发的相关技术，确保生态环境的安全。

（三）环境岩土工程分支学科及相关学科

1. 环境岩土工程的分支学科

从目前环境岩土工程的研究来看，环境岩土工程按研究对象的不同逐渐分化出环境土工学、环境岩土力学、环境工程地质学三个分支学科。

环境土工学涉及的不仅有土力学，而且与化学、物理、生物学等学科有关，是一个边缘性的交叉学科。环境岩土力学问题在土木工程的研究领域内可归纳如下：（1）打桩对周围环境的影响；（2）深基坑开挖造成的地面移动；（3）城市地下工程施工引起的地面移动；（4）地下水抽汲引起的地面沉降（5）采空区地面变形与地面塌陷。

环境工程地质学是工程地质的新发展，对人类工程活动和地质环境相互作用进行理论研究，并在此基础上对工程地区地质环境进行评价，对工程的环境影响作用机理进行研究，对工程环境系统的相互作用进行预测和工程调控的决策。

2．与环境岩土工程的相关学科

与环境岩土工程相关的学科有：工程地质学、岩土力学、岩土工程学、地质工程。它们的课题各有侧重，工作环节上相互衔接，或平行探索，在学科发展上相互渗透，在方法论上发挥所长，相互补充。

（四）环境岩土工程的特点

1. 复杂性：岩土体是地质作用的产物，又处在自然和人类活动的作用之下，其自身是非常复杂的。

2. 广泛性：环境岩土工程涉及的问题非常广泛，同时在时间和空间上的跨度也非常大。

3. 系统性：环境岩土工程作为人类社会活动的一部分，其指标的选择与实现依赖于社会整体利益和可持续发展的实现。

4. 综合性：环境岩土工程主要是应用岩土工程的观点、技术和方法为治理和保护环境服务，但还远远不够。

（五）发展前景展望

环境工程地质或环境岩土工程问题和地质灾害研究的核心，是预测预报和地质工程治理。环境问题它实际受控于全球的、地区的和地带的系统，虽然这个系统是一个确定性和随机性、渐变和突变、有序和无序并存的体系，并与外界发生着能量流和物质流的交换与传递，还是受着因果律、周期律和延伸律等特定规律制约，因而可能实现预测预报和治理。

但是问题很复杂，值得引起重视并要依靠多学科联合攻关解决：

服务国民经济主战场，解决问题发展学科：一是重大工程的环境效应和灾害预测。其中三峡工程和黄河悬河的环境影响和灾害性威胁问题，要继续或深入展开研究。我国西部大开发和生态环境的修复，是一个新的重要课题；二是城市抗震防灾和城市化引起的地面变形问题要做更大投入，系统开展起来；三是水系污染和水污染由点源控制向控源导流防治战略和导控生态工程兴建的方向发展，应该深入论证。

环境岩土工程有关规范和法律的制定：从环境岩土工程的发展历程来看，推动这门学科的主要动力也许不是学科本身而是各种环境保护的法律和有关规定，如果没有法律的限制和政府或社会的大量捐资，这门科学可能不会得到迅速发展。在国内虽然也有各种环境保护法，但由于法制观念不强，执法力度不够大，又常常以罚代法，而受罚者又未损及个人利益，收效不大。因此，为了人类有一美好洁净的生存环境，我们应大力宣传环保意识，建立健全法规和相应的措施。

主要理论课题：（1）重点区域、城市化过程的环境效应与可持续发展；（2）地质灾害区域性分布规律与 GIS、GPS 和 RS 等"三 S"探测技术和风险评价理论；（3）地质灾害三维空间与时间演变的动力学模式；（4）水、土资源动态过程与可持续发展；（5）非线性理论分析、预测和评价；（6）失稳破坏的运动稳定性准则。区域数学地球建模与地质灾害风险分析。

主要应用课题：（1）环境岩土工程问题和地质害预测预报与监测系统和信息管理系统研究；（2）地质工程设计与处理技术要加强理论总结：地质工程理论体系研究；（3）地质工程计算机辅助设计支持系统；（4）地质工程和地球化学工程治理技术。

（六）结束语

环境岩土工程是一门新兴的学科，它的定义及研究范畴还很模糊，与其他相关学科互相渗透，互相补充，但它也有自己鲜明的个性，并在实际的应用中展示了它的生命力。随着环境岩土工程实践的发展，环境岩土工程理论将取得更大的发展，并成为 21 世纪岩土工程中的热点问题。

二、对环境岩土工程的若干研究

环境岩土工程涉及气象、水文、地质、农业、化学、医学、工程学等诸多学科，是岩土力学与环境科学密切结合的一门新学科，既是应用性的工程学，又是社会学，是技术、经济、政治、文化相结合的跨学科的新型学科。它主要是应用岩土力学的观点、技术和方法为治理和保护环境服务，就目前涉及的问题来分析，可以归纳为两大类：

第一类是人类与自然环境之间的共同作用问题。这类问题的动因主要是由自然灾变引起的，如地震灾害、土壤退化、洪水灾害、温室效应等。这些问题通常称为大环境问题。

第二类是人类的生活、生产和工程活动与环境之间的共同作用问题。它的动因主要是人类自身。例如，城市垃圾、工业生产中的废水、废液、废渣等有毒有害废弃物对生态环境的危害；过量抽汲地下水引起的地面沉降等等。有关这方面的问题，统称小环境问题。由于受到政治、经济和文化等非技术因素的影响，环境岩土工程问题要比单纯的技术问题复杂得多。

当今，城市建设已引发越来越多的环境地质问题，由于该类问题多数属于不可逆的地质过程，因此针对其成因机制开展一些前瞻性的基础性研究，为城市建设可持续发展战略的厘定提供必需的理论储备，无疑具有重要意义。简要论述了环境岩土工程的定义，环境岩土工程研究中的基本观点以及方法和环境岩土工程的研究现状，并对我国环境岩土工程进行了展望。

（一）环境岩土工程定义

环境岩土工程（Environmentalist）一词，源自 1986 年 4 月美国宾州里海大学土木系美籍华人方晓阳教授主持召开的第一届环境岩土工程国际学术研讨会，并在其著名的"Introductory on Environmentalist"论文中，将环境岩土工程定位为"跨学科的边缘科学，覆盖了在大气圈、生物圈、水圈、岩石圈及地质微生物圈等多种环境下土和岩石及其相互作用的问题",主要是研究在不同环境周期(循环)作用下水土系统的工程性质。

(二)环境岩土工程研究的内容及分类

环境岩土工程是研究应用岩土工程的概念进行环境保护的一门学科。这是一门跨学科的边缘学科,涉及面很广,包括:气象、水文、地质、农业、化学、医学、工程学等等。

环境岩土工程研究的内容大致可以分为三类:1.环境工程。主要指用岩土工程的方法来抵御由于天灾引起的环境问题。例如:抗沙漠化、洪水、滑坡、泥石流、地震、海啸等。这些问题通常泛指为大环境问题;2.环境卫生工程。主要指用岩土工程的方法抵御由于各种化学污染引起的环境问题;3.人类工程活动引起的一些环境问题。例如在密集的建筑群中打桩时,由于挤土、振动、噪声等对周围居住环境的影响;深基坑开挖时,降水和边坡位移等。

(三)环境岩土工程的研究方法

环境岩土工程学之所以是交叉学科,主要因为它是岩土工程学与环境科学两大学科的相互渗透所形成的。就这两个学科的某些共同特点提出采用可持续发展的观点、系统工程理论和数据挖掘技术进行环境岩土工程问题分析,并对这些方法的分析思路和具体应用进行简单的论述。

1.可持续发展的观点首先要求提高人们的环境意识,认为环境意识是可持续发展战略的基本条件;可持续发展的观点强调的是"发展",但它认为环境保护是发展过程的一个重要组成部分,并将它作为衡量发展的质量、水平和程度的标准之一,可见环境的重要性;可持续发展问题是全人类的问题,而不是一个国家或地区的问题,所以发展一定要有整体观念。

可持续发展的观点可概括为生态观、社会观、经济观和技术观。可持续发展的内涵是很广泛而丰富的,这里仅讨论与环境岩土工程有关的问题。按照可持续发展的观点,发展是受限制的。发展要满足当代人的需求,但必须保持子孙后代发展的潜力,不能损害子孙后代的利益。按照传统的观点,地基处理方案选择的原则是安全适用、技术先进、经济合理、施工方便。但引入可持续发展的观点后,还应充分考虑环境因素,也就是说,地基处理方案还必须有利于环境保护。

2.系统工程理论这是环境工程界研究的热门问题,它就是用系统工程的理论、观点和方法去解决环境问题。系统工程是一门处于发展阶段的新兴学科,其应用十分广阔,也遍及很多领域。

系统工程的研究对象是大型复杂系统和人工系统,其研究内容是组织协调系统内部各要素的活动、使各要素为实现整体目标发挥适当作用,目的是实现系统整体目标的最优化,是一门现代化的组织管理技术,是沟通自然科学与社会科学、技术科学与人文科学的跨许多学科的边缘科学。

系统工程的原则是整体性原则（在时间和空间上，总体功能大于各部分功能之和）、综合性原则（目标、决策、结果和途径的多样性）、优化性原则（不追求各部分的最优，而是追求整体目标的最优化）、模型性原则（对系统进行抽象与概化，建立数学物理模型）。系统的目标是保证支护结构、坑壁及周围建（构）筑物等系统要素协调工作，系统的输入为施工方法、边界条件等，输出为周围建筑、坑壁和管线等的工作状况。深基坑工程中采用的岩土工程信息化（动态）设计与施工符合系统工程的思想和观点。但模型的建立不单是采用一般的数学、物理模型，而且系统动力学模型、状态空间模型等，同时建立计算机仿真系统，根据仿真试验求取模型参数，对系统进行静态和动态优化，最后对系统的可靠性和风险性做出评价，预测各种可能发生的不良后果。

3. 数据挖掘技术。目前，人工智能技术在环境岩土工程中的应用越来越广泛，国内外很多著名学者在这方面进行了大量研究。但人工智能及专家系统在发展过程中面临的主要问题是专家知识的获取，尤其是经验知识的获取，这已成为专家系统的"瓶颈"。

数据挖掘正是应这一问题而诞生的，它的主要任务就是进行知识获取和知识发现。预测是数据挖掘的主要任务之一，而环境问题的本质和核心就是预测，且任何情况下的预测和决策都是基于数据的。另外对于岩土工程的定量和定性分析，与其说是计算，不如说是预测。绝大部分的岩土工程计算，其实质都是预测。科学史证明，方法的革命必然导致科学的革命，所以利用数据挖掘技术进行岩土环境问题的分析和研究有着广阔的发展前景并必将取得令人鼓舞的成就。数据挖掘是 20 世纪 90 年代产生的一门高新技术。

数据挖掘的算法有归纳学习法、决策树、遗传算法、神经网络、统计分析、糊模数学、关联分析、粗糙集、规则发现、公式发现和关联分析等；数据挖掘的结果输出有图形、报告、逻辑公式等可视化形式，或以先验知识的方式输出，为今后的数据挖掘提供准备，这样可提高数据挖工具的性能。

通过对关系型数据（仓）库的挖掘，可对滑坡、发震断裂、地震的发生以及采矿、地下隧道施工、盾构施工、大面积地下抽水等引起的地面沉降等进行预测；可用于研究长期未解决的固体废弃物在考虑生物分解及固结双重作用下产生的沉降变形，和整体稳定性问题；通过数据挖掘的分类技术并结合计算机控制，可对固体废弃物进行分类，以便综合利用和处理；同时也可对有关岩土计算参数（如抗剪强度指标）进行预测。

在环境岩土工程问题上，未来几年应重点研究并解决下面几个问题。其中，西部问题，包括生态环境建设与保护区域稳定性与地下工程。东部问题，包括大城市地面变形不稳定性、悬河化水资源、水环境等。在一些应用方面还急需解决的问题如下：卫生填埋场的设计问题；大规模工程建设的区域环境岩土工程问题评估；城市施工影响环境岩土工程问题；岩土工程手段在环境的治理中的应用等。

三、工程物探与岩土工程

岩土工程是一门多学科的综合性边缘学科。从事这一专业的技术人员需要掌握广泛的学科知识（如工程地质、工程测量、水文地质、工程物探、土力学、结构力学、土木建筑、计算机应用等）和具有较强的综合分析能力。20 世纪 80 年代以来，伴随着国民经济的高速发展，我国岩土工程的基础理论研究、设计、勘察手段和诸多相近专业的技术水平及所依赖的诸多测试方法、设备有了质的飞跃。我国工程勘察专业开始逐渐向岩土工程延伸，从而大大促进了岩土工程技术发展，也带动了许多相近专业技术水平的提高。与岩土工程密切相关的工程物探是近 20 年才发展起来的一种服务于工程建设的新的地球物理探测技术，它是一种非破损探测技术，具有采样密度大、速度快、成本低、所采集的信息量大、科技含量高、服务领域宽等特点。

（一）工程物探的发展与展望

1. 工程物探技术

20 年来，工程物探技术取得了飞速的发展，集中体现在根据弹性波理论、电磁波理论和电学原理发展而来的各种工程物探技术。主要有浅层地震反射波法、浅层地震折射波法与弹性波测井、面波法、多道瞬态面波法、多波地震映象法、高密度电法、地质雷达技术、TEM 法、电磁波层析成像技术（CT）、桩基无损检测技术、地下管线探测技术等。这些新技术已被广泛应用于国民经济中各行各业的工程建设项目上，解决了诸多以前用传统勘察方法无法解决的岩土工程技术难题。工程物探作为一种新的、有效勘探、检测手段被越来越多的岩土工程、设计人员所接受。但是，应明确各种工程物探方法的有效性决定于它对探测对象物性的适用性，物性条件的适用性越强，解决问题的可靠性越大，因此，为了有效地解决某些岩土工程复杂的技术难题，必须采用多种工程物探手段联合使用，互相补充、互相验证，这就是综合工程物探技术。

20 年来，众多工程物探技术发展的成熟程度不尽相同。在岩土工程专业方面应用最广泛的主要是由弹性波理论发展而来的面波勘探技术、多波地震映象技术、浅层地震反射波和折射波勘探技术、弹性波测井技术和弹性波无损检测技术，它们被广泛应用于岩土工程勘察、特殊地质条件勘察与评价、治理和工程质量检测。

我们相信在广大工程物探专业技术人员的努力下，这些新的物探技术将会不断地得到完善，其应用领域将会越来越广阔。

2. 工程物探设备

20 世纪 80 年代，我国工程物探设备主要依赖进口，由于进口设备价格昂贵，从而限制了工程物探技术的推广使用。随着我国国民经济的高速发展，电子技术、电子计算机技术的普及和提高，为适应工程建设需要，在我国工程物探技术人员的努力下，伴随新的工程物探技术，近年来已研制出一大批实时采集处理，集硬、软件功能于一体的工程物探测试设备，如交流电法仪、高密度电法仪、多功能面波仪、地质雷达仪、管线仪、TEM 仪、浅层地震仪、工程勘探与工程声波仪、桩基检测仪（低应变、高应变）。设备由模拟量实现为数字量化水平，高模数转换及低噪音，大动态范围和高分辨率、智能化的水准。不少工程物探设备的性能可与国外同类仪器相媲美，个别仪器如 SWS 多波工程勘探与工程探测仪在功能和技术综合指标方面，处于国际领先水平。

众所周知，工程物探成果的可靠性和成果的解释精度除物探方法选择正确与否外，很大程度上取决于工程物探设备的灵敏度、抗干扰能力，以及对干扰源的分离和压制技术。同时，配套设备也是很重要的环节，例如震源击发装置的能量大小、激发方式，也是影响其勘察深度、使用范围的重要因素。特别是众多建设在城镇的工业、民用、市政设计项目岩土工程勘察，采用弹性波工程物探方法时，往往由于受安全、环境保护等因素的制约，无法采用传统的放炮击发方式，而采用锤击击发方式，该方式击发能量有限，勘探深度往往达不到勘察要求而限制了工程物探技术在城市工程勘察中的使用。因此，研制一种击发能量大，又能快速移动的陆域信号击发装置就显得尤为迫切和重要。如果这一技术瓶颈得以解决，工程物探技术在城市岩土工程勘察领域将会大有用武之地。水域震源击发装置已由我院研制成功，并已发展到第三代。该设备作为北京水电物探研究所研制的 SWS 工程探测仪的配套装置，2002 年年初出口到日本，从一个侧面说明该设备的技术先进性和国际市场的需求。

此外，传感器（拾波器）的灵敏度和耐用性，也是困扰工程物探专业的另一瓶颈，我们与西方先进发达国家的同类产品有一定的差距，寄希望在不远的将来，经过努力能解决这个问题。

（二）工程物探资料的分析和解释

工程物探数据的野外采集是工程物探工作的关键。如何把野外采集的有关数据通过内业的分析、计算、解释成工程地质资料，对物探工程师来说更为重要。解释成果的正确与否，直接影响到岩土工程师对岩土工程问题的分析、判断和处理方案的选择，事关工程的安全。这就需要物探工程师除了拥有深厚的本专业知识外，还要有丰富的岩土工程专业知识。

工程物探资料的分析和解释，以弹性波勘探方法为例；首要的任务是分离和压制妨碍分辩有效波的干扰波，保留能够解决某一特定工程地质问题的有效波。从理论上说，可以通过硬件和软件来实现，但实际上分离和压制是有限度的，而干扰波的存在是永远的。物探工程师只有具有丰富的实践经验，才能在众多的测试数据中识别出干扰波和有效波，去伪存真，得到真实的解释成果。其次由于物探方法的多解性，因此，工程物探资料的分析、解释成果还必须与钻探、原位测试、室内试验成果等进行对比、验证。在对比中两者不一致的情况时有发生，对此要具体分析，关键是要做出正确解释，比如弹性波物探方法是根据弹性波在岩土体中的传播速度来划分地层界面。但是由于弹性波速度反映的是地层的力学性质，不同的地层可能具有不同的力学性质，也可能具有相同或相近的力学性质。当弹性波速度相同或相近，两个地层紧接在一起时，在解释上便可能出现同一速度层。出现这种情况并不可怕，怕的是由于其他干扰波的叠加、影响造成的假判、误判，造成解释成果出现较大的偏差。只有通过对比、验证、积累经验，才能促进分析、解释技术水平的提高。物探工程师对物探资料的解释、分析是借助岩土体力学性质变化特征去认识岩土体的内在本质，而岩土工程师是从地质学的角度、岩土体的外表特征去认识和差别岩土体的内在本质。

（三）工程物探与岩土工程的关系

工程物探从学科上讲是一个独立的学科，但在工程勘察领域它是一种为岩土工程服务的手段，是一项综合应用技术。

岩土工程师解决岩土工程问题，就好比医生给患者看病一样，通过表面的病情了解、观察，初步判断其病因，然后选择必要的检查手段，如血液、尿液常规检查、CT、X光透视、B超等，根据检验技术人员提供的检查结果，综合分析，最终确定病因或病灶位置，根据诊断结果，采取必要的治疗措施，达到为病人治病的目的。而物探工程师就好比上述提供检查手段和检查结果的技术人员。两者之间是一种相辅相成的关系。

岩土工程师需要物探工程师解决的岩土工程问题归纳有以下几个方面：

1. 界面问题：主要有岩土体的界面划分，地质构造和软弱结构面的判定，以及不良地质体的地质界面等。

2. 形态问题：主要有不明地下物体、空洞，以及界面的分布形态、埋藏位置和埋藏深度等。

3. 参数问题：岩土工程勘察、设计所需的各种参数，如动力参数、卓越周期、结构自振周期、剪切波速等。

4. 施工质量检测：地基加固效果的对比、桩基检测、其他工程质量方面检测。

岩土工程师在接受工程勘察任务后，应根据勘察技术要求、地场岩土条件、需要解决的问题等，确定是否采用工程物探技术手段，确定之后应向物探工程师提出明确的勘察任务，即所需查明的目的层或目的物；物探工程师则应根据目的层和目的物的性质，结合测区的地质构造、地形地貌特征、地震地质条件等因素，选择可行的工程物探方法，然后进行测线设计和工作前的试验工作，确定最佳的采集装置，再正式开展工作。

岩土工程师如何用好工程物探技术？物探工程师如何更好地为岩土工程服务？我们知道，任何一项技术都有它的适用性和局限性，只有了解它、认识它才能用好它，这就需要两个专业经常进行技术交流，知识互相渗透，并且通过工程实践，掌握对方的工作性质、目的、方法和特点，才能更好地服务于对方，达到共同提高、共同进步的目的。

（四）工程物探技术在岩土工程中的应用

1. 岩土工程勘察

由于工程物探技术可以连续加密的测点资料构成连续的地质界面，因此能有效地解决传统钻探手段以点带面划分地质界面方法常带来的漏判、划分不准确等缺点，并且能有效地解决传统勘探手段难于解决的诸多岩土工程问题，如地下不明物体、洞穴、滑动面、软弱结构面、断层、破碎带等地下的分布特征、形态、埋藏深度、位置。相对钻探方法工程物探技术的使用，受场地、地形条件的限制较少；具有节省时间、节省费用、勘探精度高等特点。合理地选择、运用工程物探技术与传统勘探手段相结合，无疑在激烈的勘察市场竞争中是一致胜的法宝。

在岩土工程勘察工作中应用最为广泛、发展最快的是弹性波技术，由于它是利用介质传递弹性波的特点来揭示地下物体界面，当地下物体的界面物性差异较大时，弹性波就会从运动学和动力学两个方面表现出异常来。例如：SWS 工程勘察与工程检测仪，其成果可以绘制地下剪切波速度等值线图，清晰再现地下介质的物性。其次是电磁波技术和电法技术，主要代表是地质雷达勘探方法和高密度电法。工程物探方法的适用范围和适用条件在国家标准《岩土工程勘察规范》（GB50021—2001）的有关条件和条文说明已有明确的规定，在此不一一赘述。

采用弹性波速度测井技术和建设场地常时微动测试可以获得建设工程抗震设计、建设场地和地基地震效应评价所需的岩土动力参数和设计地震动参数，如动剪切模量、剪切波速、动泊松比、动弹性模量、卓越周期、结构自振周期等。它们是建筑场地的类别划分、地震作用和结构抗震验算的主要依据。

2. 岩土工程检测

工程物探技术在岩土工程检测方面的应用主要是地基加固效果的质量检测，大坝的碾压密实度、路基的密实度、砼构件、基桩的质量检测和评价。常用的方法有瞬态面波法、地质雷达、弹性波速度测井等，主要是通过弹性波速度和电磁波速度与原位测试试验值以及密实度之间建立相关关系，通过施工前后的检测结果进行对比分析。此外，根据弹性波和电磁波在介质中传递的速度变化可以对大坝及建构筑物等砼构件的裂缝进行检测，掌握裂缝状况和有关参数，判断对在建构筑物的危害程度及研究相应的补强措施。可以检测砼路面、沥青路面、垫层的厚度等。

桩基无损检测是工程物探技术在建设工程施工质量控制应用最为广泛的一种重要技术手段。主要的测桩方法分为动力测桩法和声波测桩法两种，它是根据弹性波传递速度变化来判断砼质量、桩身缺陷和缺陷的位置、桩的施工长度和桩的形状等，具有成本低、速度快，适合大面积检测，并且可以随机抽样，而被全世界广泛采用。

四、环境岩土工程学

（一）引言

地球是人类生存的一个栖息环境，随着人类进步和社会发展，人们不断地采用各种各样的方法和手段来改造自然，使生存的环境变得更美好。但是，由于人类对自然认识水平的限制，在改造自然的过程中，不可避免地存在着很大的盲目性和破坏性。自60年代开始，人们逐渐感到有一种自我毁灭的潜在危机，悄悄地威胁着人类的命运。

大自然实质上是一个封闭的循环系统。由大气圈、水圈、生物圈、岩石圈四部分组成。它们之间是紧密联系又相互制约的。其中任何一部分发生变化时，就会影响到其他几部分。例如，生物圈内世界人口无计划盲目地增长，以1830年为基数，到1930年的100年间世界人口增长了一倍；尔后相隔40年，世界人口又增长了一倍；根据目前的增长率推算，不到30年又会增长一倍。由于世界人口的增长，耕地面积缩小，森林遭到大量砍伐，动植物物种大量消亡。

大量的能源消耗，工业污染等等，将导致生物圈的不平衡，反过来又会影响到大气圈、水圈和岩圈的变化，导致水土流失，气候反常，沙漠面积扩大，洪水泛滥，地震的诱发和疾病的流行等等。

所以，人类在改造自然的过程中逐渐认识到保护环境的重要性。古代恐龙的消亡要经过几千万年，而当今某些物种十几年、几十年就消失殆尽了。因此，人类在改造自然发展生产的同时，一定要考虑到保护环境的问题。

环境岩土工程学是研究应用岩土工程的概念进行环境保护的一门学科。这是一门跨学科的边缘科学。涉及面很广，包括：气象、水文、地质、农业、化学、医学、工程学等等。因此，当一个巨大工程项目，如三峡工程，南水北调等决策之前必须综合各方面的专家进行研究。这类工程实质上是一个环境工程。

环境岩土工程研究的内容大致可以分成三大类。第一类称为环境工程。它主要是指用岩土工程的方法来抵御由于天灾引起的环境问题，例如。抗沙漠化、洪水、滑坡、地震、火山、海啸等等。

第二类称为环境卫生工程。这一类主要是指用岩土工程的方法来抵御由各种化学污染引起的环境问题，例如：城市各种废弃物的处理，污泥的处理等等。

第三类是指由人类工程活动引起的一些环境问题，例如：在密集的建筑群为中打桩时，由于挤土，振动，噪音等对周围居住环境的影响，深基开挖时，降水，边坡位移；地下隧道掘进时对地面建筑物的影响等等。

后两类亦可泛称为小环境岩土工程。

环境岩土工程问题要比单纯的技术问题复杂得多。因为除了技术因素外，还受到政治、经济和文化等因素的影响。国外近年来对环境岩土工程的研究发展很快。例如第三作者方晓阳教授在环境卫生工程的研究方面已经开发了一种专家系统，对城市废弃物处置场地进行评价。加拿大、英国、西德等发表了不少的科研成果。在我国虽然很少谈到环境岩土工程，但实际上已经在许多方面做出了不少成绩，例如：在抗沙漠化方面；山体滑坡研究方面以及城市建设等方面都具有相当高的水平。但作为一门系统性的学科尚处于逐步形成的阶段。

（二）大环境岩土工程的若干问题

大环境岩土工程主要是指采用岩土工程的方法来抵御由于大自然因素可能产生的对人类的危害。因为地球是个封闭的循环系统，所以大自然因素和人为因素实际上是紧密联系的。例如盲目砍伐森林，会造成气候变化，水土流失，土地沙漠化，土体坍塌等等。这类问题的危害规模大，爆发的速度也快，对人类是一种灾难。对于这类问题，环境监测和防治同样重要。这是一个多学科的综合性研究课题。

大环境岩土工程研究的范围很广，现将其中几个主要的问题作一简单的介绍。

1. 沙漠化的问题

沙漠化目前大约影响到 100 个国家。沙丘在风力作用下缓慢地移动，成危城。并使耕地退化。据联合国调查，每年大约有 1480 万英亩的土地变成沙漠。沙漠化威胁着陆地面积的 35%，威胁人类人口的 20%。粮食生产损失每年可达 260 亿美元。按照目前的速度，到 2000 年沙漠化将成为全球性的灾难。沙漠化的扩展与风有关。沙丘在风力作用下缓慢向前移动，移动速率每年大约 12m 至数十米。公路、农田被淹没，城镇受到威胁。我国主要是依靠植树和灌木来固沙。以色列则采用挖自流井，安装洒水器和灌溉渠道的方法。作用以期采用岩土工程的措施进行挡沙。

2. 区域性滑坡

区域性滑坡主要是指大量土体在很短时间内高速度滑动。这类滑坡破坏性很大。在北欧国家的高灵敏黏土即"快黏土"中这类滑坡很普遍。但它不限于高灵敏黏土。只要具有低强度、大应变、伴有高孔隙压力等条件时，这类滑坡就很容易发生。

例如：1963 年 10 月意大利瓦依昂水库的滑坡，由于水库蓄水，使松散堆成的坡脚处强度减小。10 月 8 日晚上 10 时 41 分，左岸突然整体下滑；滑体体积达 0.3Gms，下滑速度达每秒 25 ~ 50m。滑动土体向右岸推进了 500m，在岸坡上爬高达 140m。滑体落入水库时最大飞溅高度超过水位 250m。巨大的冲击波，使气浪伴随水流，冲入坝体各廊道，加上继之而来的负压波，破坏了坝内的所有设施；涌浪使河口对岸朗格尼亚镇大部分被冲毁，造成 2400 余人死亡。

在我国这类滑坡也时有发生，例如 1983 年 3 月 7 日 17 时 40 分，甘肃东乡族自治县酒勒山南坡的黄土滑坡宽 700 ~ 1100 多 m，垂直下滑 180 ~ 210m。滑动土体达 55Mm。山体崩落，从山巅直落山脚，冲到 1600m 远的地方。山下原来的田野，顷刻间变成了一大片黄土的堆场。当地酒勒，新庄，苦顺，达浪四个自然村被毁灭。酒勒村滑动了 80m，苦顺村被滑到 500m 外的水库中；新庄村越过那勒寺河谷，将对岸的达浪村淹没。2000 亩良田被土覆盖，74户民房和耕畜荡然无存，造成了247人伤亡。据幸存者叙述，山体滑动的瞬间，东西两侧山头发出巨响，脚下土地上下翻腾，四周尘土迷漫。

近年来，在葛洲坝上游的长江两岸，这类滑坡经常发生。今年1月10日四川巫溪县再次发生，约有0.1Mm³。土体下滑，堵塞河道引起上游水位急剧上升，并溢出河道，两岸积水最深处达50多米，致使74户农民受灾，11人死亡，7人受伤，16人下落不明。

这类滑坡发生的原因还不很清楚。多数认为是由于区域性的环境变化，在滑动体内具有很高的孔隙气压力；因此，在某些诱发因素如震动，地下水位上升，坡脚软化等的作用下，很快形成一个气垫，摩擦系数随速度的增加而迅速减小，使滑动体像箭一样飞快滑动。

对于这类滑坡的防治很困难；主要是要加强环境监测，如发现险情即及时疏散居民。另外，对于大型的工程建设，工程师们必须仔细研究工程可能对环境造成的影响。

3. 海岸的灾害

当今世界上大部分工商业城市都坐落在沿海地区，例如美国就有13个最大城市，75%的人口聚集在海边。海岸灾害造成的损失是十分惊人的。海岸灾害主要有两方面的原因，一是由于风暴引起的；二是海岸的潜蚀。前者来势猛烈，常伴有海啸或暴风雨；后者是一种缓慢的渐进性的破坏。

海岸灾难的防治是环境岩土工程研究的两个重要方面，特别是大旋风造成的灾难。大多数的破坏性的大旋风发生在赤道以北8度和以南15度之间的狭长带内。这一区域内海水表面温度较高。狂风的速度高达100kin/h以上，破坏性特别严重。例如1970年11月，北孟加拉湾一次旋风，洪水夺去30万人的生命，造成6300万美元的损失；摧毁了70%的海岸设施。美国自1915～1970年间平均每年丧生107人，同期平均每年经济损失14200万美元。

大环境岩土工程除上述三方面以外，还包括地震，火山，洪水等等。在这些问题中，除火山灾害外，地震和洪水都使我国在近几年都遭受过严重的破坏，但同时也对它们做过较多的研究工作。自1976年唐山大地震之后，我国在地震预报方面已达到很高的水平。在抗洪方面，自新中国成立以来，长江，黄河两大水系都做了大量而又艰巨的治理工作。长江流域面积为194.2万平方公里，为世界第四大河；每年每km上的沉积的泥沙量为257t，占世界第十位，黄河的流域面积67.3万km。为世界第九大河；每年每km泥沙沉积量为2804t，占第三位。这几年，这些问题都得到了有效的控制。

（三）环境卫生工程

环境卫生工程属于小环境岩土工程的范畴。随着工业生产和城市人口的增长，各种各样的有毒有害的废弃物成为一种公害，危害着人类的健康。各种有害物质污染的途径。由于无计划无控制地排放，有害物质污染大气，土壤、地下水和河流，然后通过空气，食物和饮水危害人类的健康。特别是在工业发达，人口密度非常高的大城市中，这种状况更为严重。以上海为例，每天排放的生活垃圾6200t；建筑垃圾3000t；粪便7000t。还有许多工业生产中的废渣、污泥、废油、废酸、废碱、废塑料等以及各种生化试验的动物尸体和放射性废料等，都造成严重的环境污染。此外，工厂的烟气直接污染大气；1984 年环境监测发现上海市酸雨的发生率高达 40%。酸雨的 pH 值越来越低，一到下雨有些地区就能闻到：氧化硫的怪味。

又如上海某化工厂，每年耗刚三酸达 2500 多 t，出于下水道被腐蚀，地面大量下沉，迫使全厂停产达三个多月。某一制药厂无离子水车间，单层厂房高 8m，1974 年建造，由于长期受到 Cl 废水的腐蚀（废水浓度 8%，pH 为 1.5 ~ 2），致使地基土被腐蚀，强度丧失，厂房大量下沉开裂，不得不于 1986 年拆除。开挖后发现土像豆腐渣一样，墙下的部分砖墙基础已经消失，原来 5cm 厚的砖块只剩 3cm，而且已没有什么强度。又如桃浦永登路，因受附近工厂排放废水污染，路面下空穴密布，载重车辆通过时，地面突然坍陷造成交通事故，无法通车，因此只好封闭。

各种废弃物对周围环境的污染所引起的危害，主要反映在对人类身体的健康，和对已建工程的损害，以及对天然的工程性质变化等方面。这是对人类生存的挑战。所以世界各国都十分重视这方面的研究工作、一些发达的国家废弃物资源化的程度高，例如日本1971 年资源化程度可达 54.5%，但我国只占 20%。随着工业化的发展以及人口的增加，废弃物的排放量将急剧增加，我国 1981 年排放的废弃物达 4.3 亿吨，加上历年积存的共达 72Gt。其中污泥占 54.4%；矿渣 12.5%；废酸 7.6%：粉尘类 6.2%。再利用需要耗费大量的能源和资金。面对着如此庞大的废弃物量和目前我国经济技术上的原因，不可能完全用资源化的办法来解决。因此工业废弃物的最终处置总是必要的。所以如何有效地解决废弃物的最终处置是我们岩土工程师面临的新课题。从目前情况看，岩土工程师主要研究的内容有以下三个方面：污染的机理；最终处理的方法及设计；环境的监测。

1. 土壤的污染机理的研究

土壤污染的机理是一个十分复杂的问题。微观研究需要依靠分析化学、电化学、农业土壤等有关专家的帮助。宏观研究大致可从两个方面着手。

（1）离子在土壤中迁移的规律

土壤的污染首先取决于离子的迁移。有毒有害物质的离子不仅能在自由水中，而且也能在薄膜水中移动。带电离子在带电介质中的移动，是非常复杂的课题。

扩散系数代表在单位离子浓度梯度下，单位时间内通过土壤的单位截面积的离子扩散量，是离子在土壤中扩散速度的一个尺度。它与离子本身的性质、土壤介质的矿物成分、密实度、温度以及周围的环境等因素有关。

（2）受污染土壤的基本性质

土壤受污染以后，土的性质会发生很大的变化。受污染土壤的基本性质有两种不同的研究目的：一是为了保健和农业的目的；二是为了工程的目的。前者是以卫生为出发点，偏重于对土壤肥力和人的健康有关的有毒的微量元素方面；后者是从工程的安全出发，主要着重由于腐蚀引起的土壤工程特性的变化。前者虽不是岩土工程师的主要任务，但常常是作为岩土工程师进行防护设计的一种标准和要求。

研究污染土的工程力学性质需要采用抗腐蚀的仪器设备，要具有温控的条件；并要求注意污染土的短期特性和长期特性的关系，时间因素在这里可能会有重要的作用。

2．废弃物的最终处置

废弃物对周围环境的污染，是通过各种有毒有害物质的离子迁移而进行的。所以废弃物最终处置的原则，是防止因风蚀、水蚀、淋滤、渗透、扩散等造成的二次污染。因此，所有的最终处置都必须满足以下三个条件：

（1）不会对当地的人、畜的健康和安全造成危害；也不使周围居民有不舒适的感觉；

（2）不得对地表水或地下水造成污染；

（3）处置场所应是今后不被开发利用的场所，以免使有害物质重新逸出或对开发人员造成威胁。

最终处置的岩土工程方法有：

（1）堆存处置。这种方法主要用来处置数量较大的废弃物，如生活垃圾、建筑垃圾、尾矿、粉煤灰等。目前有两种处置方法。首先是以美国和西德为代表的一些国家，着眼于通过必要的工程措施来杜绝废液的淋溶渗入地下水，要求对任何一滴渗出液都进行收集分析。其次以英国为代表的一些国家，采用混合堆存，把有害的与无害的合并堆存，利用废弃物之间或与土壤之间复杂的物理，化学作用，使有害物质的浓度降低。后一种方法的主要缺点是占地面积大，空气污染和地下污染不容易控制。

（2）卫生填埋处置。即把废弃物埋入土坑中。

（3）洞穴和深坑贮存。即利用山洞或废矿井作为废弃物的贮存处。对于一些放射性核废料，常采用此法作为最终处置。采用这类方法时，一定要把贮存处周围的地层岩性、地质构造和水文地质条件勘探清楚，严防泄漏。

（4）深井注入处置。对于一些液体或可粉碎的废弃物，可通过深井投放到几千米以下的深地层中。

（5）海洋倾倒。把废弃物投放到海洋中，使之分散，稀释和淡化。

除上述各种处理方法外，对于具有高度毒性的重金属如镉、砷等，可将这些废弃物掺和在一种基体中（如玻璃等），成为一种淋溶率非常低的物质，从而达到最终处理的目的。

3．环境监测

对于任何一种废弃物最终处置，都必须进行环境安全监测，因为要做到绝对不泄漏实际上是十分困难的。监测的目的是为了及时发现并采取有效的补救措施。环境监测工作的关键是各种有害物质污染程度的标准如何确定。监测工作应根据不同的目的和要求来进行。无论是为了健康或为了工程的目的，都应该建立一条监测的响应曲线。即污染液浓度变化与健康状况或对工程的影响程度之间的相关关系。有时候微量的泄漏对健康（或工程）有好处，但过量之后会引起人（工程）中毒直至死亡（工程失败）。例如某些氟化物微量元素，浓度在 1～5ppm 之间，对人的牙齿和骨骼有好处。浓度再大就会引起健康衰退和中毒。

对于岩土工程学报于不同污染离子，要求建立不同的响应曲线，由此作为现场监测的依据。

（四）工程活动对周围环境的影响

随着工业规模的扩大，城市建设的发展，大量抽吸地下水；在密集的建筑群中间打桩、开挖以及在建筑物下面地层中隧道推进等等，都会造成对周围环境的破坏作用。如果设计工程师只对所设计工程本身负责，而不考虑在实施建设时对周围环境造成的影响，这种做法在经济上常造成巨大的损失。例如高层建筑常采用的桩基，结构工程师可以通过各种方法来确定桩的承载力得到一个满意的设计，可有些就是因为环境问题而无法实现。例如上海某单位在广中路拟建一幢15层大楼，设计采用桩基，桩长26m，截面45×45cm，共234根。可就在距桩基边 3～6m 处有两根西 900 和≯ 700 的供水管道通过，这两根管道是闸北区重要工厂、医院、交通的命脉，一旦因打桩的挤土作用而爆裂，将会造成严重的政治和经济的损失。工程被迫中止，整套设计全部推翻，造成经济损失十多万元。

工程活动对周围环境影响的问题，越来越引起建设者们的重视；在市政建设中还涉及政治、经济和法律等问题。近年来已经发生过不少的纠纷和诉讼案。所以岩土工程师的研究必须同时注意到环境问题的严重性。

在这类问题中，目前经常遇到的有以下几方面。

1. 抽汲地下水引起的地面沉降

人口的增长和工业的发展，需要抽汲大量的避下水；由此引起的地面沉降问题，已成为全球性的问题。大面积地面沉降使建筑物裂缝，地下管线设施损坏，城市排水系统失效。造成巨大的经济损失。

上海自 1921～1965 年，最大沉降量达到 2.63m，市区形成了两个沉降洼地，并影响到郊区，为克服这一问题，1961 年成立了"上海地面沉降研究小组"提出了压缩用水，节约用水和回灌试验等措施，基本上控制了继续下沉的趋势，自 1966～1971 年间市区地面累计回弹 18.1mm。但近年来回灌的方法逐渐有失效的趋势。

2. 井点降水

高层建筑和设备基础基坑开挖时，带常需要采用 1 点降水，于地下水位的下降，可以使附近地面沉降或使邻近的建筑物发生裂缝。在密集的建筑群中，或在厂房车间内部施工时这类事故经常会发生。

为了减少这方面的影响常用措施有：内井点法（即把井点布置在基坑板桩围堰之内），和注水回灌使建筑物基础下的地下水位不因井点抽水而降低，以及控制降水速度措施。

3. 深基开挖

过去，岩土工程师主要研究基坑边坡的稳定性。传统土力学中稳定分析把土体视作钢塑体，即土体在进入极限平衡状态之前变形很小或不考虑，显然在市政建设中，基坑附近有建筑物，地下管线，道路等等，常因基坑边坡的位移而遭到损坏。例如上海锦江分馆施工时，附近的长乐路路面下沉 30～50cm，西侧的民房大量开裂，不得不全部拆除。

在超压密的硬土层中开挖基坑时，由于卸荷作用，基坑附近的地面有可能发生回弹膨胀而使建筑物上抬。例如杭州京杭运河工程中在密实的粉细砂上层中掘进时，把70m宽的河面开挖到深度8m时，离开坡顶边缘3m处一幢五层住宅向上抬高了多20mm，影响范围达15～20m。

减少基坑开挖对周围的影响，首先要及时加强支撑，或者采用土锚，注浆等加强措施。

4．隧道推进时的地面沉降

在软土地层中地下铁道，污水隧道常采用盾构法施工。盾构在地下推进时，地表会有不同程度的变形；变形与隧道的埋深、隧道的直径、软土的特性、盾构的施工方法，衬砌背面的压浆工艺等因素有关。当盾构穿越市区时，地面的建筑物、道路，各种地下管线等都会受到不同程度的影响。

如采用全闭胸挤压盾构推进时，地表会产生很大隆起，当隧道埋深为6～10m，深地表隆起可达3～3.5m；盾构推过以后地面又会下陷，有时竟达1～2m。沉降盆的影响范围可达60～75m。

为了减少盾构施工对周围环境的影响，可采用气压盾构或局部挤压盾构。只要精心操作，地表沉降量可控制在6～10cm之间。上海地下铁道试验工程中用气压网格式盾构进行施土地面下沉量没有超过10cm。但是在隧道进出口处盾构离地面较近时，其影响要严重得多，应特别加以注意。

5．打桩对周围环境的影响

在软弱地基上高层建筑通常采用桩基础。上海地区习惯上较多的用预制混凝土打入桩。这类桩也称为排挤土桩。在密集的建筑群中施工时，打桩对周围环境的影响主要表现在以下三方面：

（1）噪声

打桩产生的噪音高达120分贝以上；一根桩要锤击几百次乃至一千多次。这对附近的学校、医院、居民、办公用房等具有十分严重的干扰作用，使人们心情烦躁，工作效率降低。

（2）振动

振动对人和对建筑物的影响表现在两个方面，对人来说，在一个周期性微振作用下会感觉难受，特别是住在木结构房屋里的居民、地板、家具都会发生摇晃。对于老年人的心理影响更大。

打桩振动与地震振动不一样。地震时地面加速度可以看作一个均匀场，而打桩是一个点振源，振动加速度会迅速衰减，是一个不均匀的加速度场。现场实测结果表明，打桩引起建筑物顶部的水平位移约为风荷载的5%左右。所以除一些棚户以及危险房屋外，一般无破坏性的影响。但打桩敲击次数很多时对建筑物的粉饰和填充墙会造成损坏，另外，会影响邻近精密机床的正常操作，应引起注意。

（3）挤土

在饱和的软土中打桩时，桩身将置换同体积的土；因此在打桩区内以及在打桩区外一定范围内的地面，将发生竖向和水平向的位移。与此同时在桩周围的土体中会产生很高的孔隙水压力。大量的土体位移常导致邻近的建筑物发生裂缝，道路路面损坏，水管爆裂、煤气泄漏，通信中断以及边坡失稳等一系列环境事故。例如，上海小北门高层建筑施工时，虽然采用了静力压桩，但挤土的影响使民房严重开裂，居民被迫迁移，路面下的煤气管道泄漏，多次引起火警。在密集的居民区内打桩时，曾发生过数百名群众愤怒地冲入施工现场阻止继续打桩的情况。

为了减少打桩对周围环境的影响，通常可以采取以下几种措施：

1）钻孔灌注桩

这类桩最大的优点是无噪音、无振动、无挤土。但最大的缺点是它通过水冲法成孔，然后就地灌注混凝土成桩，这样施工工艺会排出大量的泥浆，污染环境；其次是水下混凝土的质量不易保证。但这些缺点是可以通过精心施工来解决。

2）静力压桩

静力压桩会克服噪声和振动两大缺点；但挤土的影响无法解决，当压桩效率较高时，挤土的影响可能比打桩更大。

3）减少挤土影响的措施

上海地区为减少打入桩影响的措施常采用以下几种方法：

预钻孔取土打桩。预钻孔直径一般不大于桩径的三分之二，深度小于桩长的三分之二。

设置排水砂井、塑料板排水井等。排水通道可设置在打桩区周围，也可设置在打桩区内部，促使孔隙水压力消散。

防挤孔。在打桩区内、外钻孔出土，可以减少侧向挤土效应。

合理安排打桩流程。因为对着建筑物打桩比背着建筑物的影响大得多。所以要施工前应仔细研究最佳的打桩顺序。

控制打桩速率。打桩速率越快，超孔隙水压力累积越快，影响也越严重，特别是打桩后期，每天打桩数不能过多。

打桩的挤土影响与场地的土质有很大的关系，一般打桩越大影响越严重。上述措施应根据地质资料，桩群和它周围环境的具体情况采用其中的一种或几种。

第三节 桩墙基础

一、灌注桩排桩墙的应用

（一）概述

灌注桩排桩墙在建筑工程的深基坑支护中使用较为广泛，配合高压旋喷桩封闭桩间空隙或在排桩墙后用水泥搅拌桩墙等方式可同时起到截渗、止渗的效果。在水工建筑工程中，应用灌注桩排桩墙作消能防冲建筑物，在防冲槽内侧设计钢筋混凝土灌注桩排桩墙，起到阻止水流动能形成的冲刷坑向护底、消力池部位发展，保护水闸等水工建筑物安全运行的作用。

（二）工程概况

海口枢纽工程位于江苏省滨海县城东北48km，是淮河入海水道的末级枢纽，具有挡潮、减淤、泄洪和排涝等功能。海口枢纽海口闸工程施工包括新建海口南闸、海口北闸。海口枢纽海口闸设计行洪流量2270m³/s。南偏泓排涝流量214m³/s，北偏泓排涝流量243m³/s。海口南闸、海口北闸均采用筏式底板，底板顶高程-3.0m（黄海基面，下同），厚度1.5m。海口南闸5孔，北闸11孔，单孔净宽均为10m。底板顺水流方向长度16.0m。闸底板下采用地下连续墙围封。闸下游设36.0m长钢筋混凝土消力池，消力池深度2.0m，消力池后接53.0m长浆砌块石护底和12.0m宽防冲槽，下游护坡延伸至防冲槽以外。在浆砌块石护底末端、防冲槽内侧设计一排直径80cm防冲灌注桩，桩底高程-14.5m。下游翼墙采用直线加圆弧形，下游引河河底高程-4.0m，海口南闸底宽80.0m，北闸底宽150.0m。上下游引河两岸均设30m宽青坎，高程1.5m，河道边坡为1∶3，水上采用浆砌块石护砌，坡底采用深齿坎防冲，水下进行抛石扩坡和抛石压脚。

淮河入海水道海口枢纽位于苏北滨海平原区，地貌类型为海滩与盐田。地面高程1.6～2.8m。场地区第三系以陆相碎屑岩沉积为主，第四系为浅海相、海陆过渡相沉积，厚度200m以上。表土以下软淤土之上有海口三角洲相沉积砂壤土层广泛分布。

（三）防冲排桩墙设计

1. 防冲桩的设计

计算海口闸设计上游水位2.8m、下游水位0.36m时，水闸最大泄流量为2569m³/s，下游消力池后单宽流量为12.8m³/s，计算得闸下游需要海漫长度65.0m。海漫末端设12.0m宽、2.5m深的抛石防冲槽。

下游防冲槽后冲刷深度按行洪2270m³/s、下游水位为设计高低潮0.36m计算。按《水闸设计规范》公式计算：

$$Adm=1.1qm/[v0]—HM$$

式中：

Adm——海漫末端河床冲刷深度（m）；

QM——海漫末端单宽流量（m³/s），

QM=11m³/s；

[v0]——河床土质允许不冲流速（m/s），

取[v0]=1.16m/s；

HM—海漫末端河床水深（m），HM=4.36m。

计算得海漫末端冲刷深度为 Adm=6.07m。

根据河海大学动床模型试验，在闸门全开，中低水位超过设计或更大流量时，海口闸下游防冲槽后河道底部流速可达 2.18m/s，而河道土质为易冲刷的沙壤土，所以下游河道产生一定的冲刷。动床模型试验模拟上游恒定来水设计行洪流量，持续行洪 45d，下游为潮位较低的排涝设计过程线。试验结果，一次大洪水后，下游防冲槽后冲坑底高程最大可达 -9.0m。

由于用《水闸设计规范》公式计算海漫末端冲坑深度时下游水位采用的是设计高低潮，而行洪时实际为潮位过程线，所以用规范中的公式计算的冲坑深度偏大，实际冲坑深度应与动床模型试验较接近。

2. 灌注排桩布置

防冲灌注桩成单排布置，布置在海口闸下游防冲槽的上游侧，桩间净距考虑现阶段灌注桩施工机械工艺能力，一般不小于 10cm，取为 10cm。桩直径 80cm，中距 90cm。桩顶高程 -4.8m，桩底高程为 -14.5m，有效桩长 9.7m。斜坡段顶高程与坡面平行，最高处至高程 0.0m。防冲排桩海口南闸共布置 115 根，北闸 205 根，其中 13×2 根在两侧坡面上。桩间 10cm 缝隙采用摆喷灌封，灌封深度自桩顶至桩底。排桩桩顶采用 80cm 高，120cm 宽盖顶连系梁，混凝土标号 C20。

（四）防冲排桩墙施工

1. 灌注排桩施工

（1）施工工艺流程为：测量定位－机架就位－精确定位－制备泥浆－泥浆循环钻孔－清孔－下钢筋笼－灌注水下混凝土－移至下一桩位。

（2）需要注意的问题

1）排桩间距较小，为防止对邻近桩尚未凝固的混凝土产生影响，钻孔桩施工采用间隔跳打的施工方法，可先施工奇数桩，再施工偶数桩。

2）由于排桩净距较小，为保证桩的垂直度，防止影响邻近桩施工，宜选用导向性能好的回转钻机钻孔施工。

3）严格测放定位，根据桩位平面布置图精确放线定位。每次桩架就位时严格检查验收桩位。钻孔过程中随时检查桩架情况，确保桩架水平，钻杆垂直，以防扩孔及斜孔。

4）防止坍孔、扩孔。施工中根据不同土层严格控制泥浆浓度，调整钻机进尺速度。钻孔过程中要注意出浆速度保持平衡，防止孔内浆液面降低引起坍孔。钻孔的孔径及深度检验合格后应立即进行清孔，缩短提拆钻杆到混凝土浇筑时的时间，并保持孔内泥浆面高程，使孔内液面高于地下水位防止坍孔。

5）泥浆护壁钻孔钻进期间，护筒内泥浆面应高出地下水位 1.0m 以上，钻进过程中应不断置换泥浆，保持浆液面稳定。由于在基坑内施工，要做好施工降排水，以降低地下水位，特别对有承压水地层的钻桩，更应重视降低地下水位。

2．灌注桩间隙摆喷灌封施工

海口闸工程下游防冲灌注桩间的缝隙采用摆喷灌封处理，灌封中心至灌注桩中心的距离为1.0m，摆角不小于80°。

（1）施工工艺。施工采用高压旋喷注浆工艺，三重管法。先利用钻机引孔至设计深度后，将二管喷具下至设计深度，控制喷嘴摆角，通过高压水切割造槽，压缩气保护水射流射程，经过切割、搅拌、置换等作用，利用水泥浆液充填槽孔，形成水泥土固结体防渗墙。

（2）摆喷灌封施工需要注意的问题

1）摆喷轴线按设计要求布设，在施工轴线上按孔距布设摆喷孔位，用水准仪测定各孔位高程，控制摆喷墙体深度。

2）钻机架设平稳，保证钻机在钻进过程中不移位。钻进中泥浆护壁，每孔完成后都要用钢尺测量钻具长度，控制终孔深度达到设计深度。

3）每钻完一孔，经验收合格后用浓泥浆将孔内充满，防止塌孔，并堵住孔口，防止异物掉入孔内。

（3）摆喷质量控制

1）高压摆喷灌浆是多台机械设备联合作业，每台设备的运行参数都必须在设计要求范围之内。

2）摆喷台车就位后，地面试喷，定向摆喷，调整各项技术参数达到设计要求。

3）包好水嘴和气嘴，将喷射管下到设计深度。

4）拌制水泥浆液，供风、供高压水，待各施工参数均达到设计要求，且孔口已返出水泥浆液时，即按设计参数自下而上进行定向摆动喷射灌浆。

5）二管提升至设计墙顶高程后，停止高压喷射，并对孔内及时回灌。

6）作业中因拆卸喷射管等中断施工后，重复喷射灌浆长度不小于0.2m，高喷过程中因故中断后恢复施工时，重复高喷灌浆长度不小于0.3m。

3．灌注桩顶部联系梁施工

（1）灌注桩顶部采用钢筋混凝土联系梁结构，联系梁按常规钢筋混凝土构件施工，其施工程序为：桩头凿除处理－测量放样－钢筋绑扎－分段立模－浇筑混凝土－养护。

（2）灌注桩及摆喷桩头超高部分采用风镐凿除，灌注桩的主筋伸入联系梁的部分与竖直方向成15°向周围发散，然后绑扎联系梁钢筋，立模时按设计分段长度分段施工，节与节之间设置伸缩缝，混凝土浇筑结束后，做好混凝土的养护。

二、悬臂式板桩墙的应用

（一）工程地质分析

工程所在地原始地貌单元为低丘坡麓，地形西高东低、北高南低，总体上呈箕形，受后期人工改造及近期人工填土影响，场地起伏不平，由北向南、由西向东呈阶梯状，在北部场地外堆填有厚度约 10～15m 的填土。场地内岩土层结构较简单，自上而下有素填土、含碎石砂质黏土、火山岩残积粉土。

场地地下水对混凝土无侵蚀性，pH 值为 6.8。场地外四周的地质情况为：北侧上部为新近素填土（主要为残积粉土、火山岩残积粉土和砂质黏土）和碎石砂质黏土层，下部为火山岩残积粉土，西侧除表层分布有约 3～4m 的含碎石砂质黏土外，主要为火山岩残积粉土，具有遇水易崩解变软、强度变低等特性。

（二）挡土墙选型分析

该场地起伏不平，受到周边已建及拟建建筑物的场地标高的影响，政府规划部门要求变电站大门处黄海高程标高为 6.50m，站区场地平均标高为 7.50m。在站区的竖向布置中，场地北高南低，以 3% 的坡度放坡。进行场地土方平整时，采取大面积开挖，土方外运量达 1.5 万 m³，开挖后边坡高差变化较大，局部高差达 20m，对不同高差段采用不同形式的边坡支护，分别有重力式挡土墙、钢筋混凝土扶壁式挡土墙和悬壁式板桩墙。

悬壁式板桩墙桩身截面取为 1m×1.5m 的人工挖孔桩，桩距为 3m。为防止施工时边坡土体的滑坡，山体边坡土方开挖时尽量放缓，同时为减少主动土压力对人工挖孔桩孔内的保护壁受到破坏，桩孔孔位距场地红线的水平距离为 10m。在桩顶与立柱交接处，采用横梁把桩体联系一起，横梁截面为 1m×0.5m，横梁前地坪处设置 2m×0.5m（宽×深）的混凝土加固层。立柱截面为 1m×1.5m，横板采用预制的钢筋混凝土板。墙后回填土采用砂土回填，为确保安全，墙与回填土之间的 2m 宽采用干砌毛石回填，在地坪标高位置做一道排水暗沟，立柱及板墙高度为 10m，墙上到红线位置，以 0.5：1 的坡度放坡，坡面以 100mm C15 混凝土面层做保护，以减少地表水的渗透。板桩墙墙背采用 500mm 碎石层作为滤水层，墙身呈梅花状分布直径 75 的泄水孔，在变电站的四周外围做一道截洪沟，截面 1m×1m。在墙下设一道排水明沟，及时把地表水排入市政排水系统，既保证边坡的稳定和支护体系的安全，也为变电站的安全运行提供有力的保证。

（三）设计理论

1. 力的传递

（1）边坡土压力传向简支横向板。采用库仑土压力理论计算。

（2）简支横向板压力传向支桩。沿高度分段计算，简化为承受均布荷载，采用钢筋混凝土简支构件计算内力及配筋。

（3）支柱压力传向桩。沿高度承受三角形荷载，采用钢筋混凝土悬臂构件计算支柱的内力、配筋及柱顶的水平位移。

（4）桩承受支柱传来的压力。为支柱提供固端约束，承受支柱传来的弯矩、剪力和轴力，并承受土体的主动土压力和被动土压力，根据水平力作用计算桩的内力和配筋，并确定桩的入土深度，验算提供固端约束的条件。

2. 土压力的计算

土压力的大小和墙后填土的性质、墙背倾斜方向等因素有关。库仑土压力理论是根据墙后土体处于极限平衡状态并形成一滑动楔体时，从楔体的静力平衡条件得出的土压力计算理论。库仑土压力理论假设墙后填土是理想的散体，也就是填土只有内摩擦角 φ 而没有内聚力 c，因此理论上只适用于无黏性填土，在实际工程中常采用黏性土回填，为了考虑黏性土的内聚力 c 对土压力数值的影响，在应用库仑理论时，常将内摩擦角 φ 增大，采用等值内摩擦角 AD=30° ～ 35°。另外，库仑理论假设墙后填土破坏时破裂面是一平面，而实际却是一曲面，在主动土压力时，只有当墙背的斜度不大，墙背与填土的摩擦角较小时，破裂面才接近于一个平面，因此计算结果与按曲面滑动面计算的有出入，计算主动土压力时偏差不大，一般在 2% ～ 10%，计算被动土压力时，误差较大，有时可达 2 ～ 3 倍，甚至更大。在土压力的计算中，计算参数的正确选择与否，对计算结果影响很大，砂土的内摩擦角的一般取值：细砂在 20° ～ 30°；中砂在 30° ～ 40°；砾石、卵石、粗砂在 40° ～ 45°。填土与墙背的摩擦角 δ 随墙背的粗糙度、填料的性质、有无地面荷载、排水条件等因素而变化，墙背愈粗糙，δ 愈大；填土的 φ 值愈大，δ 也愈大。δ 还与超载的大小和填土面的倾角 β 成正比。一般 δ 在 0 ～ φ 之间。

3. 承受水平荷载桩基的计算

（1）基本假定

单桩承受水平荷载时，把土体视为直线变形体，假定深度 z 处的水平抗力 a 等于该点的水平抗力系数 ax 与该点的水平位移的乘积，即：a=kXx；同时忽略桩之间的摩阻力对水平抗力的影响以及邻桩的影响。常用的理论计算方法有常数法、"K" 值法、"M" 值法及 "C" 值法。

（2）水平抗力系数

当按 "M" 值法计算时，地基水平抗力系数的比例常数，可计算桩身抗弯刚度 EI 时，对于钢筋混凝土桩，桩身的弹性模量，可采用混凝土的弹性模量的 0.85 倍计算。

（3）确定桩身最大弯矩及其位置

单桩在水平荷载作用下所引起的桩周土的抗力，桩身荷载、弯矩图见图 2。计算时简化为平面受力，桩的截面计算宽度 b0 分析如下。

矩形截面桩：当实际宽度 h≥1m 时，b0=b+1；b<1m 时，b0=1.5b+0.5。

圆形截面桩：当桩 d≥1m 时，b0=0.9（b+1）；b<1m 时，b0=0.9（1.5d+0.5）。

桩的变形系数：α =[m × b0/（0.85EI1）]0.2。

系数 CI= α（M0/Q0）。

由系数 CI 查表得相应的换算深度 h（h=Hz）和 CII：

桩身最大弯矩深度 z=h/ α。

桩身最大弯矩值 Mmax=CIIM0。

（4）单桩水平容许承载力

当桩顶水平位移的容许值 [X0] 为已知时，可按下式计算单桩水平容许承载力。

桩顶自由时：$[Q0]=0.41\alpha 3EI[X0]—0.665\alpha M0$；

桩顶为刚接时：$[Q0]=1.08\alpha 3EI[X0]$。

（四）设计计算

1. 土压力

根据回填土的要求，假定墙背后回填土容重 $\gamma=18kN/m^3$，墙背倾角 $\eta=0°$，实际土质的经验值内摩擦角 $\phi=35°$，墙背摩擦角 $\delta=20°$，墙背填土放坡 $\beta\leq30°$。根据库仑土压力理论，主动土压力系数 A=0.36；无黏性土被动土压力系数 Cp=8.8。主动土压力强度沿墙高呈三角形分布，地坪以上主动土压力 Ea 按下式计算。

$Ea=（\gamma H21Ka）/2=（18\times10^2\times0.36）/2=324kN/m$ 其水平分量与垂直分量计算如下：

$Ax=Ea\cos20°=324\times0.9397=304kN/m$

$Cay=Ea\sin20°=324\times0.342=111kN/m$

Ea 作用点距柱顶距离 d1：

$d1=2H1/3=2\times10/3=6.67m$

2. 板内力及配筋计算

墙背主动土压力强度沿墙高呈三角形分布，挡板沿墙高采用横板分段计算，b=1000mm，h=250mm，计算长度 l0=1.05ln=1.05×1500=1575mm，两端预埋钢板，与柱槽内预埋钢板焊接，简支于立柱上。

经计算，板配筋采用 Φ12@200。

3. 支柱内力及配筋计算

柱截面 a×b=1m×1.5m，桩间距为 3m，分段计算柱弯矩及配筋：As7=3.88m，As8=5.879m，As9=8.583m，As10=12.228m。柱身箍筋采用构造配筋。

支柱顶点的水平位移计算如下：

$q=3\gamma H1Ka\cos20°=$

$3\times18\times10\times0.36\times0.9397=183kN/m$

$FY=qH41/（30EI2）=$

$183\times（10\times10^3）4/（30\times2.94\times10^{15}）=21mm$

4. 桩入土深度计算

根据计算结果，M0=3045kN·m；Q0=914kN；N0=655kN。采用"m"法（即 ax=m）对桩进行桩的水平承载力计算。取地基土水平抗力系数的比例常数 m=50MN/m4，相应的桩顶水平位移 [x0]=0.002m。

桩截面 a×b=1m×1.5m，

桩身最大配筋量 As=16050mm²。

根据以上计算，桩身的最大弯矩处配筋为 20Φ25+16Φ22，桩内的钢筋伸入柱内，参与地坪处柱的受拉钢筋的作用，分层截断。桩基采用人工挖孔桩，矩形钢筋混凝土护壁。

5. 验算桩入土深度

经计算 Ah=6.56>2.5，露出地面的支柱可按一端固定的悬臂构件计算。因此，前面的假定是正确的。经验算最大弯矩点在桩上。

本工程的边坡支护经过详细分析，合理选型，设计模型简单，力的传递明确，设计理论明确。工程于 1994 年 12 月开工，1995 年 3 月竣工。工程的施工难度不大，施工质量较好。经跟踪实测，支柱顶最大水平侧移为 13mm（2001 年 12 月），满足设计要求。

三、基础施工中采用桩墙连接方案的做法

国家科委信息业务楼位于科技情报中心小区内，南临情报研究所主楼；西北是宿舍，东面紧靠公路，施工用地紧张。

A、B 两段地下结构均为钢筋混凝土浮筏基础，A 段地下为汽车库，基础埋深 7.975m，B 段地下室为五级人防工程，基础埋深 5.935m，A、B 两段相距 1cm，中间用廊楼联系。

根据建筑造型和工作量，基础施工时考虑在 A 段南、北两侧各设 1 台 QT60/80 塔吊，以满足施工需要。

综合以上情况，基础土方施工若采用放坡法大开挖，既受场地限制，施工也困难，因此基础施工阶段考虑采用钢筋混凝土灌注桩护坡。

按以往经验，桩身与地下结构外墙皮间至少应留置 1cm 宽工作面，但由于施工场地狭小，留置工作面涉及工期、质量、安全、经济等各方面问题。由此，我们考虑将桩和防水保护墙拉接成一体，取消工作面，采用桩墙连接的方法施工。

（一）桩墙连接方案

1. 地下结构施工工艺流程

场地平整 - 标高控制网引测、建筑物主轴线引测、护坡桩设计 - 护坡桩桩位布置 - 机械钻孔、护坡桩灌混凝土、机械挖土 - 验槽、地基处理 - 立塔 - 基础垫层 - 砖护墙砌筑 - 找平抹灰 - 防水层 - 防水软保护层 - 底板施工 - 外墙施工（单侧模板）- 封地下室顶板 - 地上结构施工。

2. 主要施工方法

（1）240mm 厚防水保护墙用 75 号砖、50 号混合砂浆砌筑。为保证桩与墙的整体性，沿桩高设 3 道墙和桩的联系梁，梁高 120mm，用 4Φ10、Φ6 @ 300 配筋，每隔 2 根桩设 2Φ6 钢筋（梅花形布置），一端与桩钢筋焊接，另一端锚入联系梁中。

（2）地下室钢筋混凝土墙体外侧模板由防水保护墙代替，内侧模板采用组合钢模板，设定位卡具保证墙体厚度。单侧模板支撑采用整体排架，此排架既作墙体模板支撑，又兼作顶板混凝土模板支撑。

3．质量控制

（1）灌注桩设计要充分考虑地面附加荷载，并依据地质情况设计。

（2）打桩控制由建筑物外墙主轴线测定桩位线，桩位中心偏差不大于20mm，垂直偏差不大于1/100，桩顶标高偏差为 ±100mm。

（3）机械挖土在桩成型后超过14d 才能进行。挖土机不得撞击桩体。

（4）防水保护墙砌体允许偏差：垂直偏差不大于5mm，平整偏差不大于8mm。

（5）防水保护墙抹灰，用1：3 水泥砂浆打底，1：2.5 水泥砂浆罩面。垂直偏差不大于3mm，平整偏差不大于3mm。

4．技术经济效益

桩墙连接方案的实施，减少了肥槽挖填土方，节省了单侧模板和支撑，增加了施工用场地，避免了立体交叉作业带来的不安全因素，加快了施工进度。

（二）体会

实施桩墙连接方案后经济技术效果明显，在今后的工程中，如遇此类情况，均可采取上述措施。但应注意以下几点：

（1）桩与墙的结合部位应采取封闭措施，否则雨季时灌水，墙体会出现位移。

（2）墙与桩应有很好的拉接，尤其在基础较深、墙体较高的情况下，应确保墙体整体稳定，保证人身安全。

第四节　基坑支护

一、深基坑支护施工分类

深基坑的开挖支护是基础和高层地下室施工中的一个综合性技术难题，它不仅要保证基坑内能正常作业安全，而且要防止基底及坑外土体的移动，保证基坑附近建筑物或构筑物、道路管线的正常运行，不可避免地触及基坑开挖、工程基础及地下室施工等一系列问题，这既是一个综合性的工程难题，又涉及土力学中的许多问题。涉及土与支护结构的共同作用，涉及周边环境的问题，还涉及施工方法、施工作业的程序、安排等。深基坑的深是相对一定的地质、水文条件，一定的施工技术水平，形成一定的施工难度而言，在目前的施工水平，深基坑一般是指深度5 ~ 7m 以上的基坑。

20 世纪 90 年代以来，随着高层基础埋置深度加大，老城区改造的深入，高层建筑的密度增大，支护结构的设计问题越来越显得重要。城市的高层建筑及其地下工程一般都处在密集的建筑群中，施工场地狭窄，有些工程的基础紧挨着相邻建筑物或者构筑物的基础，在这种环境中进行深基坑的施工，难度可想而知。由于挖土对基坑的卸荷、护坡桩向坑内倾斜变形和基坑内外人工降水等原因，必然引起基坑四周地面与原有建筑物的沉降变形，从而引发基坑安全问题。

基坑事故一般表现为支护结构位移过大、基坑塌方或者滑坡、基坑周边道路开裂或塌陷、基坑周围的地下管网线路因位移过大而破坏、相邻的周边建筑物因不均匀沉降等原因而开裂甚至倒塌等等。造成这些事故的主要原因已不再是支护结构构件的强度破坏，而是因为支护结构的变形过大。因此城市的基坑工程对基坑工程施工提出了严峻的挑战。

深基坑一般是指深度在 5 ～ 7m 以上的基坑，具有施工技术复杂、施工周期长、在狭小场地上施工条件受限、对周边环境建筑物的沉降变形，从而引发基坑安全问题。城市的基坑工程对，供大家借鉴和参考。影响较大等工程特征。有支护的基坑工程一般包括：勘察、支护结构设计和施工、地基加固、土方开挖、降水工程、工程及环境监测等施工措施。

常用的深基坑支护方式有：放坡支护、挡墙支护、桩排支护（分悬臂式、单层或多层锚固式、单层或多层内支撑式）、地下连续墙及土钉支护等。

（一）钢板桩

钢板桩应用于建筑深基坑的支护，是一种施工简单、投资经济的支护方法，在上海软土地区过去应用较多。但由于钢板桩本身柔性较大，如果支撑或锚拉系统设置不当，其变形会很大，因此对基坑支护深度达 7m 以上的软土地层，基坑支护不宜采用钢板桩支护，除非设置多层支撑或锚拉杆。在工程中应考虑到地下室施工结束后钢板桩拔出时对周围地基土和地表土变形的影响。

（二）地下连续墙

地下连续墙施工工艺是近几十年在地下工程和基础工程中广泛应用的一项技术。地下连续墙在建筑物和构筑物密集的地区可以施工，对邻近的建筑物及基础不产生影响。地下连续墙的刚度大，能够承受较大的侧压力，如土压力和水压力的水平荷载。在基坑开挖时，变形小，因而周围地面沉降小，不会危害邻近建筑物和构筑物，地下连续墙如果与锚杆配合拉结，或用内支撑、地下结构支撑，则可以抵抗更大的侧向压力。

（三）柱列式灌注桩排桩支护

柱列式间隔布置包括桩与桩之间有一定净距的疏排布置形式，和桩与桩相切的密排布置形式。柱列式灌注桩作为挡土支护结构也有很好的刚度，但各桩之间的联系差，必须在桩顶浇筑较大截面的钢筋混凝土帽梁加以可靠连接。为了防止地下水或者地下水夹带土体颗粒从桩间空隙流入或渗入坑内，应同时在桩间或桩背采用高压注浆、设置深层搅拌桩、旋喷桩等措施，或在桩后面专门构筑防水帷幕。灌注桩施工较连续墙简便，可用机械成孔或人工成孔，成本低于连续墙，可以不用大型机械，又无打入桩的噪音、振动和挤压周围土体带来的危害。排桩支护形式分为悬臂式排桩支护和支锚式排桩支护，支锚式又分为单点支锚和多点支锚。在大多数情况下悬臂式柱列桩适用于安全等级为三级的基坑支护工程，支锚式柱列桩适合于一、二级安全等级的基坑支护工程。

二、锚杆支护

锚杆支护是一种岩土主动加固和稳定技术，锚杆作为技术主体，一端锚入稳定的土体或岩体中，另一端与各种形式的支护结构联结，通过杆体的受拉作用，调用深层土体的潜能，达到基坑和建筑物稳定的目的。锚杆适应性强，基本不受基坑深度的限制，机动灵活，可与多种其他支护型式配合使用，这是锚固支护的两大主要特点。因此，锚固技术在深基坑中的应用具有显著的经济效益。根据目前国内外深基坑锚固支护工程应用的实践经验，锚杆可与各种支挡桩，如钢板桩、灌注桩组成桩锚体系，也可与各种墙，如地下连续墙、土钉墙、钢筋混凝土挡墙组成锚杆挡墙。

三、土钉支护

土钉支护是用于土体开挖和边坡稳定的一种新的挡土技术，所谓"土钉"就是置入现场土体中以较密间距排列的细长锚杆，如钢筋或钢管等，通常还外裹水泥砂浆或水泥净浆浆体（注浆土钉）。土钉的特点是沿通常与周围土体接触，以群体起作用，与周围土体形成一个组合体，在土体发生变形的条件下，通过与土体接触界面上的黏结力或摩擦力，使土钉被动受拉。并主要通过受拉工作给土体以约束加固或使其稳定。土钉的设置方向与土体可能发生的主拉应变方向大体一致，通常接近水平方向并向下呈不大的倾角。土钉支护由于经济、可靠且施工快速简便，已在我国得到迅速推广和应用。在基坑开挖中，土钉支护现已成为桩、墙、撑、锚支护之后又一项较为成熟的支护技术。

四、深基坑支护施工

为避免基坑施工时对相邻建筑物及各种运输道路、地下管线等造成不均匀沉降，在深基坑施工时，一般采取适当的支护方式，较为常见有放坡、水泥搅拌桩和泥浆护壁混凝土灌注桩。

（一）放坡开挖

当基坑周边开阔、相邻建筑物较远、无地下管线或可以迁移，基坑又较浅，可采用放坡的结构形式。放坡开挖，边坡一般为：1：1，1：1.25，甚至于1：1.5。挖土要分层进行，随着开挖，边坡做成一定坡度。在接近坑底时要预留200～300MM的土层用人工开挖和修坡，以保证基底土不被扰动和坑底的设计标高。如果挖深了，一般采用石屑分层振捣密实到设计标高。为做好坑内排水要沿坑内边缘挖排水盲沟，深度在200MM以上，坡向集水坑。为避免雨水冲刷边坡，要在边坡上进行土体加固处理。

（二）深层水泥土搅拌桩

水泥土搅拌桩，是由一定比例的水泥浆和地基土用特制的机械，在地基深处强制搅拌而成。施工前首先进行放线，确定水泥土搅拌桩的轴线位置和水准点定位，桩机行走路线，进行场地平整，修临时道路。施工前必须确定的几个参数：灰浆泵输浆量、灰浆经输浆管到达搅拌桩机喷浆口的时间、搅拌桩的配比。搅拌提升速度与输浆速度要同步。

深层搅拌施工有湿法和干法两种方法。一般优先采用湿法工艺施工，这种方法施工时，注浆量容易控制，成桩质量较为稳定，桩体均习性好。

一般的工艺流程，采用一次喷浆二次搅拌或二次喷浆三次搅拌。具体工序：（1）就位：桩机开行到指定桩位对中，调整桩机的垂直度；（2）预拌下沉：开动电机使搅拌机沿着导向架切土搅拌下沉。下沉速度控制在 0.8m/min；（3）制备水泥浆：在灰浆搅拌机里，按一根桩一罐灰配制灰浆，水泥浆配比一般是水泥和水为 1：0.6。当搅拌桩机下沉一定深度后，开始搅制水泥浆，准备喷浆；（4）提升喷浆搅拌：搅拌机下沉到设计深度后，开启喷浆泵，将水泥浆压入地基土中。然后边喷浆边提升搅拌机，直到设计桩顶标高。提升速度一般为 0.5m/min；（5）沉桩复搅：再次沉钻进行复搅，复搅下沉速度控制在 5～8m/min。在下沉搅拌时，进行复喷。为保证桩基土与浆液搅拌均匀、密实，采用慢速提升 0.5m/min，只搅拌不喷浆，直到出地面为止；（6）移位：开行搅拌机到桩位，整平、垂直进行下一根桩的施工。打桩施工必须连续作业。相邻桩施工，间隔时间不宜超过 10 小时，不得超过 24 小时。否则，要采取补桩措施，以确保桩与桩的有效搭接，保证其止水作用。

成桩质量标准：垂直度偏差不大于 1%；桩径偏差不大于 4%；桩深偏差不大于100mm；桩位偏差不大于 50mm。控制施工质量的主要指标为：水泥用量、提升速度、喷浆的均匀性和连续性以及选用的施工机械性能。影响水泥土的抗压强度的因素有：水泥掺入量、强度等级、龄期、含水量、养护条件及土性等。水泥土搅拌桩达到设计养护龄期（28d），采用钻蕊法检测成桩质量。

水泥土搅拌桩在做支护时，由于其抗弯性差，墙宽一般要达到基坑开挖深度的 0.7～0.8倍。墙体插入基坑开挖深度以下的入土深度，一般要达到基坑开挖深度的 0.8～1.2 倍。这种基坑支护形式不适用于较深的基坑。

（三）泥浆护壁混凝土灌注桩

普遍采用的支护桩是泥浆护壁混凝土灌注桩，施工工艺要点：

1. 钻机就位前，要平整场地、铺好枕木、整平道轨和钻机，保证钻机平稳牢固。在桩位埋设护筒，内径比孔口大 100mm～200mm，埋深 1m～1.5m，同时挖好水源坑、排泥槽和泥浆池。

2. 对桩位进行复测校核无误后方可开钻，这是确保桩位准确的一项重要措施。

3. 钻孔采用泥浆护壁，一般以原土造浆。护壁泥浆密度控制在 1.1～1.2t/m³。施工过程中要经常测定泥浆密度，钻进速度在淤泥质土中不宜大于 1m/min。

4. 钻孔达到设计深度后要立即进行清孔和放置钢筋笼，放置钢筋笼要垂直，注意保证保护层的厚度。在接筋时，要满足焊缝长度。然后放置导管，浇注水下混凝土。随着混凝土浇筑，不断地拆除导管，一直到混凝土浇筑完成。由于孔底部分是泥浆和混凝土的混合物，因此，要超灌 600mm ~ 800mm。

质量要求：

（1）桩径允许偏差正负 50mm；垂直允许偏差小于 1%；桩位允许偏差不大于150mm。

（2）沉渣厚度不得大于100mm。泥浆密度 115（用泥浆比重计测量）。

（3）混凝土充盈系数大于 1。

（4）混凝土强度达到设计强度。

钻孔灌注桩是在水下成桩，为保证成桩质量，必须按操作规程、施工工艺严格控制钢筋笼制作质量、成孔质量、桩身质量、混凝土配合比和坍落度以及拔管抖动的操作。每一根桩，实际混凝土用量基本等于：按照施工图计算出的理论用量乘以充容系数加上允许超灌用量。充容系数通常控制在 1.01 ~ 1.03 之间，允许超灌 600mm ~ 800mm。否则就有可能出现断桩或塌孔。

基坑开挖前应采取措施进行降水，用不断抽水方式，使地下水位降到坑底以下，以方便土方开挖。通常采用坑内打大口井的做法，来实现降水。为防止抽水过程中，将细微土粒带出，可根据土的粒径选择滤网。另外，确保井管周围滤层的厚度和施工质量，亦能有效防止因降水而引起的地面沉降。

土方开挖是基坑工程施工中的重要环节。开挖前，要根据基坑设计和施工现场实际由施工单位编制土方开挖专项施工方案，其中包括安全方案。土方开挖前，坑内降水要达到15 天以上。采用混凝土支护结构时，其强度必须达到设计强度。同时施工前做好相应的准备工作，如：结合场地地面硬化，做好基坑周围的明沟排水，对可能排入或渗入基坑的地表雨水、生活用水、上下水管渗漏水，要设法堵、截、排，严防各种地表水渗入边坡土体和基坑内。同时，对有可能发生的情况要有充分地估计，制定应急备用方案，一旦情况发生果断处理。做好基坑外围护设施，并对道路进行路面硬化。土方开挖时，要分层、分区、对称开挖，要合理安排车辆的进出道路。挖土时，坑边不能堆土，不允许坑边有任何堆积荷载。对多层地下结构，要先撑后挖。开挖距坑底设计标高 300mm 范围内要人工开挖，随着进行清底。挖到设计标高要紧跟进行混凝土垫层施工，必要时挖一块打一块。混凝土在具有一定强度后，就等于在竖向坑底位置增加一道支撑，对基坑边坡的稳定十分有利。

在挖到坑底设计标高时，要沿支护桩在坑内作排水盲沟，在适当间距和位置作集水井。井深自坑底 1m，使用黏土砖干砌，以便坑内集水和雨水及时排出坑外。随着地下主体结构完成，在外防水工程完成后，要及时进行回填。在回填施工时，要注意必须分步回填，夯实。不允许使用机械一次回填，否则会对地下主体结构产生不利影响，也对周围环境产生不利影响。

基坑工程在开挖施工中，必须进行监测，并通过监测数据指导基坑工程的施工全过程。在基坑开挖前，要制定严密、合理、可行的监测方案。监测项目主要有：支护结构顶部水平位移，周围道路、建筑物和地下管线沉降观测以及工程桩的位移。对监测的主要要求：观测点要布置合理，支护结构顶部的水平位移及沉降，观测点数量不得少于 8 个，间距不应大于 10m。关键部位应加密测点。各监测项目在基坑开挖前，应测定初始数据。开挖初期观测时间间隔，不宜超过五天。开挖中期，不宜超过 2 天。开挖后期，应每天观测要及时编制监测报告，综合分析各种监测资料并进行险情预报。

当监测结果问题较大时，要果断地采取必要措施。常见且效果较好的办法就是减荷。即为减少支护结构的被土动力将基坑上边缘支护桩后面一定深度的土层挖走，以减少土对支护结构的压力从而使变形减小，也可以根据实际情况增加支撑，以增大刚度。

总之，在基坑开挖开始，支护结构就开始受力变形。基坑暴露的时间愈长，支护结构的变形也愈大，这种变形直到基坑被回填为止。所以，在整个基坑施工全过程，必须严密组织、加强调度和协调，立足于"抢"，快速组织施工，减少基坑暴露时间。基坑开挖一旦出现事故，造成的后果是十分严重的。在各个环节都要谨慎从事，以防止事故的发生。

五、基坑支护施工勘察

现代建筑中，高层建筑越发普遍。高层建筑必然涉及深基坑支护施工，其中特别是软件深基坑支付施工问题，一直困扰着施工技术员。而科学组织深基坑支护施工，能有效地提高施工效率、提升安全系数。

（一）基坑支护工程勘察

在进行深基坑支护施工前，工程项目地址的地质、水文及场地环境以及地下铺设物等的勘察非常重要，一定要把相关数据准确勘察出来，并制定出详细的切合实际的施工方案。

1. 地质勘查

基坑地质勘查是整个工程勘察项目中的一部分，应与主体工程勘察同步进行，勘察时要充分考虑主体工程的设计需求和施工要求。具体来说，基坑地质勘查应包括地质勘查和周边环境勘察两大方面。具体勘察内容包括：（1）基坑地址土质特点、土层特性、结构特色、土体类别；（2）基坑周边河道、暗流、回填土以及其他障碍物等的分布状况；（3）基坑渗水状况、底部承压水状况、土层水补给状况、产生管涌和流沙的可能性状况；（4）基坑支护结构在设计与施工过程中所需要的物理力学指标；（5）基坑地基承载力状况。

2. 周边环境勘察

深基坑由于下挖深度较大，极易对周边建筑物或地下铺设物等产生影响，如果事前对周边环境没有科学准确地把握，施工中必然会造成严重的后果。因此，施工前对深基坑周边环境的勘察必须认真进行，具体包括如下内容：

（1）掌握深基坑周围建筑物状况，如周边建筑物分布范围、距离等特点，建筑物高度和层数，建筑物基础结构，有无桩基，是否存在倾斜等。这些状况必要情况下可通过权威部门进行鉴定，以确保施工无恙。

（2）基坑周边地下铺设物排查，如天然气管道、通信管网、电缆等，必须准确定位定点。

（3）基坑周边地下建筑状况，如是否存在隧道、地铁、人防工程、地下通道等。

（4）基坑周边施工条件状况，如交通运输情况、居民分布情况、噪音负面影响情况等，还有施工材料放置、机械停放等是否有合适的场地，也应考虑进去。

3．地下结构设计资料调查

地下结构设计资料具体包括：

（1）主体结构工程的地下室布置平面，红线相对位置，这些数据要作为支护方案选用时的重要参考资料。

（2）主体工程桩位，这是确立位置和围护墙的很重要的技术参考资料。

（3）主体结构工程地面以下各层的布置情况及标高数据，基坑施工要根据这些数据来决定开挖深度和开挖方案。

（二）深基坑支护施工

1．深基坑支护基本要求

（1）基坑围护体系的挡土功能要充分保障，周围边坡必须确保稳定。

（2）周围建筑物、道路管网、地下设施等在施工过程中都应确保安全运行。

（3）基坑支护架体自身的稳定性安全要得以保证。

（4）确保使用安全合格的支护架材。

（5）确保支护架体连接材料的合格性与安全性。

2．基坑支护设置原则

（1）因地制宜，就地取材，结构力求简单，技术力求先进。

（2）尽可能根据深基坑现实条件选择最佳支护方案。

（3）确保支护架受力可靠，保证基坑边稳定，不影响周边设施。

（4）尽可能保护环境，使环境破坏最小化，并确保施工过程安全。

（5）经济成本开支上力求合理。

3．支护方案选择

选择支护方案时，应综合考虑施工季节、技术条件、经济条件、施工期限、安全等级要求、基坑所在地的地质水文条件、开挖深度、排水状况、周边环境、基坑侧壁位移要求、周边荷载等各种因素。目前国内常见的支护方案要特别强调的是，对因降水可能导致固结沉降的软土地基、细沙层或黏土层组成的软弱地基以及含水层丰富的沙砾石地层，宜优先选用截水式支护，其他可采用透水性支护。

（三）深基坑安全应急预案

工程施工，安全第一。深基坑施工尤其要把安全放在最重要的位置，施工前必须制定好安全应急预案，并确保安全应急物资提前就位。基坑深度大于 3 米的安全应急预案，应经过专家组充分论证，要力求施工对周边负面影响最小，对施工人员安全威胁最小。

一般情况下，依据土层破坏机理，施工过程中常用的安全保障办法有回土反压法、增加锚杆法，转角处常用大直径钢管对撑法。周边如果无其他设施限制，应开挖成上大下小的梯形，坡面呈梯状。

施工过程中，要有专业人员随时监测土层变化状况，特别是基坑顶部位移状况，发现异常要及时应对处理，确保施工人员安全。

（四）其他注意事项

1. 桩基固结

主体建筑物桩基如为挤土型桩时（如沉管混凝土灌注桩、预应力管桩等），因场地土质发生破坏，力学性能受到很大改变，应力释放需要一个过程，一般施工后 15 天或更长时间方可固结到原有程度。

2. 土方开挖

开挖前要预先设计好出土口，特别要加强出土口的支护，确保土方运输车远离基坑边缘，以免对支护体造成过载影响。

3. 重物堆放

基坑周边应避免堆放重物，以免对基坑边缘造成过压，影响基坑安全。

4. 临时设施

工人临时宿舍、生活区等要尽可能远离基坑，以防出现人员坠落或基坑意外坍塌等危险。

5. 阳角处理

如果基坑形状不规则，要尽量避免直角转折。转折中出现的阳角，往往是应力集中部位，如果实在不能避免，就应当进行局部加强处理。

6. 基坑排水

基坑开挖之后，基坑壁上会出现裂缝等，要防止雨水渗入。为此，发现裂缝就要及时修补，如基坑出现积水，应及时组织排水。排水做好后，基坑土层才能确保稳固安全。

7. 加快基础施工进度

基坑土方开挖后，土层就处于一个不稳定的状态，但由于有支护的作用，一般不会剧变，而是徐变。如果施工时间过长，徐变到一定程度，就可能造成严重破坏。因此，基坑施工要尽可能加快进度，避免徐变影响。

（五）结语

深基坑支护虽为一种施工临时性辅助结构物，但对保证主体工程顺利进行和邻近地基、建筑物的安全影响极大。在实际应用中，支护结构并非越大、越厚越好，或是埋置越深越好，而是在了解各种支撑、支护方法的优缺点和适用场合的基础上，应根据所搜集相关完备资料，进行多方案的经济技术分析，综合全面比选确定。

六、深基坑锚杆支护施工

岩土深坑锚喷网支扩，是近年来国内外应用较广泛的一项实用新技术，它是将锚杆锚喷网与基坑滑裂面以外的土体连成的一个整体，承受主动土压力、水压力，利用岩土的锚固力，以维持边坡土不能滑移，保证被锚固体的稳定的一种最为可靠实用新工艺。本工法总结了我们在工程支护中利用钢筋作为锚杆主体的施工操作方法。

（一）适用范围

适应于由于土方开挖较深造成土体自身失稳或周围有需要加以保护的建（构）筑物、公路等各种情况，但对于有大面积软弱土层应在土层锚杆的基础上设置若干锚管进行支护。

（二）工艺原理

土层锚杆是利用锚杆与周侧土的摩阻力来克服支护部分的主动土压力和小压力的原理形成的受拉构件。其锚杆分为非锚固段和锚固段两部分。

（三）锚杆布设

1. 埋置深度：锚杆埋设深度应遵循最上层锚杆的覆土厚度，不使锚杆向上垂直分力引起地面隆起的原则，一般为 4 ~ 5M，若周围有建筑物，可小一些。

2. 锚杆层数：应由计算确定。一般上下两层的间距为 2 ~ 5M。层数决定了锚杆的垂直间距。

3. 锚杆的水平问题和倾角：锚杆水平间距为 1.5 ~ 4.0M，倾角不应小于 12.50，多为 15 ~ 250。

4. 锚杆长度及直径：锚杆直径根据机械成孔或人工成孔方式，大多为 130MM 左右。锚杆长度为锚杆设计中的重点，应由计算确定。其长度计算方式为：

（1）计算非锚固段长度 LF=（H—h）W450—ϕ2/450+ϕ2+α

式中 H 为挖深（M）；h 为第一层锚杆的覆土厚度（M）；ϕ 摩擦角（度）；锚杆倾角（度）。

（2）计算锚固段长度 LM（图中 FG 段）

LM=TuWk/CDT

式中：Tu 为锚杆的轴向力，即设计拉力（KN）；

K 安全系数，临时取 1.3 ~ 1.5；D 锚杆直径（M）；T 为土层与锚杆砂浆间单位面积上的摩阻力（KN/m^2）。

则锚杆长度（第一层）为 L=LF+LM

根据类比法，同理计算出以下各层锚杆长度。

5. 锚杆稳定性分析

边坡的整体稳定可按土坡稳定的计算方法进行验算。

（四）工艺流程及施工操作

1. 工艺流程

修整边坡→成孔→放筋→高压注浆→编网→喷射砼

2. 施工操作

（1）修坡：依据基抗放坡系数，进行修坡。

（2）成孔：成孔机械多种多样，在进深能力达到要求的情况下，一般利用小型机械较容易操作。对于土质较好，孔较短的土方利用工人依靠洛阳铲成孔也可达到事半功倍的效果。

（3）放筋：钢筋放置应居中延长放置，每隔 2.0M 放置一个定位器。钢筋长度不够可采用对焊或绑条焊，绑条长度不应小于 4d（d 为钢筋直径），焊缝高度不小于 7 ~ 8mm，宽度不小于 16mm。在插入钢管时应将注浆管与钢筋一起绑扎入孔，注浆管距孔底 50cm 左右。为保证非锚固段的钢筋在土体滑动时能够自由伸长，可在非锚固段套上塑料管。锚杆钢筋直径应由计算确定，一般用 φ28（二级）钢筋作为锚杆主体。

（4）注浆：注浆为关键工序，在同等长度下，注浆效果不同其抗拔力会相差很大。注浆时一般采取高压多次注浆的方法。首次注浆灰砂比可为 1∶1（重量比），水灰比为 0.4 ~ 0.5，以后可用纯水泥浆多次补注，纯水泥浆水灰比为 0.4 ~ 0.5。注浆时边注边拔注浆管直至孔口，注浆压力一般为 0.8mpa 左右，浆内可掺一定量的早强剂。

（5）编网：一般用 Φ6.5 钢筋间距 200W200mm，双向挂网，网与锚杆用钢筋做成井字形焊在一起。

（6）喷射砼：在网上高压喷射 10cm 厚砼，喷层应均匀密实，避免漏筋现象。

（7）对软弱土层处理：软弱土层指边坡自稳时间为零或及短，不易成孔，随挖随塌的土质，如杂填土，饱和淤泥质土等。对于含水量较大的土层有时还会伴随流沙现象产生。对这类土的处理办法是设置超前锚管，并设置反滤层塑料管进行有序排水。

具体操作为：土方分层分段开挖，每层段不宜过大，在开挖之前利用外径不小于 48MM 的钢管（锚管）直接垂直压（打）入土层中，钢管长度不应小于单层开挖深度的 2 倍，间距为 30 ~ 50cm。开挖后再以大致 150 倾角沿坡面压力钢管。该处钢管应在管壁上钻 8 ~ 10mm，间距 30cm 左右的小孔（边端 1.5M 不设孔），作为出浆眼，在管上快速挂网（提前编制），喷砼。

（8）坑底隆起的防治：基坑底部隆起是由于隆起部位附延边壁内土层承载小于其上部土体自重，及附加荷载作用时发生的溯流现象。其防治办法是在基坑脚附近采用垂直向下的锚杆（管）截断塑流线，防止基坑底部隆起。

（五）材料机具

1. 主要材料大致为钢筋，425#普通硅酸盐水泥、中砂、小石子、电焊条、绑扎丝等。

2. 机具：成孔钻机、洛阳铲、空压机、灰浆搅拌机、张拉机、砼输射机、注浆机等。

（六）劳动组织及安全技术措施

1. 支护应与土方开挖同期进行。支护人员分为三个班，即成孔班、钢筋班、喷注班，每班人员大致相等。

2. 钻孔要保证位置正确，要随时注意调整好错孔位置（上、下左右及角度），防止高低参差不齐和相互交错。

3. 钻孔后要反复提摇孔内钻杆，并用水冲洗，直至出清水，再接下节钻杆，遇有粗砂、砂卵石土层，在钻杆钻进最后一节时，应比要求深度多10～20cm，以防砂、碎卵石堵塞管子。

4. 干作业钻孔拔出钻杆后要立即注浆，以防塌孔。水作业砼孔拔出钻杆后，外套留在孔内不会坍孔，但不宜间隔时间过长，以防流沙涌入管内，造成堵塞。

5. 注浆压力一般不能低于0.8MPa，但不宜大于2MPa宜采用封闭式压力注浆和二次压力注浆，可有效把提高钻杆抗拔力（20%左右）。注浆材料可根据气温和土质情况与使用要求，适量掺加早强剂、防冻剂或减水剂。

6. 注浆前用水引路、润湿，注浆后及时用水清洗搅浆，压浆设备及注浆管道等。注浆后自然养护不少于7d。

（七）工程验收

基坑喷锚网支护工程竣工后，应按设计要求和质量合格条件验收。基坑喷网支护工程验收，应有业主、设计、施工和监理部门人员参加。

喷锚网工程验收时，应提供下列资料：

1. 原材料出厂（场）合格证，材料试验报告，代用材料试验报告。

2. 锚杆施工记录。

3. 注浆质量检测报告、锚杆质量检测报告、喷射砼质量检测报告、蠕变试验报告等。

综上所述，深基坑锚杆支护施工质量控制的是否理想，对其功能的发挥和使用寿命的长短有着重要的影响，在施工过程中一定要加强质量控制，做好监督与检测工作，鉴于作者水平有限，在今后的工作中，还需要不断地学习与总结，为工程的发展与进步尽自己的一份力。

七、基坑支护结构施工方法

在深基坑开挖施工时，为确保施工安全，防止土体塌方和滑移事故发生，必须采取相应的基坑支护措施。基坑支护施工设计，应综合考虑工程地质条件、基坑类型、基坑挖掘深度、周边环境对基坑侧壁位移的要求，基坑周边荷载、水文气象条件、支护结构使用期限等因素，做到安全、经济、合理。谈谈基坑支护结构施工方法。

（一）支护方法

1. 混凝土灌注桩支护

钻孔灌注桩是利用钻孔机械钻出桩孔，并在孔中浇注混凝土（或先在孔中吊放钢筋笼）而成的桩，其中泥浆护壁成孔适用于地下水位较高的地质条件。施工要点包括：

钻机钻孔前，应做好场地平整，挖设排水沟，设泥浆池制备泥浆，做试桩成孔，设置轴线定位点和水准点，防线定桩位及其复核等施工准备工作。钻孔时，先安装桩架及水泵设备，桩位处挖土埋设孔口护筒，以起定位、保护孔口、存储泥浆等作用，桩架就位后，钻机进行钻孔。钻孔时应在孔中注入泥浆，并始终保持泥浆液面高于地下水位1.0m以上，以起到护壁、携渣、润滑钻头、降低钻头发热、减少钻进阻力等作用。钻孔深度达到设计要求后清孔，该工程采用原土造浆，所以清孔时，钻机空转不进尺，同时注入清水，待孔底残余的泥块已磨浆，排出泥浆比重降至1.1左右（以手触泥浆无颗粒感觉），即认为清孔已经合格。清孔完毕后，立即吊放钢筋笼和水下浇注混凝土。钢筋笼埋设前在其上设置定位钢筋环，确保保护层厚度。水下浇注混凝土采用导管法施工。

2. 锚杆支护

土层锚杆简称土锚杆，它是在地面或深开挖的地下室墙面（挡土墙、桩或地下连续墙）或未开挖的基坑立壁土层钻孔（或掏孔），达到一定设计深度后或再扩大孔的端部，形成柱状或其他形状，在孔内放入钢筋、钢管或钢丝束、钢绞线或其他抗拉材料，灌入水泥浆或化学浆液，使之与土层结合成为抗拉（拔）力强的锚杆。其特点是：能与土体结合在一起，承受很大的拉力，以保持结构的稳定，可有效地控制建筑物的变形量；施工所需钻孔孔径小，不用大型机械；代替钢横撑作侧壁支护，可大量节省钢材；为地下工程施工提供开阔的工作面。经济效益显著，可节省大量劳力，加快工程进度。

3. 钢板桩支护

钢板桩是深基坑支护结构的一种类型。由于其施工速度快、可重复使用，因此在一定条件下使用会取得较好的效益。常用的钢板桩有U形和Z形，其他还有H形和直腹板式等。钢板桩材料质量可靠，板桩具有强度高、接合紧密、不易漏水、施工简便、速度快、可减少基坑土方开挖量、可全部机械施工、对临时工程拔出后可多次重复使用等特点，适用于软弱地基和地下水位高且多的地区，用作地下构筑物或深基础施工的临时支护挡土、防水结构或在水中建造构筑物作围堰。

平板型铜板桩及元锚（撑）板桩，由于侧向抗弯强度较小，多用于地基较好、基坑深度不大的工程；波浪形和组合式钢板桩及有锚（撑）板桩，由于防水及抗弯性能较好，适用于较深的基坑使用。混凝土板桩是将设置有槽结构的混凝土板桩打入土中，通过槽间的相互连接咬合形成连续的混凝土板桩墙。

4．支护桩与内支撑相结合支护

（1）内支撑施工

支撑施工与土方开挖相互交叉搭接进行，施工中必须坚持"先撑后挖"的原则。第一层土方开挖至第一道支撑底后，进行钢支撑安装，随后进行第二层土方开挖，挖至第二道支撑底后进行第二道支撑安装，依次施工至第三道支撑。

钢支撑安装要求如下：

1）支撑的拼接方法：钢构件长度的拼接、支撑与围檩间均采用焊接，拼接点的强度不低于构件的截面强度，且拼接点应设置在支撑的交汇点附近。

2）节点处理：支撑体系的连接节点应力集中、受力复杂，应仔细检查每个节点，确保节点钢构件间填实并焊接牢固。

3）质量验收：对每个构件及连接节点电焊质量逐个检查、逐点验收。支撑安装的容许偏差应符合以下规定：支撑中心标高及同层支撑顶面的标高差：±30mm；支撑两端的标高差：不大于20mm及支撑长度的1/600；支撑挠曲度：不大于支撑长度的1/1000；支撑水平轴线偏差：不大于30mm。

（2）支撑拆除

随着基础结构向上逐步施工，支护结构的钢支撑需逐层拆除，以保证正常施工。承台施工完成后，在承台周边回填并砂灌水密实。按设计位置在承台周边浇注C20砼传力带与支护桩顶紧，待传力带砼强度达到设计的75%后，拆除第三道钢支撑，进行墩身施工。待墩身施工完成后，分层回填砂灌水密实，浇筑传力带，依次拆除第二道、第一道支撑。

支撑拆除方法：采用氧乙炔气割拆除水平支撑与钢围檩的连接节点，使连接节点应力释放并解体，割断时需用吊车吊索将其吊紧。解开连接后，用吊车吊出地面。

（二）工程概况

某大厦，建筑总面积126180m²，地下面积37418m²；建筑总高度103.7m，建筑平面形式呈方形布置，轴线距离东西97.1m，南北101.1m；地下共4层，基坑底最深相对标高—22.7m；基础为钢筋混凝土梁板筏基，裙楼及塔楼采用钢筋混凝土框架—剪力墙结构，南部塔楼高层部分采用钢—混凝土组合结构，地下及裙楼混凝土梁内设无黏结预应力筋。

工程地处繁华街区，施工运输困难，环境标准要求高。白天交通拥挤，车辆受交通管制限制，仅能夜间材料进场。施工场地狭窄，二次搬运量大。钢筋加工堆放、模板加工堆放、钢结构构件堆放、建筑材料和机电设备存放仓库、生活设施均需在场外租地租房解决。

1. 总体方案

由于本工程场地狭小，周边环境复杂，中标承诺工期短（共计 30 个月），低于常规施工工期，基坑土方开挖计划 3 个月完成。若采取常规的放坡开挖，由于基坑深，场地小，基坑的稳定安全性将受到影响，且放坡开挖后将超过施工红线，因此该方案被排除；若采用护坡桩施工，则基坑开挖时间将推后，进度总体控制计划将受到影响，且按此方案存在土方回填和费用较高的特点。经过各种方案的认真讨论，结合工程的地质资料及周边建筑物等实际情况，本工程基坑支护采取混凝土灌注桩、锚杆、锚喷护壁支护结构体系，确定支护具体方案。

（1）混凝土灌注桩：桩直径 800mm，间距 1.5m，桩顶标高为 -3.6m，嵌固深度为 A 型 4.9m、B 型 5.2m，混凝土强度等级为 C25。混凝土灌注桩采用旋挖钻机泥浆护壁成孔，钢筋笼现场加工，水下灌注商品混凝土的施工方法。

2）锚杆：水平间距 1.5m，腰梁 2 I 25b，A 型桩二道，B 型桩三道。采用套管跟进水冲式锚杆钻机成孔，水泥浆灌注。

3）锚喷护壁：桩间土体采用挂网锚喷法进行支护。桩间土体修整成拱形，固定 300mm 间距，钢筋网片加网孔间距 50×50mm 钢丝网，喷 50mm 厚混凝土。喷射机喷射混凝土时，从最下层开始，逐层往上喷，每层高度为 2m。

2. 工程效果

由工程实例个案分析，采用混凝土灌注桩、锚杆喷射混凝土相结合的联合支护方式，可以最大限度地利用边壁土体的自稳能力，使结构处于最佳受力状态，根据监测数据可随时调整支护参数，具有很大的灵活性。特别是在周边环境复杂的情况下，因所需设备简单、所需场地较小而具有较大的优越性。

作为深基坑开挖，特别是在闹市区进行深基坑开挖施工，基坑本身的安全及周围建筑物的安全是首要的。本工程施工中采取施工技术，通过采用多项监测手段，从监测数据反馈回来的信息，调整支护结构的设置，及时对薄弱处进行调整与加强，切实、有效地保证了施工的安全。工程实践证明采用混凝土灌注桩、锚杆喷射混凝土相结合的联合支护方式是切合可能，值得借鉴。

八、深基坑支护施工现状

（一）概述

自从进入 21 世纪以后，国家的经济发展速度非常快，目前广大群众以及相关单位对建筑有了更高的要求，而且对深基坑的开挖工作的力度也有所增加，众所周知，基坑支护是建筑运行正常的必要保障。因此为了获取更加优秀的建筑，我们应该对其进行地下深埋嵌固工作。随着物体高度的增加，它的埋设深度也要相应的提升，但是在此过程中就会出现很多的不利现象，阻碍了项目的发展。

（二）施工中出现频率较高的不良现象

随着各种先进的技术以及理念的发展壮大，这项工作的实际思想有了非常大的进步，不过在具体的工作中仍然有一些不利现象存在，接下来具体的分析介绍。首先，没有正确的布置边坡。在具体的施工中我们常常掌握不好度量问题，不是挖的太多了就是太少了，而这些问题出现的原因绝大部分是因为管理者没有认真的开展工作，或者是操作人员的能力有限等很多要素共同作用的结果，这就使得开挖后的坡面没有合理的平整性特点，但是在随后的修理过程中又会受到条件的影响无法开展深层次的工作，所以常会见到挖过多或者是过少的情况。这种问题是出现频率最高的问题。其次，施工步骤和具体的设计之间有非常大的差距。在工作中经常会使用深层搅拌桩，如果没有对其进行合理的水泥比例，就会影响到它的支护效果，最终容易发生缝隙现象。除此之外，一些工作者没有正确的思想观念，用劣质材料或者是干脆省略一些材料，在具体的设计的时候对挖土步骤有非常严格的规定。目的是为了降低出现形变的可能性，而且还要进行必要的技术交底工作，但是在具体的开展工作的时候，为了尽早完成项目，不按照规定进行，这就会出现上述的偷减物资的情况出现了。开挖深基坑是一个空间作业。在以往的设计时多是按照平面来进行的。在未能进行空间问题处理之前而需按平面应变假设设计时，支护结构的构造要适当调整，以适应开挖空间效应的要求。这点在设计与实际施工相差较大，也需要引起高度的重视。开挖工作没有较高的技术规定的时候，那么相应的管理工作也就简单许多。但是当有严格的规定的时候，相应的组织管理工作就变得非常烦琐。因此在具体的施工时候，规模较大的项目大多都是由技术水平较高的施工者来进行的，并且很多都是两个平行的合同。此时，管理就会变得非常复杂烦琐，开展土方工作的机构为了尽早地完成工作，不按照规定的步骤进行工作，尤其是在阴雨天气时，甚至不顾挡土支护施工所需要工作面，留给支护施工的操作面几乎是无法操作，时间上也无法去完成支护工作，对属于岩土工程的地下施工项目，资质限制不严格，基坑支护工程转手承包较为普遍，存在个别的施工机构不具备相应的资质问题，单纯地为了自身的利益问题肆意的变动方案，使得项目使用过程中存在非常多的潜在问题。这项问题也是非常常见的现象。

（三）应对方式

首先，转变传统深基坑支护工程设计理念。现如今我国在深基坑支护技术上已经积累很多实践经验，初步摸索出岩土变化支护结构实际受力的规律，为建立健全深基坑支护结构设计的新理论和新方法打下了良好的基础。但对于岩土深基坑支护结构的实际设计和施工方法仍处于摸索和探讨阶段，而且，目前我国还没有统一的支护结构设计的相关规范和标准。土压力分布还按库伦或朗肯理论确定，支护桩仍用"等值梁法"进行计算。通过使用这些知识得到的数据往往和我们的具体情况存在很多的差距，不仅失去安全性能，而且会耗费很多的资金。所以，在工作中应该摒弃传统的不合理的思想以及理论体系，应该积极的吸收先进的思想设计方法，建立以施工监测为主导的信息反馈动态设计体系。其次，重视变形观测，并注意及时补救。岩土工程中深基坑支护结构变形观测的内容包括：基坑边坡的变形观测及周围建筑物等。通过对监测数据可以及时分析并及时了解土方开挖及支护设计在实际应用中的情况，分析其存在的偏差便可以及时的了解基坑土体变形状况，以及土方开挖。如果设计发生了一些差异问题，在后续的工作中要及时认真地对数值进行更正，针对已经完成的部分要按此方案去合理地补救方式来对其进行处理。因此，规定现场观测数据要做到真实有效，相关的工作者要严格的按照规定进行，必须认真有序的开展工作，确保品质合理。

第三，全程控制基坑支护的施工质量。岩土深基坑支护施工重在于过程控制，一旦施工过程控制环节出现问题，事后纠正和补救都会比较困难。因此我们必须进行严格的施工过程控制管理，确保施工质量。严格按设计方案组织施工。工程施工前，有关人员需要熟悉当地的地质资料、本次施工设计图纸及施工现场周围的环境，另外，降水系统应确保正常工作。施工单位在施工过程中不得随意改变锚杆位置、长度、型号、数量，钢筋网间距，加强筋范围，放坡系数等。设计方案变更时必须重新经专家评审。基坑支护施工单位要与挖土施工单位紧密配合，坚持分层分段开挖和分层分段支护的施工原则进行施工。土方开挖的顺序和具体开挖的方法必须与设计的工作情况相一致，并遵循"开槽支撑，先撑后挖，分层开挖，严禁超挖"的原则，减少开挖过程中土体的扰动范围，缩短基坑开挖卸荷后无支撑的暴露时间。

（四）结语

鉴于岩土深基坑工程施工的复杂性和风险性，实际施工管理中要求决策者需要掌握本地区或类似条件下已有的成功的经验和失败的教训，根据特定的工程要求和条件进行综合考虑，做出安全、可靠、经济的包括围护结构、支护体系、土方开挖、降水、地基加固、监测和环保的整体施工方案。

九、案例分析

虽然近年来深基坑工程得到了极大地发展应用，但也存在不少的问题。在选择方案和施工工艺上，需要遵循安全可行、经济合理、施工便捷、环境保护等原则，找出一套科学合理且可操作性强的方案优选方法是非常必要和有意义的。文章主要结合工程实例对深基坑支护施工进行叙述。

（一）支护设计概况

该工程基坑重要性等级为二级。工程主楼设计为10层，地下室设计为地下一层，层高4.6m，按现场实际情况，对应设计标高，其基坑实际开挖深度为2.7～6.2m不等。支护设计以放坡、复合喷锚、管桩为主。对本基坑而言土方开挖采取水平分段、垂直分层的方法施工，开挖一段、支护一段。

（二）主要施工方法

1. 预制管桩施工方法

（1）桩预检。桩进场后，报监理单位根据标准图集对桩进行材料进场验收，对不合格的桩，要坚决退出施工现场。

（2）定位放样。工程桩压桩前应放出定位轴线及控制点，控制点位置应尽量远离压桩区域，并加以固定保护。在压桩过程中，要经常对控制点进行复核，根据控制点，成片测量出桩的中心点，撒上灰线，定位中心点插毛竹签，毛竹签要插牢并与地面平或稍低，毛竹签顶部涂上红油漆。对于成片放出的样桩位，在压桩过程中，测量人员要对每条轴线进行校核。

（3）桩的起吊、运输和堆放。吊装桩时，最好采用两点起吊。桩在运输的过程中，一定要结合具体的情况对其进行捆绑。桩在堆放的过程中，最多只能堆放两层，对于底层桩一定要做好垫支工作，以免出现桩的滚落对其质量造成严重的影响。

（4）桩架操作程序。首先将压梁提升，然后将桩吊起，再将桩移向对准桩位插入土中，校正桩身垂直度后方可沉桩。

（5）桩身垂直度控制。用桩机上的线锤校正桩机挺杆垂直度，桩的垂直度以架设一台经纬仪正交观测校正，应在距桩机 15.0 ～ 25.0m 处成 90° 方向设置，其测定导杆和桩身的垂直度，保证桩身垂直度偏差不超过 0.5%。

（6）沉桩。启动压桩油缸将桩压下，沉桩时，要观察桩身垂直度及油表读数。桩身、桩帽、送桩管应在同一中心线上，且桩帽与桩之间的弹性衬垫应及时检查及时更换，其桩架应按额定的总重量配置压铁块，并保证压桩机在压桩过程中机械性能保持正常运转，每根桩应一次性连续压至控制标高，停歇时间不宜过长。

（7）桩顶标高控制。在送桩器上标示送桩到设计标高的标志线，在附近建筑物上标出 ±0.000 红三角，先用水准仪对准红三角后再对准送桩器，直到水准仪目镜横线对准送桩器红线为止。允许偏差控制在 −50 ～ +50 内。

（8）打桩防护措施。预应力桩入土对周围土体必须产生隆起和水平挤动，在一定程度上会影响周边的管线、道路、地坪和邻近建筑物，影响范围较广，一般要波及桩长的1.2 ～ 1.5 倍，但只要采取适当的预防措施，特别是设观察点进行现场监控，可以完全避免各种压桩而引起的损坏。打桩过场中出现施工预留孔问题，应采取防护措施，以免产生安全事故，可将麻袋装土后覆盖在预留孔洞上。

2. 锚杆施工方法

钻孔的过程中，为了保证在对锚杆施工时不破坏周围的地质条件和孔壁的黏结性能，不能使用水钻，必须使用干钻。结合锚固地层和选用的钻机的性能严格控制钻孔的速度，以免出现变径或扭曲的不良现象。

（1）钻进过程。在钻进过程中时刻关注每个孔的变化，同时对钻进的状态和出现的特殊情况做好记录。对于出现缩孔或塌孔时，需要停止钻进，采取合适的措施及时的进行处理。

（2）锚杆孔清理。为了确保钻孔的深度能够达到设计的孔深，钻进到设计的深度后，必须稳钻 1 ~ 2min。清理干净孔壁的水体黏滞和沉渣，完成钻孔的工作后，将孔内的水和岩粉使用高压空气清除到孔外，以免影响孔壁土体和水泥砂浆的黏结强度。如果有锚孔内部积聚的水体，必须采取合适的措施进行处理。

（3）锚杆体制作及安装。通常选用 φ25 螺纹钢筋作为锚杆体，每间隔 2m，沿着锚杆方向设置一个定位支架。对锚筋的尾部一定要做好防腐工作，防腐措施一般是刷漆或涂油。在施工的过程中，如果地梁筋、箍筋和锚杆出现相互干扰的情况时，可以对局部的钢筋进行调整，调整后一定要确保交叉点额钢筋绑扎牢固。

（4）锚固注浆。注浆采用二次高压劈裂注浆。一次常压注浆作业从孔底开始，实际注浆量一般要大于理论的注浆量，或以锚具排气孔不再排气且孔口浆液溢出浓浆作为注浆结束的标准。注浆压力不低于 2.5MPa。

（5）钢筋挂网与喷射混凝土护坡。框架采用 C20 砼浇筑，框架嵌入坡面 30cm。横梁、竖肋基础先采用 5cm 水泥砂浆调平，再进行钢筋制作安装，钢筋接头需错开，同一截面钢筋接头数不得超过钢筋总根数的 1/2。模板采用小块钢模板，用短锚杆固定在坡面上，砼浇注时，尤其在锚孔周围，钢筋较密集，一定要仔细振捣，保证质量。

3. 喷射砼面板及钢筋网

基坑开挖按设计要求分段分层进行，严禁超深度开挖，不宜超长度开挖。机械开挖后辅以人工修整坡面。

坡面形成后初喷一次，将土面覆盖即可，待钢筋网及锚杆安置后进行第二次喷射混凝土面板，混凝土强度为 C20，厚度为 80 ~ 100mm，均采用两层喷射。混凝土配合比为水泥：砂：瓜米石 =1：2：2.5，水泥采用强度为 PO32.MPa 普通硅酸盐水泥，喷射时加入适量的早强剂，喷射由上至下进行。为保证喷射混凝土的厚度，则在坡面上垂直打入短钢筋作为控制标志。

4. 土方开挖施工

土方开挖在基坑边应分层开挖，每层开挖深度应同设计锚杆竖向间距。基坑周边开挖时，必须做到开挖一层，支护一层，开挖一段，支护一段，严禁超挖。开挖后，坡面要及时支护露过长。同一坡面上，上层支护体施工时间与下层土开挖时间间隔不得少于且不得暴露 5d。基坑周边 3m 内禁止堆放土方，土方及时转运，避免集中堆放导致边坡失稳。

5. 坡顶、坡底排水

为防止坡顶地表水体沿坑顶渗入基坑，在基坑坡顶线外 2.0m 处设置砖砌筑的排水沟一道，规格为 200mm×200mm，坡度为 0.5%，且用水泥砂浆封底、沟壁。坡底排水沟则采用砖砌筑，规格为 200mm×300mm。

（三）施工注意事项

在开挖基坑的过程中，为了确保工程的施工质量满足要求，一定要做好基坑的支护设计，制定严密的施工方案措施。基坑的支护工作与开挖协调配合，同时还要对基坑的开挖环境进行检测，及时获取有用的信息，对开挖的速度或顺序进行调整。在对土方进行开挖时需要分层开挖，基坑周边 5m 范围内每层开挖深度同锚杆竖向间距。基坑开挖过程中，土方应随挖随运，基坑的周围不得有土方的堆放；做好支护结构的保护工作，严禁施工设备碰撞支护结构。在基坑的底部四周合理的设置排水沟，将渗出的水分及时的排出。

综上所述，影响深基坑施工的因素有很多，施工人员在施工的过程，一定要针对经常出现的问题采取有效的措施，尽量减少类似的不良状况的出现。同时施工的过程中做到层层把关严格控制，确保工程的质量。

第五节　锚固与注浆

一、注浆锚固裂隙砂岩破裂模式和裂纹扩展特征

裂隙岩体工程的稳定和安全是岩石力学领域中重要的研究课题。由于漫长的地质构造作用，在岩体内部孕育了从微观（微裂隙）到细观（晶粒）再到宏观（结构面）各种尺度的缺陷。在岩体工程建设和长期运营过程中，由于开挖卸荷、渗流等因素，原有缺陷进一步发育、扩展直至贯通，引发了许多岩体工程的失稳破坏，这些破坏包括剪切破坏、拉伸破坏等模式，如龙游石窟洞室中岩柱所出现的拉伸和剪切破坏。为了预防各种裂隙岩体工程的失稳破坏，需要采用锚固或注浆技术对裂隙岩体进行加固处理。因而研究注浆锚固作用下裂隙岩石的力学特性，对于保障裂隙岩体工程在复杂状态下的稳定与安全具有重要的理论价值和工程实践意义。

目前对裂隙岩体力学特性的研究在试验方面已取得了较多的研究成果，研究多采用模型试验和数值试验的方法来进行，但对于注浆锚固作用下裂隙岩石力学特性试验研究较少，尤其是关于破裂模式和裂纹扩展特征的分析。而且前人的研究多集中在模型试样锚固体的变形及强度试验上，但通过石膏、水泥砂浆、重晶石等与其他混合料按一定比例配制成的模型试样，很难反映真实岩石材料峰值强度后的塑性软化和体积扩容特性，对于地下工程岩体而言，采用锚固或注浆等技术手段加固和支护的对象通常是已经破裂后的围岩体，而破裂后的围岩体具有显著的塑性软化和体积扩容特性，所以为了给地下工程围岩稳定和控制理论奠定基础，需要探讨考虑真实岩石材料的注浆锚固裂隙岩石力学特性。

砂岩是由石粒经过水冲蚀沉淀于河床上，经千百年堆积变得坚固而形成的一种沉积岩，其显著特点为：孔隙较大，颗粒较圆，颗粒之间咬合得并不很紧，易于发生相对滑移。关

于砂岩力学特性的试验研究已有很多成果，例如，左建平等通过试验研究了不同温度影响下砂岩宏观和细观变形破坏特性，并通过比较宏观断口位置图和名义应力—应变曲线，认为随着温度的升高，断裂机制呈现脆性机制向延性机制转变的趋势；刘建等对不同化学溶液下砂岩试样进行单轴压缩蠕变试验，分析了砂岩蠕变特性的水物理作用效应与机制；鲁祖德等对浙江龙游石窟的裂隙砂岩进行了不同化学溶液和不同流速作用下单轴压缩试验，分析了强度和变形特性以及裂纹搭接破坏模式。但这些试验研究多集中于对完整砂岩试样进行的，较少考虑节理以及裂隙的影响，更没有考虑到锚固的作用。

有鉴于此，重点考虑两根锚杆作用下注浆裂隙砂岩力学特性的试验研究，通过在真实砂岩材料中预制含 30°和 45°倾角的三维裂隙，并考虑注浆锚固作用，从而制成不同锚固作用下裂隙岩样，然后采用岩石力学刚性试验机对裂隙岩样进行单轴压缩试验，研究注浆锚固作用下裂隙砂岩的破裂特性和裂纹扩展特征，分析锚杆根数和预应力对裂隙岩样破裂特性和裂纹扩展过程的影响规律。

（一）试验概况

1. 岩性特征和试样制作

试验所用砂岩为棕红色，采自山东省济南市，细砂结构，呈块状构造。通过对所取原岩试样进行矿物成分鉴定。

该岩石矿物成分主要为：石英 17%，以花岗岩型单晶石英为主，少量为火山岩型石英；长石 42%，以正长石为主，次为酸性斜长石和微斜长石，多数新鲜，部分具弱绢云化和方解石化；岩屑为 25%，为安山质火山岩屑。此外岩石中胶结物含量 15%，其中方解石10%，而且方解石胶结物呈斑块状，连晶结构，对长石英碎屑具交代作用；铁质黏土 5%，呈薄膜状包围在碎屑周围。

裂隙砂岩尺寸为 150mm×150mm×150mm 的立方体试样，制作方法如下所述：首先加工完整试样，为了保证不同试验条件下岩样结果之间的可比性，试验前对加工好的完整试样外观进行了仔细观察，确定没有明显天然节理以及裂纹等弱面，以确保完整岩样之间宏观上没有明显差异；然后采用切割机将完整岩样沿中部对称分开成两块，随后将分开的两岩块拼接在一起，在中间浇筑单液水泥砂浆（采用的是硅酸盐水泥和水按照重量 1∶0.75 的比例混合而成），用砂浆凝结后形成的块体材料来模拟裂隙。所采用的单液纯水泥浆基本性能参数如下所述：黏度 33MPa/s，密度 1.62g/cm³，初凝时间 10h33min，终凝时间20h33min，结石率 97%，3d 时的抗压强度为 2.43MPa，7d 时的抗压强度为 2.60MPa，14d时的抗压强度为 5.54MPa，28d 时的抗压强度为 11.27MPa。水泥砂浆经过 28d 龄期养护后，再进行试验，水泥砂浆（28d）的黏结强度约为 1.0MPa～2.0MPa。制成的裂隙厚度约为 8mm，且均为贯通裂隙。预制的裂隙过对角线的中点且与水平方向成 α 角，即裂隙与锚杆所成的夹角为 α 角。为了反映锚固作用，首先在岩样侧面中部钻取小孔，然后将φ16mm 的螺纹钢插入到试样中，以模拟锚杆的作用。φ16mm 的螺纹钢参数如下：屈服强度为 465MPa，抗拉强度为 605MPa，伸长率为 23.5%。如果是单根锚杆，则仅在试样中部钻一个小孔，然后插入 φ16mm 的螺纹钢。为了考虑预应力的影响，在岩样侧面采用了厚度为 5mm 的钢板，钢板的面积与岩样侧面积等同，通过扭力扳手对螺母施加力，作用于钢板上，从而对岩样产生预应力，施加初始力约为 500N。试验过程中考虑了两种裂隙倾角，即 30° 和 45°。对每一种倾角裂隙，试验过程中考虑了如下 4 种锚固的作用：（1）无锚杆无预应力；（2）单锚杆无预应力；（3）双锚杆无预应力；（4）双锚杆有预应力。

2．试验系统和加载过程

试验是在岩石材料刚性试验机上进行的。试验时，轴向采用 1500kN 的压力传感器，测试岩样的轴向载荷；采用 5mm 的位移传感器，测试岩样的轴向变形。压力和位移传感器数据经采集，自动存储到计算机中。本次试验采用位移控制方式，加载速率约为 0.005mm/s。

（二）宏观破裂模式

无预应力情况下裂隙倾角为 30° 的砂岩在不同锚固作用下的宏观破裂模式，锚杆根数对裂隙倾角为 30° 的砂岩宏观破裂模式的影响规律。在无锚杆情况下，多条裂纹均是从裂隙面附近的拉伸应力集中区域萌生，起裂方向与裂隙均近似成 60°，随后拉伸裂纹沿着加载方向朝试样两端部扩展，试样最终发生拉伸破裂。在单锚杆情况下，不仅拉伸裂纹个数较少，而且裂纹多为表面裂纹，并未完全贯通整个试样，这反映了锚杆抑制了裂隙附近拉伸裂纹的产生和扩展，最终的破裂也为拉伸破裂模式。在双锚杆情况下，从表观上看，试样只表现为显著的三维拉伸裂纹扩展模式，拉伸裂纹扩展方向沿加载方向朝试样上端部扩展，但从试样完全破裂后的显微照片分析，不仅发现试样破裂面上存在着拉伸裂纹，而且明显有剪切破裂过程，这从显微照片中出现的摩擦滑移可以得到证实，因此双锚杆情况下，试样宏观破裂实质上表现为拉剪混合破裂模式。

无预应力情况下裂隙倾角为 45° 的砂岩在不同锚固作用下的宏观破裂模式，在无锚杆情况下，试样仅仅沿着裂隙面发生滑移型剪切破坏，整个岩样上下两端完全脱开，但在上下两岩块中并未产生任何裂纹。试样破裂面上清晰可见剪切滑移迹线。在单锚杆情况下，试样首先沿着裂隙面发生剪切滑移破坏，此后随着荷载的逐渐增加，在裂隙面下侧又出现了 1 条拉伸裂纹，裂纹起裂方向与裂隙面近似成 60°，并沿着加载方向朝试样端部扩展延伸，试样宏观破裂为拉剪混合破裂模式。在双锚杆情况下，试样宏观破裂也为拉剪混合破裂模式，试样首先沿着裂隙面发生剪切滑移破坏，而后随着载荷的逐渐增加，由于双锚杆的作用限制了裂隙面的剪切滑移，逐渐在裂隙面上萌生了 4 条拉伸裂纹，裂纹近似沿着加载方向，缓慢向试样上下端部延伸。由此可见，对 45° 裂隙倾角而言，随着锚杆根数的增加，试样逐渐由剪切破裂过渡到拉剪混合破裂模式。典型的注浆锚固 45° 倾角裂隙砂岩破裂后断口拉伸裂纹特征，

预应力对双锚杆作用下 45° 裂隙砂岩宏观破裂模式的影响规律，无预应力和有预应力情况下，45° 裂隙砂岩均显现了拉剪混合宏观破裂模式，即裂隙试样在剪切滑移的同时，

伴随着拉伸裂纹的扩展，但是很显然，无预应力情况下，裂隙试样出现了多条主拉伸裂纹，而有预应 200μm200μm 拉伸裂纹拉伸裂纹拉伸裂纹剪切滑移摩擦滑移30°拉伸裂纹摩擦滑移力情况下，裂隙试样仅表现为 1 条近似与加载方向平行的拉伸裂纹，局部有小裂纹萌生。预应力不仅提高了裂隙试样的宏观强度，而且也显著改变了裂隙砂岩的破裂模式，导致宏观主拉伸裂纹的减少，有效控制了裂隙砂岩发生张拉脆性破坏。

（三）裂纹扩展特征分析

岩石中裂纹扩展特征一直是岩石破坏力学研究中热点和难点问题之一，长期以来未能获得较好的理解。鉴于此，本节以典型注浆锚固裂隙试样为例，分析含两根锚杆裂隙砂岩变形破坏过程中裂纹的萌生、扩展和演化规律，力图从渐近破裂过程来进一步理解注浆锚固裂隙砂岩宏观特性。

双锚杆无预应力作用下含 30° 倾角裂隙砂岩的全程应力—应变试验曲线，整个变形破坏过程中对应的裂纹扩展过程，含 30° 倾角裂隙砂岩在双锚杆无预应力作用下表现了显著的渐近破坏特征。全程变形曲线上每一次较大的应力跌落都对应着岩样中裂纹一次较大的扩展。

随着轴向变形的增加，试样所能承受的轴向应力逐渐增大，当应力增加至 a 点（约为峰值强度的 58%）时，试样侧面附近出现 1 条沿加载方向朝上端部逐渐延伸的拉伸裂纹，该裂纹是由于锚孔周边出现应力集中所致的缘故，但随着变形的持续增加，该裂纹逐渐脱离试样产生剥离劈裂破坏，然而这并未对岩样整体承载结构造成损伤，试样变形曲线仍大致以原来的应力路径（弹性模量约为 12.03GPa）增加。

当试样加载至 b 点时，在 a 点时产生的裂纹完全剥离破坏，同时在另一锚孔周边附近又出现了新的拉伸裂纹，此时变形曲线上出现了一段明显的应力跌落，这与文献中的数值模拟结果所反映的 0 4 8 12 16 20 ε 1/10—3 a b c d e f g h Ea=12.03GPa 裂拉纹伸 130° 裂隙倾角双锚杆无预应力 PM/1 σ 力应向轴 PM/1 σ 50403020100 轴向应变 ε 1/（×10-3）规律完全吻合。随着变形的进一步增加，岩样在经历了不均匀应力调整以后，轴向承载能力又开始缓慢逐渐上升，不过此时由于岩样左锚孔周边出现的拉伸裂纹，导致岩样承载结构出现少量损伤，因而再加载时的弹性模量显著低于岩样初始加载时的弹性模量（12.03GPa）。当轴向应力达到 c 点时，左锚孔周边下侧出现了大量的拉伸裂纹。

随着轴向变形的持续增加，岩样中拉伸裂纹的宽度进一步增大，其中拉伸裂纹 I 沿着最大轴向应力方向迅速朝试样上端部扩展延伸，反映在轴向应力—轴向应变曲线上，即出现轴向应力跌落至 d 点。此时，岩样内部已出现了大部分损伤，随着轴向变形的进一步增加，轴向应力又开始缓慢上升，不过增加的速率明显低于前述 BC 段中应力跌落后上升的速率，同时由于砂岩中所含石英、长石以及方解石等颗粒对力的传递速率和自身变形的差异，使得裂纹扩展路径极不规则，在加载至 e 点（峰值强度）时，裂纹迅速扩展至岩样的边界。

过峰值强度 e 点后，随着轴向变形的进一步增加，轴向应力缓慢降低，呈现渐近破裂特征。从 e 点过渡到 h 点），不难看出，破裂后岩样具有再破坏的特性，这里的再破坏特征具有如下三方面的现象：（1）峰值强度前形成的拉伸裂纹宽度增加；（2）岩样表面出现剥离拉伸破坏；（3）岩样内部出现剪切滑移破坏，这从显微照片的摩擦滑移可以得到证实。

给出了双锚杆作用下预应力对 45° 倾角裂隙砂岩全程应力—应变曲线的影响特征，由图不难看出，预应力导致双锚杆作用下 45° 倾角裂隙岩样的峰值强度、弹性模量、峰值应变以及残余强度均出现了大幅度的提高，而且预应力也使得双锚杆作用下 45° 倾角裂隙岩样峰值强度后，从脆性过渡到塑性和延性特性，即预应力导致双锚杆作用下 45° 倾角裂隙岩样的脆性减弱，这种脆性减弱趋势对工程岩体的稳定是非常有利的。

给出了无预应力和有预应力条件下含双锚杆 45° 倾角裂隙砂岩裂纹扩展，和演化全过程中标注的字母与中所标注的相对应。很显然，含双锚杆 45° 倾角裂隙砂岩裂纹扩展和演化特征与含双锚杆 30° 倾角裂隙砂岩裂纹扩展和演化特征差异较大，这反映了裂隙倾角对岩样裂纹扩展和演化特征的影响。

随着轴向变形的逐渐增加，试样所能承受的轴向应力也随之增大，当轴向应力达到 a 点 15.09MPa（约为峰值强度的 50.8%）时，试样内部首先在锚杆与预制裂隙交接处萌生出 1 条拉伸裂纹 I，并沿轴向应力方向朝试样上端部扩展延伸，但需要注意的是裂纹 I 并未扩展至试样上边界。此后随着轴向变形的进一步增加，试样应力—应变曲线逐渐偏离应变轴，非线性变形显著增加，这是由于在 a 点后岩样内部出现了些许损伤。当轴向应力达至 b 点时，试样在发生沿预制裂隙面的剪切滑移的同时，在试样内部不同部位又萌生出两条拉伸裂纹 II 和裂纹 III，其中裂纹 II 的萌生部位并非在预制裂隙面附近。当轴向应力达至峰值强度 c 点时，拉伸裂纹 II 和裂纹 III 宽度增加，裂纹 I 扩展路径向左侧发生偏斜，并延伸至试样上边界，同时在预制裂隙面附近萌生出拉伸裂纹 IV 和裂纹 V，但拉伸裂纹 IV 与其他几条裂纹相比，宽度较小，肉眼不易察觉，而拉伸裂纹 V 则将裂纹 I 和裂纹 II 连结在一起。

过峰值强度 c 点后，随着轴向变形的进一步增加，轴向应力迅速跌落至残余强度 10.6MPa，呈现显著的脆性破裂特征，这意味着锚杆的抗拉能力已严重失效。从而可以看出，峰值强度以后，拉伸裂纹 IV 和裂纹 V 的宽度并没有明显改变，试样更多的是表现为沿着预制裂隙面发生的滑移破坏。从左右侧面显示的裂纹扩展路径来看，拉伸裂纹基本上均是沿着锚孔周边的应力集中部位萌生，并沿着轴向应力朝试样上下端部逐渐扩展，但由于试样内矿物颗粒边界的影响，裂纹的扩展路径并非很规则。

随着轴向变形的增加，试样内部轴向应力也逐渐增大，当轴向应力达到 a 点，尽管在试样左上端出现少许拉伸裂纹 I，但并未对岩样承载结构造成明显损伤，试样变形曲线仍大致以原来路径上升；当轴向应力增至 b 点（约为峰值强度的 89.5%）时，试样中出现了一条拉伸裂纹 II，该裂纹沿着轴向应力方向扩展，裂纹 II 的出现导致应力—应变曲线上出现了应力跌落现象；随着轴向变形的持续增加，当轴向应力达至峰值强度 c 点时，试样内部又萌生了拉伸裂纹 III 和裂纹 IV，同时试样也出现了沿预制裂隙面的滑移破坏，但由于预应力的作用，试样不可能出现较大的滑移并导致峰后的脆性破坏，所以试样在出现少许滑移后则由于预应力存在致使峰值强度后出现塑性和延性背面正面裂纹Ⅱ、裂纹Ⅰ、裂纹Ⅲ，裂纹Ⅳ正面破坏，又预应力条件下试样的应力—应变曲线所示，在峰值强度以后，试样也呈现出显著的渐近破坏特征。试样完全破坏后的照片来看，预应力抑制了裂隙岩样中拉伸裂纹的扩展和延伸，使得呈现的裂纹数显著少于无预应力条件下试样的裂纹数。

（1）随着锚杆由单根增加至两根，裂隙砂岩最终的宏观破裂模式趋于复杂，对30°裂隙倾角而言，注浆裂隙试样逐渐由拉伸破裂过渡到拉剪混合破裂模式；而对45°裂隙倾角而言，注浆裂隙试样逐渐由剪切破裂过渡到拉剪混合破裂模式。

（2）注浆锚固裂隙砂岩具有显著的渐近破裂特点。以含双锚杆裂隙砂岩试样为例，分析了变形破坏全过程中裂纹扩展和演化特征，从渐近破裂过程进一步理解了注浆锚固裂隙砂岩宏观特性。

（3）预应力作用下双锚杆裂隙岩样的峰值强度、弹性模量、峰值应变以及残余强度均比无预应力下要高，而且预应力也使得注浆锚固裂隙岩样峰后从脆性过渡到延性特征。预应力抑制了注浆锚固裂隙岩样中拉伸裂纹的扩展，使得呈现的裂纹数显著少于无预应力条件下试样的裂纹数。需要说明的是，尽管获得的初步结论对于裂隙岩体工程的稳定和控制技术具有一定的实践意义，但由于在真实岩石材料预制三维裂隙并考虑注浆锚固作用，实施起来难度比较大，因此试验研究仅是初步探讨，而且由于岩石试验量和一致性的局限性，相关试验结论仍需要基于单轴压缩下大量不同岩性注浆锚固裂隙岩石试验结果来进一步佐证，这方面的研究仍有待以后做探讨。

二、锚固注浆体性能试验研究

（一）引言

水泥基注浆体价格低廉、灌注性好，在锚固工程中被广泛应用，注浆体是锚固体系中的重要组成部分，起着锚固力的传递、保持以及锚筋材料的防腐等作用。但目前关于水泥基注浆体的性能研究还很少，通常情况下，设计单位在进行锚固工程设计时对注浆体的要求主要体现在强度等级方面，以此来保证其锚固性能。事实证明，单纯通过提高注浆体的抗压强度等级并不能很好地改善锚索的锚固性能。锚固注浆体，既要保证强度，又要保证其具有良好的施工和易性。配合比不同，强度等级满足要求，注浆体物理力学性能存在差异，其锚固性能更是大相径庭。

笔者在参照规范和广泛调研实体工程的基础上，设计11种配合比不同的注浆体，对其物理力学性能及锚固性能进行深入研究，旨在为后续锚固工程的设计、施工以及行业规范的修订提供可参考的科学依据。

（二）试验方案

1. 注浆体物理力学性能试验

水泥：P.O42.5 普通硅酸盐水泥；砂：合川渠河砂，烘干后过孔径 2.0mm 的圆孔筛去除大粒径的集料，细度模数 Rf=1.5；水：生活饮用水。由于锚固注浆体物理力学性能没有统一的试验标准，因此该部分试验主要参照砂浆、混凝土、岩石相关规范执行。为便于比较注浆体的施工和易性，11 种注浆体均采用倒锥法测定了流动度，若 35s 内浆体全部流出，则如实记下流出所用时间，若 35s 内浆体未流完，则以流出部分的浆液占倒锥内的起初总浆量的质量百分比来表示该注浆体的流动度。

2. 注浆体锚固性能试验

钢绞线：结构为 1×7—Φ4.8mm，屈服强度 $\sigma t11\ 125$ MPa，屈服荷载 15.79N，极限强度 $\sigma b1\ 326$MPa，极限荷载 18.62N，屈强比 0.85，破断伸长率 1.5%。岩石：强风化砂岩，层理分明，垂直层理方向天然单轴抗压强度 25.8MPa，平行层理方向天然单轴抗压强度 22.9MPa。

将岩石加工成横截面为 30×30cm，长度为 80 ~ 120cm 的条石，放置于平地上，层理与地面平行，条石与条石之间行距 40cm，四周浇筑强度等级为 C20 的混凝土以稳固岩石。待混凝土 14d 龄期后使用冲击电锤在岩石上面垂直钻孔，孔深 25cm，孔径 1.8cm，孔间距 40cm，使用压力为 0.7MPa 的高压空气对钻孔进行清孔，然后将注浆体倒入锚孔内，用铁钎反复搅捣密实，将钢绞线对中插入，在自然条件下进行 28d 龄期的养生。

待注浆体达到龄期后，按岩锚的预估极限抗拔荷载分 5 ~ 6 级，逐级给锚索施加轴向荷载，每级荷载施加后立即测读荷载和锚固段外端点位移的大小，稳定 1min 后再测读一次，即可施加下一级抗拔荷载，当抗拔位移明显增大时，适当减小加荷速率，试验持续到锚完全破坏时停止，得到锚抗拔全过程的荷载位移曲线。

（三）试验结果分析

1. 注浆体试验结果分析

水灰比对注浆体抗压和抗拉强度影响显著，低水灰比产生高强度。同一砂灰比下，随着水灰比由 0.4 向 0.6 增大时，注浆体抗压和抗拉强度迅速减小，形成强度与水灰比成反比的规律。这是因为水灰比增大，注浆体孔隙中大孔比例增加，小孔比例减少，孔隙率明显增加，而强度与孔隙率成反比关系，有关研究表明：5% 的孔隙率能够使强度降低 30% 以上，因此孔隙率越高，硬化注浆体的强度越低。

一般说来，在水灰比相同的情况下，砂浆的抗压强度与抗拉强度大于净浆的抗压强度和抗拉强度。这是因为在净浆中掺加砂子，减少了注浆体的空隙，可以阻止基体裂缝的扩展，从而增加了基体强度。随着砂灰比的增大，注浆体基体砂灰比对抗拉强度的影响强度增加，但当水灰比达到 0.45 时，继续增加砂率，注浆体抗拉强度增大，而抗压强度略有降低。这是因为当基体强度达到一定值时，砂灰比增加。一方面使得水泥浆的含量减少，砂浆中的空隙率增大，导致注浆体的抗压强度降低，另一方面由于浆体中砂增多，注浆体的收缩量减小，从而使得抗拉强度上升。

CG2 流动度最大，CG9 流动度最小。水灰比对流动度影响明显，当砂灰比相同时，注浆体流动度随水灰比增大而增强。当水灰比相同时，注浆体流动度随砂灰比增加而减弱，对低水灰比注浆体（0.4 和 0.45），流动度减弱较为显著，而高水灰比注浆体（0.6）流动度减弱幅度较小。这说明砂灰比增加对高水灰比注浆体和易性影响不大，而提高砂灰比可增强注浆体抗拉强度，这有助于岩锚获得优良的锚固性能。

2. 岩锚抗拔试验结果分析

在该研究中，11 根岩锚有 9 根发生锚索与注浆体黏结破坏，这说明对普通的钢绞线而言，预应力锚索内锚固段最容易产生的失效模式是锚索与注浆体的"脱黏"。从试验结果看，水灰比对岩锚的极限抗拔荷载影响幅度较小，以 CG2 和 CG10 锚固下的岩锚为例，当水灰比由 0.6 下降到 0.4 时，岩锚的极限抗拔荷载仅增加 4.4%。这说明在砂灰比相同的情况下，通过降低水灰比来提高岩锚的极限抗拔荷载的效率较低。

注浆体的砂灰比对岩锚的极限抗拔荷载产生重大影响，这主要是由于以下 3 方面的因素所致：

（1）从注浆体劈裂试验的断面形貌看，砂浆试件的断面较之净浆试件的断面粗糙得多，这无疑增加了锚索与注浆体、注浆体与岩石这两个界面的黏结强度，提高了锚索的极限抗拔荷载。

（2）由于钢绞线自身结构的原因，在轴向荷载作用下将产生"解扭"膨胀，砂浆由于砂的掺入增强了浆体的不可压缩性，提高了其弹性模量，同水灰比相比之下，净浆弹性模量大约为砂浆弹性模量的 70% 左右，因此，锚固在砂浆中的锚索"解扭"膨胀相应地受到抑制，等同于在钢绞线与注浆体的黏结界面上作用一附加法向应力，提高了岩锚的极限抗拔荷载。

（3）锚固体系的钢绞线与注浆体、注浆体与岩石界面的脱黏实际上是剪切破坏，同水灰比相比之下砂浆的剪切模量远大于净浆的剪切模量，砂浆锚的锚固刚度较净浆锚的锚固刚度大，这有助于提高岩锚的持荷能力。

以 CG9 和 CG11 锚固下的岩锚为例，砂浆锚的极限抗拔荷载是净浆锚的 2.03 倍。同时，砂浆锚失效后的残余荷载也远高于净浆锚，表现出良好的黏结延性，因此防护工程不会立即崩溃，避免了突发工程事故带来的毁灭性灾难。岩土锚杆（索）技术规范规定：拉力型岩锚注浆体的抗压强度标准值 ≥30MPa，设计的 11 种注浆体中，单轴抗压强度最小值为 35.2MPa（CG5），均满足规范对注浆体强度等级的要求，但是这些注浆体的锚固性能却随配合比的改变表现出极大的差异性。对比 CG2 和 CG11 的试验结果发现，CG2 的抗压强度为 39.8MPa，远低于 CG11 的抗压强度 46.9MPa，但 CG2 与 CG11 锚固的岩锚的极限抗拔荷载比是 1.51，CG2 表现出明显优于 CG11 的锚固性能。当前岩土锚固工程中的注浆体多为水泥净浆，从上述试验结果看，采用注浆体的强度等级来保证岩锚锚固性能的方法是不全面的，在满足注浆体强度等级的情况下，应更多地从改善注浆体的配合比上来增强岩锚的锚固性能。

（四）结论

（1）注浆体抗压强度和抗拉强度随水灰比降低而提高。增大砂灰比，注浆体抗拉强度增加，抗压强度基本不受影响。

（2）注浆体流动度随水灰比降低而减弱。砂灰比增加只对低水灰比注浆体的流动度产生较大影响，而对高水灰比注浆体影响小。

（3）在满足注浆体强度等级及施工和易性要求的情况下，采用水灰比在 0.4～0.6 之间，砂灰比不高于 0.5 的注浆体作灌浆材料，可显著提高岩锚的极限抗拔荷载和锚固刚度，使岩锚获得优良的锚固性能。

三、劈裂注浆锚固与公路隧道塌方治理

在某高速公路隧道在由西向东掘进过程中遇到断裂带，发生了大规模塌方。随后采取了各种支护措施共耗资数百万元，运出塌落岩土近 14000m³，经过数月工作该隧道不仅没有延伸反而倒退了 4m，并最终在地表形成一直径 30m、深 20m 的陷坑施工开挖工作被迫中断。

该隧道掘进工作的顺利实施与否关系到高速公路能否按期通车，出现如此大规模的塌方并且多种支护方案均告失败在国内外是比较少见的，针对上迷复杂情况专门就该隧道的工程地质条件、水文地质条件、塌方原因、支护方案的选择与确定，支护机理及效果分析等多方面进行充分的分析和研究在此基础上确定了一套实用且有效的施工方案。

（一）塌方区治理方法

目前地下工程塌方治理：主要有插板法、管棚法、冻结法、锚杆法、明挖法、注浆管棚法、注浆法等方法，但对于塌方治理的研究仅限于具体的工程实录和经验总结，而对于各种方法的理论分析比较少，主要是凭经验估计各种治理手段的合理性、可靠性和经济性。上述各种施工方法的施工过程、效果与可靠性比较如下。

插板法：施工过程为从工作面向斜前方围岩打入中空锚杆，注入化学浆液锚杆的超前支护效果，和围岩改良效果共同作用可防止拱部崩塌也可使用自穿孔型锚杆；施工设备小型、简便，施工性能良好：压入溶液可以改良围岩，锚杆超前支护对拱部的崩落防止效果好，可靠性高，但作用范围有限，适合于小型塌方治理。

管棚法；在工作面水平斜向打入钢管，在拱部形成管棚，常以 40cm 间距打入 ϕ 150mm 的钢管，超前支撑作用防止拱部崩塌：管棚法处理范围比较大，可靠性高，但遇到砾砂土层时施工难度很大。

冷冻法运用制冷机冻结塌方段从中掘进支护；冷冻法费用很高，施工周期长，工作环

境要求高；在砾石塌方中无法施工。

锚杆法运用凿岩机钻孔，打入锚杆，利用锚杆的悬吊、锚固作用固结塌方体此法作用范围、效果具有局限性。明挖法明挖法是将塌方体直接挖开此法施工安全可靠，效果好，但只能在近地表、工作量较小地段施工，对于埋深较大的地下塌方难以实施。

注浆管棚法从工作面钻孔打入管棚实施注浆：此法利用管棚的超前支承作用及注浆的改良围岩作用来加固围岩，效果显著。

注浆法通过灌注水泥浆液或化学浆液改善围岩性质：注浆法应用范围较广效果显著在特殊地层中需要特殊的施工工艺。

（二）高压劈裂注浆加固机理

注浆结石体强度增长机理：

注浆的目的是为了改良土和岩石的现有性质从而在被灌范围内产生一种新的介质，其化学机理包括如下三个方面：

1. 化学胶结作用：无论是水泥浆还是化学浆液的灌注，都伴随着产生胶结力的化学反应，使岩土的整体结构得到加强；

2. 惰性充填作用：填充在岩石、土孔隙中的浆液凝固后，因其具有不同程度的刚性改变了岩层及土体对外力的抵抗能力使岩土的变形受到约束；

3. 离子交换作用：被灌浆液在化学反应过程中某些化学成分能与岩土中的元素进行离子交换，从而形成具有更加理想性质的新材料。

该隧道塌方区岩土主要为黏土夹杂着碎石。对于此类物质而言，在一定的注浆压力下能使其得到不断的固结和强化，当注浆压力达到某一临界值后黏土颗粒间由于全盏合水膜适当，联结力减弱而使土粒易于移动达到最好的压实效果。被灌材料的注浆主要是靠孔壁注入压力的有效传递才能达到加固和浆液有效扩散的目的。高压下可使黏土层挤密、脱水和压实。从理论上说，压力越大挤密效果越好。由于通过孔壁向四周传递的压力的不均匀性，孔数越密则土层压实越均匀 - 就越有利于达到有效加固的目的。

通过对圆孔扩张问题的研究得知只有加大注浆压力大于临界值时，才能形成塑性区。当土层物理力学特性一定时，塑性区半径 b 是一定的。因此所设计的注浆孔的终孔间距不得大于 Ab 这样才能保证在破碎带中形成一个连续的塑性压实区。经计算注浆孔的终孔间距不得大于 Am。

随着注浆压力的不断增大塑性区内的土层被挤实开始沿注浆孔轴向发生劈裂形成黏土，与注浆体的互层改变了孔壁周围黏土层的物理力学性质，从而达到高压劈裂加固破碎带的目的。

四、新型锚固与注浆技术研究与应用

（一）问题的提出

随着城市建设的高速发展，城区内可建面积的逐渐减少和老区的改造，向空间发展的高层建筑应运而生，并代表着今后城建的发展方向。在闹市区建高层建筑有个很突出的问题———就是如何对周围建筑及主要交通干线、水暖、通信等设施加以保护，达到既安全又经济的目的，这就是深基护坡的问题。

土层锚杆加钢柱的支护方法是进行深基护坡的一种常见方法。然而，这种护坡方法还存在以下一些问题：

1. 在含水丰富的饱和亚黏土层中施工灌浆锚杆，用常规的螺旋杆钻孔作业，成孔有较大困难，易糊钻。

2. 在打桩和挖掘同时进行时，用压水钻进法排放废泥浆有时困难也较大。

3. 施工时间长，有时很难满足实际需要。目前，我国比较成熟的土层锚杆施工工艺大体上有3种：清水循环一次钻进成孔法；潜钻成孔法；螺旋钻孔干作业法。

这3种方法的施工工序基本一致：钻进成孔—退出钻具—安放拉杆—封堵—注浆—焊接—拉力测试。环节较多，费时费力，对作业环境影响较大，有时很难达到护坡目的。

因此，有必要提出一种新型土层锚杆和与之相配套的施工方法。

（二）一种新型的土层锚杆及应用

为克服传统土层锚杆的不足，我们提出了一种新型的土层锚杆，在施工上，采用全孔不排土，钻进、灌浆连续完成的施工新工艺。该钻具是由螺旋钻头（110）和普通钻杆（50）构成的，施工时，把螺旋钻头钻至设计深度之后，用高压泵通过钻杆注浆，浆液由钻具上的灌浆射出在钻具的周围形成锚固体。

考虑施工现场条件通常很差，场地凹凸不平，我们在钻具机底上装配滑轮，使其在轨道上移动，力争把打出的锚杆保持在一直线上，施工开始后，为了保证工期和质量，我们加强施工管理：实行三班作业，钻孔、灌浆交叉进行，对每根锚杆的长度和灌浆情况都进行详细记录。为保证灰浆在短时间内凝结到拉固要求，我们在搅拌砂浆时，加了一些早强剂、防冻剂、膨胀剂。

灌浆之后，对做预应拉力所需的槽钢进行了恰当的焊接，然后对锚杆进行大拉力测试。为使侧压力作用于锚杆时，锚杆有一定量的弹性变形，达到各杆受力均匀不造成破坏，我们把对锚杆的预应拉力定在10MPa，然后上紧螺母。即现在锚杆作用于钢桩的力是预加拉力而不是锚杆的极限承载力。

与传统的施工方法相比，该工艺具有如下特点：

1. 该工艺缩短两个环节，解决了用常规的螺旋钻孔作业易糊钻，和在打桩挖掘同时进行时用压水钻进法排放废泥浆的困难。缩短了施工时间，提高了施工质量。

2. 无排污问题。

3. 由于采用新工艺，可使锚杆的合格率达到 90% 以上，基本达到护坡目的。

（三）锚杆及锚固体应力分析

为了使设计的锚杆能获得很好的护坡效果，我们对锚杆的受力和锚固体的应力进行了分析。

水泥砂浆通过锚杆上的钻孔注入，将锚杆与孔壁黏结在一起，被黏结段的周边将因土体变形和非黏结段的锚固拉力而产生剪应力。剪应力的大小和分布规律可由黏结段约束土体变形产生的剪应力和非黏结段的锚固拉力产生的剪应力叠加计算，从而求出锚杆的最大轴力。当黏结段周边的剪应力全部指向土体内部时，锚杆的最大轴向力等于非黏结段的拉拔力。黏结段周边的剪应力指向不同时，锚杆的最大轴向力在剪应力变号的为中性点。

非黏结段锚杆的轴向拉力 N，包括预紧拉力 q1 和土体变形产生的拉力 q2 两部分。预紧拉力可由测力扳手计算确定。土体变形产生的拉力可由预拉量扣紧后，到土体变形稳定测得的土体变形量计算求得。设测得的土体变形量为 Ua，则锚杆非黏结段两段相应的变形量为 ΔU：

$$q2=\Delta U/1—Ua2/\pi rE+L2/EgFg$$

式中，Eg—锚杆弹性模量；Fg—锚杆横断面积；E—土体弹性模量。

土层锚杆的神经网络分析

1. 土层锚杆的神经网络分析

人工神经网络是人脑神经网络的结构模拟，是一种非线性动力学系统，它具有自学习、自组织、高容错性、并行处理、分布式知识存储、非线性动态处理等优点。多层前馈神经网络四分层的神经元组成。各层神经元彼此以层间连接强度相连，下层为输入层，用于接受输入信息，上层为输出层，用于信息的输出。中间层为隐含层，层间神经元彼此独立。

人工神经网络对土层锚杆的设计知识的掌握是通过对实例样本的学习来实现的。通过对大量实例样本的学习，网络用尝试的方法来不断减少错误和修正网络连接权值和节点阈值，从而掌握蕴含于样本中的难以用解析形式表达的知识，网络通过权值的调整来记忆所学习的样本并掌握各种影响因素与支护设计方案之间的关系。

设有 P 个土层锚杆设计实例样本（x1，d1），（x2，d2），…，（xp，dp），输入矢量 X 的期望输出矢量 d=F（X），有：

F：Rn——Rm

X1 是 R 中的一个点（xi1，xi2，…xin），期望输出矢量 dj 是 Rm 中的一个点。在时间 K 有样本（xk，dk）。

网络学习的过程是不断地高速网络的连接权值，以找到王码电脑公司软件中心一个非线性网络映射 N：Rn—Rm，其结构为

NI—NH1—NH2— …—NHI—N0，即一个输入层 NI，一个输出层 N0 和若干个隐含层 NH1，NH2…，NHI。网络实际输出 N（X）与期望输出矢量 F（y）有关部分略。

2．土锚杆的神经网络设计实例

用上述方法进行土层锚杆的神经网络设计。

实践中我们发现，用神经网络进行土层锚杆护坡设计具有以下明显的优点。

（1）土层锚杆设计的知识可以从积累的工程实例中学习得到，从而解决了土层锚杆护坡设计知识缺乏的问题。

（2）由于采用的是基于神经，网络的并行算法，在输入数据含有噪声时也能进行正确的设计，从而提高设计能力。

（3）实例设计表明，它具有较高的设计精度。

第六节　基桩检测

一、基桩检测技术与工程

桩基是隐蔽的地下物体，桩基支撑着地面上的构筑物，它是建筑物的基础，其质量优劣直接影响到这些建筑物的安全使用。近年来桩基础在铁路建设和高层建筑中广泛使用，基桩检测技术得到较快发展，并在工程中得到应用。随着建设单位对工程质量要求的提高，基桩检测技术将发挥越来越重要的作用。

（一）基桩检测技术

国内已有基桩检测方法几十种，主要检测基桩承载力和桩身完整性。其中静载荷法、反射波法、声波透射法和实测曲线拟合法因其可靠性高或操作简便，逐渐得到了各方认可，并制定了相应的规程，在工程中广泛应用。另外一些方法限于技术条件和工程实际尚未得到推广。

1．静载荷法

静载荷法用于检测基桩承载力。静荷载法包括基桩竖向和水平承载力检测，工程中多用到竖向静载荷试验。静载荷法显著的优点是其受力条件比较接近桩基础的实际受力状况。由于该方法结果直观、可靠性高，因此检测结果可以作为设计依据。试验装置由反力系统、加载系统和监测系统组成。通过施加荷载量测各级荷载及其对应的沉降变形。根据荷载—沉降曲线、沉降—沉降随时间变化特征确定单桩承载力。但费用较高、周期较长，故多在重要工程或对基桩有特殊要求的工程中应用。

2．反射波法

反射波法用于检测桩身混凝土的完整性，推定缺陷类型及其在桩身的位置。一般桩长都远大于桩的直径。当桩顶输入的力脉冲的高频分量的波长大于十倍桩径时，波传播的平面假设近似成立，此时桩可视为一维弹性杆。设 Z1 和 Z2 分别表示桩的某截面上下部分的波阻抗（Z=AC，ρ 为砼密度，A 为桩身截面，C 为纵向应力波波速），Vi、Er 分别表示该截面入射波质点运动速度和反射波质点运动速度，RV 表示反射系统，依据一维弹性波理论，则有：RV=Er/V1=（Z1—Z2）/（Z1+Z2）。

桩身遇有断裂、离析、缩颈、夹泥等缺陷时，其 Z2<Z1，由上式，RV 为正值，入射波和反射波同相位。桩身遇有扩颈或桩底扩大时，其 Z2>Z1，由上式，反射系统 RV 为负值，入射波和反射波反相位。对于完整桩，只有桩尖的单一反射波，一般情况下，它和入射波同相位，砼质量差时，波速较低。

3. 声波透射法

声波透射法用于检测桩身混凝土质量。声波透射法是利用超声波在混凝土中传播的声学参数，如声速 C、频率 F、振幅 A 的变化及波形来分析桩身混凝土的连续性及断层、夹砂、蜂窝等缺陷的大小、位置。

用声波透射法检测桩身混凝土质量时，施工时在桩身中预埋声测管（一般 2～4 根），声测管之间保持平行。检测时声测管灌满水，发射换能器置于被测桩的声测管中，它把发射系统送来的电信号转换成脉冲声波并向桩身辐射，声波在桩身土中传播后到达另一个声测管，被安置在其中的接收换能器接收。接收到的声波信号随混凝土的缺陷性质的客观情况，使穿透的声波信号在传播过程中发生绕射、折射、多次的反射及不同的吸收衰减，使接收信号的传播时间、声波的振幅、频响特性（主频）以及脉冲波的波形、波列长度发生变化，即可对桩身混凝土是否完整、致密及其他缺陷是否存在及其分布情况作出判断。

4. 实测曲线拟合法

实测曲线拟合法用于检测基桩承载力。实测曲线拟合法假设桩—土模型及其参数，以实测速度信号作为边界输入，利用特征线法求解波动方程，反算桩顶的力。如果计算的力曲线与实测的力波形不符合，则继续调整桩—土参数，再进行拟合计算，直至计算的力曲线与实测力曲线的吻合程度不能进一步改善为止，最终给出桩的极限承载力。

检测时利用重锤（锤重不少于单桩极限承载力的 1%）自由下落锤击桩顶产生瞬时冲击力，使桩周土产生塑性变形。通过对称安装在距桩顶不小于 1.5 倍桩径的桩侧表面的 2 支加速度传感器，和 2 支应变式力传感器实测桩顶拟合速度的时程曲线，经采集系统放大和 A/D 转换，变成数字信号传给微机。信号经过计算机软件的处理（故障诊断、双边平均、加速度积分及 CASE 法计算等）后，应用应力波理论对实测曲线拟合分析得出检测结果。

除以上四种方法外，钻芯法也常用到。它主要利用工程钻机沿桩身钻取混凝土芯样，用于检测桩身混凝土质量并可验证反射波法和声波透射法的检测结果，但成本较高，周期较长。

（二）工程应用

每种检测方法各有所长，可根据各种工程的特点和安全等级的要求，采用相应的检测方法，以保证工程质量。

1. 桥梁工程

由于桥梁基桩较为分散，地质情况差别较大，采用静载荷法获得结果缺少代表性，所以较少采用。桥梁工程的基桩检测主要采用声波透射法和反射波法。声波透射法检测精度高，但需预先埋入声测管，检测成本也较高。反射波法检测快捷、简便，对施工无影响，精度也能满足工程要求。在实际工程中对于大直径桩（大于 1.5m）或对桩基工程有特殊要求的桩（单桩单柱或两桩一柱），可采用声波透射法，其他基桩可采用反射波法，也可采用两种方法的结合。

2. 高层建筑

高层建筑可根据安全等级及工程技术要求，分为两种性质的检测；提供设计参数和检测施工质量。提供设计参数的试验根据设计要求采用静载荷试验，压至基桩破坏，提供基桩承载力和相关参数。检验施工质量可在工程桩上进行静载荷试验和实测曲线拟合法检验单桩承载力，用反射波法进行桩身完整性检测。因为静载荷法和实测曲线拟合法同时使用优势互补，如某高层住宅，地下 2 层，地上 28 层，群桩基础，完工后用静载荷法和实测曲线拟合法进行了承载力检测，并对全部基桩采用反射波法进行了桩身完整性检测，通过这些检测，隐蔽工程质量得到了全面控制。

3. 一般工程

对于建筑安全等级二级以下和对桩基工程无特殊要求的工程，可在基桩施工结束后采用反射波法检测桩身混凝土质量和实测曲线拟合法检测基桩承载力。由于反射波法受到施工条件和地质情况的影响会造成误判，但实测曲线拟合法可消除这些影响，两种方法可相互补充保证工程质量。如某房建工程，桩基工程完工后进行检测，桩长 17.7m，桩径 0.6m，采用 FA—C 型基桩检测仪。反射波法检测曲线在 12m 处有一同向反射，疑为桩身有缺陷；实测曲线拟合法曲线中同一部位力值增大，速度减小，后经拟合分析证实这一部位有一较硬持力层，反射波法检测曲线中同向反射由地层引起而非缺陷。

（三）结束语

检测技术发展较快，每种检测方法各有优缺点，不可过分依赖某一种检测方法。在实际工程中一定要结合具体情况，合理使用，既方便施工又保证工程质量，达到最佳检测效果。

二、建筑工程基桩检测技术

本工程为住宅项目 2 期，共分为 6 种户型：A1、A2、B1、B2、B3、C2；其中 A 类为地上二层，B、C 类为地上三层。本项目所采取的桩基础为预制桩基础和超流态混凝土灌注桩基础，单栋桩数量 A、B 类小于 50 根，C 类大于 50 根。地基基础设计等级为丙级，桩基础安全等级为二级。

对设计等级高、地质条件复杂、施工质量变异性大的桩基，或低应变完整性判定可能有技术困难时，提倡采用静载试验、钻芯或开挖等直接法进行验证。根据《建筑基桩检测技术规范》（JGJ106—2003）3.1.1 条强制性规定，本工程桩应进行单桩承载力和桩身完整性抽样检测。

（一）桩的静载试验

单桩竖向抗压静载试验：采用接近于竖向抗压桩的实际工作条件的试验方法，确定单桩竖向抗压承载力，是目前公认的检测基桩竖向抗压承载力最直观、最可靠的试验方法；也是宏观评价桩的变形和破坏性状的依据。静载试验所得荷载—沉降（Q—s）曲线的形态随桩侧和桩端土层的分布与性质、成桩工艺、桩的形状和尺寸、应力历史等诸多因素而变化。虽然试验中也能得到与承载力相对应的沉降，但必须指出，静载试验中的沉降量 s 与建筑（构）物的后期沉降量 s' 是不一样的。

s 曲线是桩土体系的荷载传递、侧阻和端阻的发挥性状的综合反应。由于桩侧阻力一般先于桩端阻力发挥，因此 Q—s 曲线的前段主要受侧阻力制约，而后段则主要受端阻力制约。但是对于下列情况则例外：1）超长桩（L/D>100），Q—s 全程受侧阻性状制约；2）短桩（L/D<10）和支承于较硬持力层上的短至中长（L/D≤25）扩底桩，Q—s 前段同时受侧阻和端阻性状的制约；3）支承于岩层上的短桩，Q—s 全程受端阻及嵌岩阻力制约。

采用荷重传感器和压力传感器时，一般要求传感器的测量误差不应大于 1%。沉降测量宜采用位移传感器或大量程百分表，对于机械式大量程（50mm）百分表，全程示值误差和回程误差分别不超过 $40\mu m$ 和 $8\mu m$，相当于满量程测量误差不大于 0.1%。因此《规范》要求沉降测量误差不大于 0.1%FS，分辨力优于或等于 0.01mm。常用的百分表量程有 50mm、30mm、10mm，量程越大，周期检定合格率越低，但沉降测量使用的百分表量程过小，可能造成频繁调表，影响测量精度。

在基桩静载试验过程中，为了有效地确保不会因桩头破坏而终止试验，但桩头部位往往承受较高的垂直荷载和偏心荷载，因此，一般应对桩头进行处理。

（二）低应变动力检测

1. 检测原理

在桩身顶部进行垂向激振，弹性波沿着桩体向下传播。桩身内存在明显波阻抗差异的界面或桩身截面积变化部位，将产生反射波。经接收放大、滤波和资料处理，即可识别来自桩身不同部位的反射信息，据此计算桩身波速，判断桩身完整性。本次检测设备为中科院武汉岩土力学研究所生产的 RSM—PART 基桩仪及配套速度、加速度传感器，检测设备经过国家相关计量单位认证，并标定合格。在测试前应先将桩头浮浆清除整平，然后用耦合剂将传感器与桩头紧密接触。正确全面检测基桩质量，在桩顶中心（2/3）R处位置上安置换能器，并在桩中心位置进行垂向激振，多方位、多频段激发。根据桩反射波的到时、幅值和波形特征等来判据并对桩身的完整性进行综合分类。

2. 现场检测准备

（1）动测宜在基槽开挖至设计底标高凿去桩头浮浆或松散、破损部分，露出新鲜密实混凝土面，并使桩头保持平整，现浇桩离桩边10cm～20cm成等腰三角形磨三个直径为10cm的特平点；

（2）一般情况下，检测桩检测时混凝土龄期需14天以上，工期进度紧迫时，可适当缩短龄期，但混凝土应达到设计强度等级的70%，且不小于15MPa；

（3）桩头的材质、强度、截面尺寸应与桩身基本等同；

（4）桩顶面应平整干净密实并与桩轴线基本垂直且无积水，妨碍正常测试的桩顶外露主筋应割掉；

（5）清除桩头碎石、杂物、泥浆和积水，使桩头保持清洁、干燥；在检测之前，桩顶承台不得绑扎钢筋；

（6）本工程的抽检数量为工程桩总数100%的基桩进行检测。

3. 检测技术

采取小应变进行基桩的检测，其测试参数设置的合理是很关键，笔者总结了一些关于基桩检测参数设定的要点如下：

（1）时域信号记录的时间段长度应在2L/c时刻后延续不少于5ms；幅频信号分析的频率范围上限不应小于2000Hz；

（2）设定桩长应为桩顶至桩底的施工桩长，设定桩身截面积应为施工截面积；

（3）桩身波速按本地同类型的测试值初步设定；

（4）采样时间间隔或采样频率应根据桩长、桩身波速和频域分辨率合理选择；时域信号采样点数不宜少于1024点。

对于测量传感安装和激振操作应采取以下要点：

（1）传感器安装应与桩顶面垂直；用耦合剂黏结时，应具有足够的黏结强度；

（2）实心桩的激振点位置应选择在桩中心，测量传感器安装位置宜为距桩中心2/3半径处。空心桩的激振点与测量传感器安装在同一水平面上且在壁厚1/2处，并与桩中心连线成90°夹角；

（3）激振点与测量传感器安装位置应避开钢筋笼的主筋影响；

（4）激振方向应沿桩轴线方向；

（5）瞬态激振应通过现场敲击试验，选择合适重量的激振力锤和锤垫，宜用宽脉冲获取桩底或桩身下部缺陷反射信号，宜用窄脉冲获取桩身上不缺陷反射信号。

信号采集和筛选应采取以下要点：

（1）每个检测点的纪录有效信号数不宜少于3个；

（2）检查判断实测信号是否反映桩身完整性特征；

（3）不同检测点及多次实测时域信号一致性较差，应分析原因，增加检测点数量；

（4）信号不应失真和产生零漂，信号幅值不应超过测量系统的量程。

结合桩基检测实例，探讨了本工程所采用的桩基检测技术的原理及其在建筑工程桩基检测中的施工技术，结合该基础检测，提出桩基检测技术的方法以及桩基检测要点，旨在能为类似工程的桩基检测提供参考借鉴。

三、桥梁基桩检测技术

（一）超声波法基本原理

混凝土材料的结构、应力应变关系以及密度等可以由声波在桩体在混凝土中的传播特性体现出来。根据波动理论，声波透射法检测的理论依据就是声波在桩体中传播的参数（频率、振幅、声速等）与混凝土介质的物理力学指标（如密度、强度、动态弹性模量）的关系。

（1）振幅与混凝土质量的关系

声波穿过混凝土后的能量衰减程度可以由声波的振幅所表征，振幅强弱和粘塑性有关。振幅明显下降则表明混凝土内部出现夹泥、蜂窝等缺陷，从而导致能量吸收和散射衰减。

（2）频率与混凝土质量的关系

声波脉冲具有多种频率成分，是复频波。不同频率的声波穿过混凝土后的衰减程度也不相同，频率越高，衰减越严重，因此接收到的信号主频率向低频漂移。衰减因素的严重程度决定漂移的多少。当接受主频率明显降低时，则说明严重衰减，即遇到缺陷。

（3）声速与混凝土强度的关系

首先，波速可以反映混凝土的弹性特质，同时其弹性特质又和混凝土的强度有关，所以声波在混凝土中的传播速度与其本身的强度有很大关系；其次，对于组成材料相同的混凝土结构，其内部孔隙率越低，内部结构越致密，波速越高，则其强度也越高。

（4）波形与混凝土质量的关系

如果混凝土内部严重缺陷，无法接收到声波，若首波平缓且振幅小，同时后续波幅度增加不够，且波形畸变，则说明混凝土内部有缺陷；首波陡峭，振幅大，第一周波后半周期即达到较高振幅且接收后包络线为半圆，同时波形无畸变，则混凝土内部正常。一般通过上述关系来判断分析混凝土的质量是否合格，分析基桩的完整性。通常都是先通过全面普查进行平测，若碰到缺陷在进行斜测和扇形扫描，从而来对缺陷进行定位。

（二）检测方法对比分析

1. 所测得的波速。超声波法测得的波速为三维波速，低应变法所得波速为一维，一般小于超声波法所得波速。

2. 测试盲区。超声波法主要在声测管的外围存在盲区，在桩身没有保护层或者保护层厚度不够的情况下，无法测出缺陷。而低应变法的盲区则主要在桩身上部，因为脉冲信号很大，在第一个脉冲内，无法测出缺陷。因此常用高频窄脉冲来测试浅部缺陷。

3. 对缺陷的表现。应用超声波测试后，发现有夹泥现象，但低应变法可能测不出任何缺陷。而在某些断桩的情况下，超声波测试就不易发现，往往可以由低应变法测出。对于较厚的沉渣，两者则均可测出该缺陷。

4. 测试长度。超声波法没有长度限制，只要连线足够即可。而低应变法则对长度有所要求，否则桩与周土耦合时，大部分能量扩散到桩周土中，导致无法测出缺陷。

5. 对缺陷反应程度。超声波法灵敏度高，可测出较小缺陷，且可判断缺陷长度，而低应变法只能测试较大缺陷，却无法准确判断缺陷长度。

因此，在工程中，必须根据实际情况，选择测试方法，结合两者的优点使用，从而保证桩身质量。

（三）实例分析

某斜拉桥，桥墩及引桥共 11 个墩身，为花瓶型空心板式，其高均大于 40m。分别使用超声波透射法和低应变法对其同一桩身进行检测得出如下结果。

超声波法：该桩的 1—2、1—3、2—3 三个剖面均在 7.0 ~ 8.0 深度范围出现缺陷，且 PSD、波速、振幅均小于判断标准，其桩身存在严重缺陷，取芯验证后，发现此处全断面夹带泥沙，形成断桩，应进行处理整治。

低应变法：7.5m 左右出现严重缺陷，且无法检测到桩底反射信号，应取芯验证。

由此看来，两种方法在检测桩身质量上各有各的特点和适用条件。超声波法成熟可靠，且检测细致全面准确，监测范围广泛，不受桩长度直径限制，信息丰富。低应变法费用低且操作简单，检测速度快，是最为常见的方法。但两者又有各自的局限性和缺点，超声波法成本高且存在一定检测盲区，低应变法对缺陷只能做出定性判断。

总之，在各种桩基工程的质量检测程序中，应先采用低应变反射波法做面积性普测，对重要基桩做超声波透射法进行精细检测，对浅部缺陷使用开挖处理，对存在深部缺陷的桩体进行取芯检测，也可同时配合使用高应变检测法和静载法共同完成桩身承载力和完整性的检测，以更好的保证工程质量。

四、基桩检测技术的现状

桩基工程检测技术主要包括两大方面：成孔后检测和成桩后检测。成孔检测主要有孔径、孔底沉渣厚度和桩身垂直度等检测。目前，我国桩基检测技术发展的特点仍是成桩检测技术优先于成孔检测技术，成孔检测技术的研究和开发在我国尚未取得更大进展。而成桩检测除静载荷试验外，各种动力检测方法近十余年来在我国得到迅速的发展。目前，国内外使用较普遍的桩基检测技术主要有：静载试验法、声波透射法、应力波反射法、高应变动力试桩法、动静法或拟静力法几种。以下浅谈基桩检测技术的现状，并对该技术的发展进行展望。

（一）基桩检测技术的现状

1. 静载检测的发展

在桩的动测技术未能取得突破性进展之前，桩的静载试验仍然是桩承载力检测最为可靠的评定标准，尚不能代替静载试验，对静载试验应该更为重视。因此，如何改进静载试验测试、分析方法，提高静载试验的可靠度，长期以来是工程界所关心的课题。国内外学者为此作了许多努力，20世纪80年代末美国西北大学成功研究静载试验方法——Est Berg静载试桩法。其主要装置是一种经特别设计的液压千斤顶式的荷载箱，试验时把其安置在桩底或桩身任一截面处，利用桩侧土阻力与端阻力互为反力，这样在试验时的加荷量仅为传统方法的一半，可直接测出桩侧和桩端阻力。

2. 基桩动力检测技术的广泛应用

基桩动测方法不能代替静载试验，这是问题的一个方面，但是实际上基桩动力检测作为静载试验的补充，甚至填补了许多静载试验无法做到的空白，为保障桩基工程质量起到积极作用。由于基桩动测方法具有仪器设备轻巧、检测速度快和费用较低等优点，具有静载试验所不具备的功能。动力检测具有桩身结构完整性检测、沉桩能力分析、可随时监测打桩应力、对打桩引起的拉、压应力进行监控，还可进行侧阻力分布和端阻力的估计等等。因此，基桩动力检测方法在国内外测桩领域已经确立了应有的地位，并在巩固和发展，已经不是十年前能用不能用的问题，而是要如何用好的问题。目前全世界已有40多个国家和地区在实际工程中应用基桩动测技术，并研制了许多软件和硬件，大量国家正在使用高应变动力测桩法，并均已有各自的标准和规范。如1989年美国ASTM材料试验学会公布了《高应变动力试桩的标准试验方法》。基桩动测技术的研究在我国虽然起步较晚，但发展极其迅速。目前我国从事基桩动力检测的队伍已发展到上千家，从业人员近万人，从事测桩仪器设备制造厂商30多家。从80年代中期开始就筹备编制了《锤击贯入试桩法规程》，2003年出台了《建筑基桩检测技术规程》。值得一提的是，桩基动测方面，国产仪器和软件已达到国际先进水平，许多方面甚至更具有中国特色。

3. 神经网络和专家系统用于桩基动测

国内外已有人将神经网络和专家系统用于桩基动测，有些单位甚至已编制了相应的应用程序，也有单位将边界元、无限元、三维有限元，甚至边界层理论用于桩基动测之中，但是这种分析目前仍停留在研究摸索状态，尚不能步入成熟应用。地质雷达在桩基检测中的应用，也是一个新的动向，但仍需要进一步研究和总结经验。

4. 从事基桩动测人员的素质参差不齐

就目前情况来看，从事基桩动测人员的素质参差不齐。基桩动测技术是一门新兴的学科，是波动理论、振动理论、动态力学测试，数值计算，计算机，电子学及土的静动力学等学科与桩基工程实践密切结合的高技术。因此，对每一个基桩动测人员来说，仅仅掌握动测仪的操作是远远不够的。必须具备较高的理论水平和丰富的实践经验。由于桩土体系的复杂性，无论是高应变法或是低应变法，都应充分重视在理论指导下工程实践经验积累的重要性，特别是对桩荷载传递机理的基本认识。

（二）对基桩检测技术发展的展望

1. 静载荷试验将长期存在

静载荷试验作为基桩检测最传统、最基本、最可靠的方法必将长期存在，静载试验自动化、新方法、分析技术等研究工作应该继续予以重视。我国自动加载和记录系统的出现，是近几年的事情，但对静载试验法的成熟应用而言，这是一个可喜的进步，因为它确保了试验成果的真实性和分析结果的方便性。

2. 基桩动测行业的技术水平不断提高

在正确的基桩动测原理指导下，积极积累实践经验，对各种动测方法的适用范围、各自的优缺点进行综合分析，开发高质量的基桩动测仪器设备与分析软件，提高整个基桩动测行业的技术水平。

3. 加强成孔检测技术的研究

基桩检测中的成孔检测技术的研究应得到加强，特别是孔底沉渣厚度测定仪器的研究开发日益迫切。因为沉渣厚度制约着灌注桩承载力的大小，极大地限制了灌注桩优势的发挥。做好基桩的成孔检测工作，必将有效地提高桩的承载力，提高桩的成桩质量，从而减小成桩后的检测工作量，达到降低造价、加快工程进度的目的。

4. 提高高应变动力试桩结果的精确性

基桩动测技术在分析计算中的不少桩土参数仍靠经验决定。在实测曲线拟合分析计算过程中，与计算有关的未知量很多，多达几十个，甚至上百个，这就难以避免人为因素。各桩段的阻抗是变数，混凝土的非浅性特性更为明显，还有土的软硬化系数定量关系，这就需要广大从业人员积累更多的资料，探讨新的数学模型，进一步提高高应变动力试桩结果的精确性。

5. 加强桩基检测机构的资质管理

对于测桩单位资质考核成绩，特别是确定承载力的考核成绩，是否能全面反映参加考核的单位和采用的试验方法的真实情况，还值得商榷。尚应加强基础理论与专业理论的考核，是否可以参照对设计、勘察和施工单位颁发执照的办法，对参加考核单位资质的全面、综合评定也应作为考核依据之一，以避免考核中出现的偶然性。

桩基已经成为我国工程建设的重要基础形式，桩基工程受到岩土工程条件、基础与结构设计、桩土体系相互作用、施工以及专业技术水平和经验等因素影响，桩基的质量具有高度的隐蔽性。为了保证桩基的安全可靠，质量检测至关重要。要进一步全面推进桩基检测技术标准化、规范化进程，积累工程经验，最终形成具有我国特色的基桩检测技术。

五、对基桩检测若干问题

我国每年的用桩量是很大的，因而如何根据实际情况，对基桩检测的方法进行选择是很重要的。基桩检测的基本方法有低应变法、静载检测法、反射波法、钻芯法等，不同的检测方法有不同的特点，但同时每种检测方法也存在着问题，如何根据实际情况，巧妙地避开某些问题，是很关键的。

（一）基桩检测概述

目前桩基工程应用最广泛，保障桩基工程的施工质量的重要手段之一就是利用合理、正确的基桩检测方法。作为评定工程质量的重要依据之一，基桩检测所得数据的客观准确性显得十分重要。基桩检测技术综合了多门学科及技术，并且吸收了大量的工程经验，是一门实用技术。基桩检测的方法主要有低应变法、静载检测法、反射波法、钻芯法等。下面就几种常用的基桩检测方法的原理做简单的说明：

1. 低应变法

基桩检测低应变法的理论依据是线性振动理论。也即把整个桩体看成是一个一维的弹性杆件，而桩及桩周围的土则看成是一个线性的振动系统。当整个系统受到外界的激励时，就会产生一个沿着桩身传播的应力波，系统的响应是遵循一维弹性波方程的。由于在桩的顶部安装了一个传感器，该传感器是用于接收应力波的，这样便可对此应力波信号进行分析、存储、计算和输出等，并可由振动理论和波的传播理论对桩身的情况做出相应的判断。

2. 静载检测法

静载检测法是目前最可靠、最直接的用于检测基桩竖向所能承受的最大压力的方法，但是使用静载检测法的前提是须根据国家相关标准所规定的步骤和程序来进行检测，否则其检测结果可能会产生较大的误差。

3. 钻芯检测法

钻芯法的特点有实用、科学、经济、直观等，并广泛应用于检测混凝土灌注桩。如果钻芯检测法做得很完整的话，可以获得桩身的混凝土强度、桩底的沉渣厚度、桩身的完整度以及桩的长度等参数，并且可以鉴定或判定桩端持力层的岩土性状。抽芯检测的技术会对检测的判断结果有较大的影响，因此为了避免抽芯检测法可能产生的误判，在《建筑基桩检测技术规范》（JGJ106—2003）中对钻头和钻机都有明确地规定。

反射波法。反射波法的特点就是成本低且操作简单，因而应用较为广泛。反射波法又可称为瞬态时域分析方法（即时域法），之所以又称为时域法是因为反射波法是在时域上研究桩的振动曲线。通过瞬态激振后，通过对桩顶的速度—时间变化曲线进行研究，可以判定桩的质量。可通过力棒敲击桩顶或手锤的方法实现瞬态激振，由于在桩顶安有速度传感器或加速度传感器，可通过此传感器获得所需的振动曲线。

（二）不同基桩检测方法存在的若干问题

1. 低应变法中存在的问题

前已所述，基于低应变法的基桩检测方法的理论基础是一维应力波理论。但是力棒或手锤激振会使得在桩顶附近的横截面上的每一个质点的运动速度都不一致，尤其是对于直径较大的桩而言，在采用低变检测法时，经常会出现与测量系统的频率特性毫无关系的高频干扰，如果桩的直径越大且脉冲越窄时，这种高频干扰就会越严重。这种高频干扰的幅度会随着时间的变化而衰减得更慢，且会适当的掩盖桩底反射和缺陷反射。桩的尺寸效应使得经典一维波理论会在低应变检测中受到一定的限制。因此为了提高低应变法的准确性及适用性，在实际中我们需要采取一定的措施来减小高频干扰，而这也是提高用此种方法进行基桩检测的精度的关键所在。理论表明，当传感器安装的位置是在距离桩中心的半径的处时，会使得这种高频干扰的分量最小，这只是理论数据，在实际中，由于桩不可能是均匀、规则的圆柱，所以使得高频干扰分量最小的点并不是精确的在半径处，应该是有一定的偏差的。在实际中，常常通过增加传感器的个数来矫正这种偏差。此外，若桩的直径比较大，且敲击力的脉冲比较窄时，同样也会产生高频干扰分量。因此对于直径比较的桩，常采用尼龙头或者是增加锤垫的厚度，这样可以拓宽脉冲的宽度，进而减少高频干扰分量。

2. 静载检测法中存在的问题

前已所述，当采用静载检测法时，需要严格遵守相关标准和规定。表现在以下几个方面：

（1）对试桩、锚桩和基桩之间的距离有明确的规定，这项规定的目的就在于使得基于静载检测法的基桩检测可尽可能的接近实际的工作条件，可使得检测的结果更加准确。但是在实际中，很多情况下试桩、锚桩和基桩之间的距离是不符合这一规定的，会使得检测的结果不是特别的准确。

（2）对基准梁的设置有明确的规定，这项规定的目的是为了当温度发生变化使得基准梁产生了收缩变形时，可以尽可能地减少测量误差。但是在实际中，很多桩的静载检测法忽视了这一规定，使得当环境的温度发生了变化时，基准梁的形变会导致位移传感器所记录的试桩位移数据不够准确，会影响到对基桩的承载力的判断。

（3）对荷载架的刚度有明确的规定。由于荷载架的刚度能否满足基桩检测的要求会关系到检测数据的准确性及基桩检测的安全性，所以对荷载架的刚度必须有明确的规定。如果荷载架的刚度不能够满足规定的话，那么就很有可能会发生安全事故或者是检测数据的不准确。

3. 钻芯检测法中存在的问题

在钻芯检测法中可能会出现问题，主要是因为在检测中对桩长、桩端持力层及桩底沉渣等要素控制得不够到位。主要介绍如下：

（1）桩长

作为一个重要的基桩参数，桩长将直接与基桩的承载能力挂钩。若在施工过程中，所记录的桩长与检测的桩长有较大的出入，则可以表明施工记录可能是不准确的，亦可以说明此工程的基桩可能存在某些质量经济的问题。

（2）桩端持力层

对桩端持力层的岩土性状能否进行准确的判断，会关系到试验桩能否安全地使用。对于中风化岩和微风化岩的持力层，可通过直接钻取岩心的方法进行鉴别，而对于土层和强风化岩层而言，则需要采用标准地灌入试验的方法来进行鉴别。需要注意的是，由于对于残积土层、全风化岩层和强风化岩层很难用肉眼来进行划分，不仅需要依据岩土层的结构，还需要依靠标准地灌入试验的结果来进行相应的判断。

（3）桩底沉渣

桩底的沉渣厚度影响着基桩的承载力，同时也关系到基桩能否安全使用。对桩底沉渣厚度的检测是通过芯样和由钻机操作的工作人员所做的观察记录进行综合分析得到的。为了使桩底沉渣厚度的检测具有公正、准确性，应采取合适的控制方法，可表述为：检测人员和钻机操作的工作人员应当诚实可靠；需有效的管理和监督机制；钻机操作的工作人员应当因地制宜，采用合适的钻机工艺。

4. 反射波法中存在的问题

在用反射波法进行基桩检测的过程中，需要注意的是对桩头的处理、传感器的安装以及击振点和击振方法的选择。主要说明如下：

（1）桩头的处理

对桩头的处理是否得当，是测试能否成功的关键。但是很多时候，测试人员都忽略了对桩头的处理，使得无论对传感器做何种改变，无论对振源做何种调整，测试结果总是不理想。要对桩头进行正确的处理，需要使桩头露出混凝土面。

（2）传感器的安装

传感器是否安装得当，直接关系到对现场信号的采集结果是否良好。理论表明，传感器越贴近桩面、与桩面接触的刚度越大，则传感器的传递特性就越佳。在实际中，若桩是实心的，则传感器应当安装在到桩心的距离为到的半径处；若桩是空心的，传感器应当安装在桩壁厚的一半的地方。

（3）击振点和击振方式的选择

实践表明，若桩是实心的，击振点应该在桩的中心；若桩是空心的，则击振点与传感器应当在同一个水平面上，且在桩壁厚的一半的地方。

基桩检测有很多种方法，如低应变法、静载检测法、反射波法、钻芯法和高应变法等等，不同的检测方法有不同的特点，但也有不同的优缺点。主要对常见的基桩检测方法所存在的问题进行了探讨。在实际中，应当根据不同的实际情况，采取不同的基桩检测方法，使得检测结果达到最佳。

六、基桩检测方案的合理确定

桩基础是建筑结构工程重要的基础形式之一，属隐蔽工程，基础工程的检测往往比上部建筑结构更为复杂和重要。目前，基桩检测方法主要有静载荷试验法、高应变动力检测法、低应变反射波法、钻孔抽芯法、声波透射法五种，它们各有其适用性和局限性，我们在应用中应持科学、客观和慎重的态度根据实际情况进行选择，并制定合理的检测方案，严格把好工程质量关。

（一）各种工程桩质量检测方法的适用性和局限性

1. 静载荷试验法

单桩竖向抗压静载荷试验是采用接近于竖向抗压桩的实际工作条件的试验方法，确定单桩竖向极限承载力，对工程桩的承载力进行检验和评价。静载荷试验法可以说是目前为止最直观和最可靠的单桩极限承载力检验方法，其结果可作为判断工程桩是否合格的直接依据。但对于设计承载力较大的单桩，采用该法检测则费用巨大，检测工期长，抽检数量十分有限，静载加载条件受现场环境的限制，最大加载量受设备的制约。因此，静载荷试验法主要还是用于检测设计承载力不太大的工程桩，而对于设计承载力很高的超大直径桩，目前还无法采用该法进行试验。

2. 钻孔抽芯验桩法

钻孔抽芯验桩是检测钻（冲）孔、人工挖孔等混凝土灌注桩质量的一种有效手段，受场地条件的限制少，特别适用于大直径灌注桩的质量检验。该法主要用于检验桩身混凝土质量、桩底沉渣、桩端持力层、施工桩长等，具有直观、定量等优点。但抽芯检测法只能对桩身局部进行检测，对桩身质量则不能给予总体评价，经常会在问题桩的可用性上产生争议；当桩身缩颈时不易发现问题；对较长的钻（冲）孔灌注桩或桩身出现倾斜时，很难保证能钻到桩底。此外采用该法费用较高且速度慢，检测面也不广。

3. 高应变动力试桩法

高应变动力试桩法是采用重锤冲击桩顶，使桩土之间产生足够的相对位移，充分激发桩周土摩阻力和桩端支承力，从而测得桩的竖向承载力和桩身质量完整性。对实测波形进行拟合分析计算，可获得桩周土力学参数，桩周、桩端土阻力分布，模拟静载荷试验的荷载沉降（Q－s）曲线。与静载荷试验相比，该法具有设备简单、省时、费用低、抽检覆盖面大、能同时获得桩身完整性信息及桩的承载力等优点，还可用于打桩过程中的监测，为设计提供依据。但该法也有其局限性，如 CASE 法是一种简化的波动分析方法，当实际桩—土情况与假设差异较大时其分析结果的可靠度会降低；而曲线拟合分析法则由于人为因素影响较多，拟合中的未知参数是多解的，其拟合结果取决于现场采集的信号能否反映实际情况、拟合者的相关知识和经验等因素；当设计承载力较高时因无法提供足够的冲击能量，使该法的检测受到制约。

4. 低应变反射波法

基桩反射波法检测桩身结构完整性的基本原理是：通过在桩顶施加激振信号产生应力波，应力波沿桩身传播过程中，当遇到不连续界面（如蜂窝、夹泥、断裂、孔洞等缺陷）和桩底面时，将产生反射波，分析反射的波形特征，从而判断桩的完整性。该法具有设备简便、速度快、收费低、检测面大、不受场地条件限制等优点，成为基桩质量检测的重要手段。其局限性是由于冲击能量较低，对大直径长桩的中、下部缺陷不敏感；不能定量评判缺陷程度或桩底沉渣情况；受桩侧土阻力影响大，检测有效深度受到限制；桩身有渐变缺陷时缺陷反射波不明显，易导致漏判；桩身水平裂缝和接缝虽能反映出来，但其程度很难掌握；测试信号采集质量难以保证，桩头处理较差、冲击锤选择不当、传感器粘贴不好、大直径桩的桩头尺寸效应等都有会造成实测信号受到干扰而失真，从而导致误判。

5. 声波透射法

声波透射法是根据声波在有缺陷的混凝土中传播时，声时、频率变化、振幅减小，波速降低，波形形畸变的原理来检测桩身混凝土质量和强度，属一种间接的非破损性试验。它是检测混凝土灌注桩连续性、完整性、均匀性以及混凝土强度等级的有效方法，能直观而准确地检测出桩内混凝土中因灌注质量问题所造成的夹层或断桩、孔洞、蜂窝、离析等内部缺陷，是当前灌注桩的重要检测方法之一，通常仅用于桩径 ≥600mm 的灌注桩。它的局限性在于必须预埋声测管，检测缺乏随机性；判定的缺陷情况只能是定性的；由于埋管限制难以判断桩底持力层情况：对声测管埋设要求较高，否则会影响检测效果；超声管埋设后不能回收重复使用，使得声波透射法成本高，不能大面积地进行检测。

（二）基桩常见的质量问题

目前我省应用的桩型较多，有 f340 和 f480 等沉管灌注桩、f600 ~ f700 大直径沉管灌注桩、各种不同直径的钻（冲）孔桩、人工挖孔灌注桩（大直径桩可达 f2500 以上）、预制方桩、预应力管桩、夯扩桩等。由于施工技术、施工工艺、工程地质状况、施工管理水平和人员素质的差异等因素，在实际工程中往往会产生质量问题。

1. 沉管灌注桩

该桩型在我省的应用主要是锤击沉管灌注桩，质量稳定性较差，主要质量问题是桩身缩颈和断桩。

2. 钻（冲）孔灌注桩

该桩型在施工过程中容易出现的质量问题有桩身倾斜、桩身混凝土离析、夹泥、缩颈、断桩、桩底沉渣过厚、有夹层或孤石等。

3. 人工挖孔灌注桩

该桩型属非挤土桩，一般设计为端承桩或以端承力为主的摩擦—端承桩，施工过程中较易控制成桩质量。其质量问题通常是因地下水丰富、地质条件复杂和施工控制不当等引起，主要有桩身混凝土松散、离析、强度未达到设计要求；未挖至设计要求持力层或持力层下有软夹层等；施工中由于某些原因使混凝土不能连续浇灌，重新灌注后桩身存在混凝土浆夹层；护壁局部塌方使桩身产生缺陷。

4. 混凝土预制桩

该桩型又分为普通桩和预应力桩两种类型，其主要质量问题有：打桩过程中产生过大拉应力，使混凝土开裂形成断桩；接桩工艺控制不好易产生驳接缺陷；沉桩过程中遇到硬层，使桩尖破损或桩身产生竖向裂缝；打桩桩距较密，有时会使桩周土产生挤压力，从而在邻桩桩身产生一竖向拉力，使得已打入的桩产生上浮。

（三）基桩质量检测方案的确定

不同的桩型由于地质条件、施工工艺和具体情况等不同，有着其各自容易发生的质量问题，而常用的 5 种检测方法也有自身的适用性，要做到有效、合理、经济地检测和控制基桩质量，就必须选择合适的检测方案。

1. 沉管灌注桩

该桩型主要是设计成摩擦桩，桩径一般不大，质量问题主要出现在桩身中、上部软硬土层的交界处，采用低应变反射波法检测桩身完整性十分有效；同时由于桩身承载力设计值不高，使用静载荷法检测单桩承载力也容易实现；而高应变动力检测法更能同时检测其完整性和承载力情况。笔者认为选择哪种检测方法主要根据当地的技术和设备条件，对该桩型以采用低应变反射波法＋静载荷法的检测方案较好，而在已进行过静载荷试验作对比的地区，使用低应变反射波法＋高应变动力检测法更适宜。

2. 钻（冲）孔灌注桩

该桩型一般设计成摩擦—端承桩或端承—摩擦桩，笔者认为高应变动力检测法在冲击力能满足要求的情况下是一种较有效的方法，在条件允许的情况下，可进一步采用静载荷法＋抽芯检测法进行检测。由于泥浆护壁摩阻力一般不大，故可采用低应变反射波法或高应变动力检测法检测。对于中、小直径桩可采用小应变动力检测法＋静载荷法（或高应变动力检测法）。对于大直径钻孔桩可采用低应变反射波法＋抽芯检测法＋声波透射法，或者低应变反射波法＋高应变动力检测法。对超长桩的桩底持力层情况，抽芯检测一般较难抽至桩底，可用高应变动力检测法做出定性的检测。

3. 人工挖孔灌注桩

该桩型设计桩径一般都较大，通常是端承桩，由于其承载力设计值较大，故采用静载荷法进行承载力试验很难实现。通常是通过检测和完整性，桩底持力层是否达到设计值来间接检测的。一般可采用低应变反射波法和声波透射法对桩的完整性进行普查，并根据实际情况对有疑问的桩采用高应变动力检测法或抽芯法复核桩身完整性和持力层情况。

4. 混凝土预制桩

由于预制桩通常桩身质量较稳定，主要检测桩驳接处有无损伤及桩长、承载力等情况。低应变反射波法对于预制桩的检测效果并不理想，其接桩处的反射波通常较明显，使驳接面以下桩身其他地方的缺陷无法被发现。该桩型属挤土桩，摩擦力较高，低应变反射波法难以见到桩底反射波，对于此类桩常见的质量问题，如桩底破损、桩身竖向裂缝等都无能为力。而高应变动力检测法则由于冲击能量大，桩身克服桩周土阻力产生纵向位移，应力波能穿透横向微小裂缝，可以检测出桩的实际情况。由于预制桩设计荷载相对较低，故可采用静载荷法进行承载力检测也是一种较好的方法。

七、影响基桩检测综合判定的因素展望

在我们日常进行的基桩检测工作中，通常认为选择了正确的检测方法，按照相应的检测规范进行现场检测，就可以轻松进行基桩质量及承载力等要素的判断了，然而，在实际检测过程中，我们往往会忽略许多影响我们准确判断的因素，只有综合考虑了所有相关的影响因素，并根据检测经验对比后才能科学准确地对受检基桩进行判断。

现就低应变检测基桩桩身完整性和静载荷试验检测基桩承载力两种检测手段，谈谈日常检测工作中容易忽略的问题：

（一）忽略了基桩施工过程中的差异性

检测人员往往在基桩施工结束后，混凝土强度达到要求时直接到现场进行检测，由于抽检桩的选择完全忽略了施工记录、监理建议等重要的参考因素，即便是考虑了建筑物结构特点进行关键部位的基桩抽检检测，仍然有遗漏问题桩的极大可能。正确的方法是应该将施工记录和监理建议防在首位，即首先对可能的不规范施工操作或特殊地质条件等影响成桩质量的部分基桩进行检测，然后才能考虑建筑物本身的特点按检测规范要求的比例进行抽检检测。

（二）忽略了检测环境影响

在进行低应变检测时，如果检测现场周边有大型车辆通过或现场混凝土浇筑作业等，都会不同程度的影响到检测信号的正确反映，有时即便进行了滤波处理也仍然得不到理想的波形，同时，较大的振动干扰或风雨等都会对静载荷试验的基准梁位置的稳定性产生一定的影响，这样往往会产生各种误判，因此在实际检测时应在外来振动等干扰因素相对较小的时间环境下进行为好。

（三）忽略了检测方法的合理运用

1.静载荷试验时往往会忽略基桩本身的特点，为节省时间，而一味地采取快速维持荷载法进行试验，而规范中明确规定：为设计提供依据的竖向抗压静载试验应采用慢速维持荷载法，而施工后的工程验收检测宜采用慢速维持荷载法。当有成熟的地区经验时，也可采用快速维持荷载法。

2.采用高应变法进行基桩竖向抗压承载力检测时，过于依赖高应变法本身的检测结果，

从而进行单一的判断。高应变检测对于预制桩检测可以单独采用，而对于灌注桩的竖向抗压承载力检测时，规范中严格要求：应具有现场实测经验和本地区相近条件下的可靠对比验证资料。这里所说的实测经验和可靠对比验证资料，就是在相同施工条件下的同类基桩单桩竖向抗压承载力试验资料，因此，在采用高应变法对灌注桩的竖向抗压承载力检测时，必须进行必要的"动静"对比，综合分析后才能准确判断。

（四）忽略了检测工作中的规范操作

1. 测量传感器的安装和激振点的选择错误

在进行低应变检测中往往图简便就用手将测量传感器直接按在被检测桩的桩头上，用力锤在桩头上的激振点也很随意，且在力锤使用上也往往一成不变的始终使用一种，完全不考虑被检测桩的自身特点变化。正确的操作方法应该是：首先应采用具有足够猫结强度的藕合剂（黄油、硬质橡皮泥）将测量传感器猫结在桩头上，黏结层应尽量薄，并使测量传感器与桩顶面保持垂和直紧密接触；在用力锤激振点上要考虑桩的实心和空心之分，实心桩的激振点位置选择在桩中心，测量传感器安二装位置为距离桩中心的 2/3 半径处，大直径桩至少要 2 个以上相对方向的测点；空心桩的激振点和测量传感器安装位置宜在同一个水平面上，且与桩中心连线形成的夹角为 90 度，激振点和测量传感器安装位置宜为桩壁厚的 1 左处。

2. 激振设备的选择错误

应根据现场情况，选择不同材质的锤头或锤垫。对于较大、较长的桩，由于桩土相互作用及桩混凝土的黏性影响，能量衰减较快，如果能量小，应力波传播距离不远，难以发现反射波，所以宜用质量较大或刚度较小的锤头，并在敲击处垫一层软垫，减小弹性波在桩身中的衰减，以增加激振能量，增加低频成分，宜于获得桩底反射波或桩下部缺陷的识别；对小桩、短桩或浅部有缺陷的桩，宜用质量较小或刚度较大的锤头，以提高激发频率，提高检测分辨率，降低激振能量，增加高频成分，宜于识别桩身浅部缺陷。

3. 桩头处理不到位

实际检测时因为图省事，要么桩头局部简单处理，致使没有准确的传感器安装位置或激振点而获取不到准确的反射波形；要么即便清理平整但可能有浮浆导致与桩体实质分离，导致检测时误判为浅部缺陷等等。正确的方法应该是桩顶浮浆或者松散、破损的部分应凿去，露出坚硬的混凝土表面，表面应平整干净无积水，锤敲击点和传感器安装点磨平。

4. 测试仪器设备不定期检定，直接影响着动态使用范围的有效性

在传感器的合理选择上，由于测试信号中一般都带有振荡信号，它影响了桩身缺陷及桩底反射的识别，特别是对于短桩和浅部缺陷的桩，所以实际应用中尽量选用自振频率较高的加速度传感器。

5. 采样频率的选择

当桩浅部波阻抗发生变化时，反射波频率较高，为了使反射波和入射波分离，入射脉冲频率也要高，在此情况下，应提高采样仪采样频率范围；与此相反，在对桩深部进行检测时，为了保证在允许采样点数范围内可找到桩底反射，应降低采样频率，由于锤击能量大，脉冲频率低，为了避免高频干扰信号，采样仪频率范围应适当缩小。

对于任何一处基桩的检测判定都不能孤立的进行，在合理的检测方法和标准的实际操作保证下，一定要综合各种影响因素，比如工程地质勘查报告、施工记录、施工人员在施工过程中所出现具体情况的描述等，既要考虑现场获得的一手信息，更要考虑同一场地同种桩型、不同场地相同桩型的横向参数比较。草率的结论甚至会造成无法弥补的损失和危害，比如：判定浅部缺陷尚可通过开挖进行验证和处理，如果是错判深部缺陷，那么桩周土的扰动破坏会导致建筑物局部重新设计变更和重新补强施工，带来很大的经济损失和工期延误，而深部缺陷的漏判会给整个建筑物的安全使用带来更加严重的隐患和危害。因此，作为工程质量检测的一部分，地基与基础检测的重要性可想而知，国家建设部也将地基与基础检测作为专业检测的一种列入检测资质管理规定当中，并明确了具体要求。科学、准确、合理、负责的态度一定要贯穿在我们检测行业的每时每刻，这样才能对我们国家建筑业的健康发展和人民的居住安全做出应有的义务和贡献。

八、关于基桩检测规定的解决措施

广东省标准《建筑地基基础检测规范》（DBJ15—60—2008）已于2008年5月1日开始实施，但在一年的实施过程中，执行得并不是很顺利。近期多个质量监督站的监督员来电咨询该如何实施执行该规范中的一些规定，特别是基桩检测的规定，认为该规定复杂烦琐且条文不好理解，在实际执行中产生许多争论，导致难以实施。现就我们对条文的理解进行一些讨论，望能厘清思路，便于新规范的实施执行。

（一）基桩检测的基本指导原则

基桩验收检测的目的其实就是检测基桩的施工质量能否满足建筑物的使用要求，而建筑物的使用要求最重要的是满足其荷载要求（包括竖向荷载和水平荷载），所以基桩验收检测最根本的原则也就是要检验基桩的荷载能力，所谓其他的基桩桩身质量检测也是为检验基桩荷载能力而间接服务的。因而，基桩检测的基本指导原则就是首先要检验基桩的荷载能力，只有在不具备基桩荷载能力检验条件的前提下，再实施其他的间接检测方法。当然如果从经济合理性和工程施工要求（如工期）上考虑，可以综合各种因素合理选择检测方法进行组合，但最终都要能够判断出基桩的荷载能力能否满足设计和使用要求。

（二）国标《建筑地基基础设计规范》中的相关规定

1. 承载力的检验

国家标准GB50007—2002《建筑地基基础设计规范》中"10 检验与监测"的关于基桩检测相关规定的条款是"10.1.8 施工完成后的工程桩应进行竖向承载力检验。"这是一条强制性条文，意味着每一项工程施工完成后的工程桩都要进行竖向承载力检验，检验的方法和数量应根据地基基础的设计等级和现场条件，结合当地的经验和技术条件确定。具体为：地基基础设计等级为甲、乙级时，宜用慢速维持荷载法检验承载力；地质条件复杂的工程，其工程桩的承载力也宜用静载荷试验来检验，检验数量不得少于同条件下总桩数的1%，且不得少于3根；对于大直径嵌岩桩的承载力检验，由于其设计承载力高，当受现场实验条件和实验能力限制时，可根据终孔时桩端持力层的岩性状况结合桩身质量检验情况进行核验。这里大直径的定义，根据相关条文，我们理解为桩径800mm以上。

2.桩身质量检验

国标 GB50007—2002《建筑地基基础设计规范》中10.1.7条规定，施工完成后的工程桩应进行桩身质量检验。直径大于800mm的混凝土嵌岩桩应采用钻孔抽芯法或声波透射法检测，检测桩数不得少于总桩数的10%，且每根柱下承台的抽检桩数不得少于1根。这里很明确地指出了只采用钻孔抽芯法或声波透射法，或者两者组合进行检测，不宜采用低应变法或高应变法进行检验。实际中，多数情况是将钻孔抽芯法和声波透射法有机结合，这样既经济合理又科学有效。这条规定明显比省标的规定更为严格，按理地方标准应比国标规定更严格，在省标的制订过程中，可能是出于本地的实际情况和经济上考虑，降低了要求。在下面修订后的《检测规定一览表》中我们采用了一个折中的办法，即部分沿用了粤建科〔2000〕137号文的规定，认为这可能更趋合理。

这条规定是与上述承载力检验要求相对应的。除此之外的其他桩（桩径小于等于800mm的桩及桩径大于800mm的非端承桩），可根据工程桩的桩型、直径和桩长的大小、施工工艺及检测方法的有效性，结合现场条件和经济合理性，进行合理选择和组合，检测桩数不得少于总桩数的10%。这里的检测方法可选钻孔抽芯法、声波透射法、高应变法、低应变法等。

3.对省标 DBJ15—60—2008《建筑地基基础检测规范》相关规定的理解和讨论

首先是基桩的检测内容，包括工程桩的桩身完整性和承载力检测。桩身完整性检测方法与国标规定一致，即钻芯法、声波透射法、高应变法、低应变法等；单桩竖向抗压承载力检测可选项单桩竖向抗压静载试验和高应变法（原文）。其实根据国标和省标的后续规定，单桩竖向抗压承载力检测方法中还有一种间接方法，即根据桩端持力层的岩性状况结合桩身质量检验情况进行核验的方法。条文中没有将此列入，这就对后续规定中对大直径端承型混凝土灌注桩检测方法选定和检测数量确定方面的理解造成了困扰。

对省标中基桩检测方法选择和检测数量的规定，我们认为应结合国标《建筑地基基础设计规范》中的相关规定来理解。首先，工程桩的竖向承载力检验规定是强制性条文，每一项工程在基桩施工完成后都应当作竖向承载力的检验。在单桩竖向承载力无法进行检验时再考虑采用间接核验方法来确定。所以基桩检测方法选择和检测数量的确定应当根据单项工程能否实施工程桩的竖向承载力检验为前提。这里的工程桩的竖向承载力检验指的是采用单桩竖向抗压（拔）静载试验或竖向抗压承载力高应变动力检验法。遗憾的是省标未对此做出明确规定或说明。以下我们按这两种情况对省标中规定的基桩检测方法和检测数量进行分析，以便给出一个较清晰的思路。我们认为有以下几个问题需要进一步进行讨论：

（1）对桩径 ≥800mm 而 <1500mm 的端承型灌注桩，如果由于场地条件的限制无法进行竖向承载力检测时，该如何进行检测？

目前这种情况是很普遍的，特别在广州城区，高层建筑都设计有基坑且深度较大，场地狭窄，不具备做竖向承载力检验的条件。对这种情况该如何进行检测，作为规范不应回避这个现实问题，而应有一个明确的规范。我们认为在这种情况下，桩身完整性检测应该更为严格，按国标 GB50007—2002《建筑地基基础设计规范》的规定，全部要选用钻芯法或声波透射法进行检验。考虑到工程实际情况（如工期要求）和经济承受能力，沿用粤建科〔2000〕137 号文的规定可能合适一点，即钻芯法抽检比例不应少于总桩数的 10%，且不少于 10 根；桩径 ≥1000mm 的，声波透射法检测比例不应少于相应总桩数的 30%，长径比小于 5 的桩应全部选用声波透射法或钻芯法或两者组合进行检测，其余的方可选用低应变法进行检测，低应变法或声波透射法检测效果不好时，用钻芯法进一步检验。

（2）在桩径 ≥800mm 端承型灌注桩能做竖向承载力检验的情况下，对桩径 ≥1500mm 或长径比小于 5 的端承桩，应怎样进行桩身完整性检测？

考虑到检测方法的有效性，我们认为应遵循 GB50007—2002《建筑地基基础设计规范》的规定，全部选用钻芯法或声波透射法或两者组合进行检验。

（3）桩径 ≥800mm 的非端承桩中，桩径 ≥1500mm 或长径比小于 5 的桩同样应选钻芯法或声波透射法或两者组合进行完整性检测，其余的桩可选用钻芯法、声波透射法、高应变法、低应变法检测，检测数量不应少于相应桩数的 10% 且每个柱下承台的桩抽检数不得少于 1 根。

（4）对于桩径 <800mm 的桩，可选用钻孔抽芯法、高应变法、低应变法进行桩身结构完整性检测，检测数量不应少于相应桩数的 20% 且每个柱下承台的桩抽检数不得少于 1 根。以上讨论是基于规范中的规定应该是"闭合"，即不能出现"漏洞"的情况进行的。

我们尝试对广东省标准 DBJ15—60—2008《建筑地基基础检测规范》中的"基桩检测规定"进行了一些探讨和分析，目的是让该标准能更好地得到贯彻执行。我们分析总结修订后的《检测规定一览表》，可能也不完全合理合适，还望同行们指正与探讨。

第二章 非开挖工程

第一节 地质灾害治理与环境保护工程

一、地质灾害

（一）地质灾害体防治工程技术方案

1. 防治目标

岩土体抗风化能力和抗冲刷能力较差，在强降雨作用下，边坡极有可能产生滑动破坏。同时，该边坡脚紧靠塔山二路，附近有居民生活区、商铺，一旦发生滑坡，危害性极大。因此，滑坡治理的总体目标是：采用积极有效的防护工程措施，防止风化和雨水冲刷及下渗对边坡稳定性的影响，避免发生滑坡等地质灾害，确保居民有一个安全的生活环境，保障周围居民区的正常生活秩序。

2. 边坡地质灾害防治原则

（1）预防为主，防治结合；

（2）边坡地质灾害防护工程应具有明确的针对性，突出对重点地段和部位的治理；

（3）边坡防护的各项工程措施，应尽量因地制宜，就地取材，技术可行，经济合理且施工方便，可操作性强。

3. 治理工程方案

（1）设计工况、参数和标准的确定

通过初步踏勘及边坡现场条件，可知持续的强降雨是影响边坡变形破坏的最重要条件，对坡体稳定性影响较大，因此，拟采用2种工况对边坡岩土体进行稳定性分析计算。

根据边坡破坏影响区危害对象、危害程度、施工难度及工程投资等实物指标调查结果，依据《滑坡防治工程设计与施工技术规范》（DZ/T0219—2006）确定该边坡地质灾害防护工程安全等级为三级，属永久性工程，设计年限为50年。

（2）治理技术方案的设计

针对本高边坡的地形地貌、地质条件和用地限制，通过多种方案对比，提出了"放坡锚索＋锚杆格构梁加固"和"放坡锚杆格构梁＋砌石骨架加固"两种方案。

方案一：拆除坡面部分民居建筑物，清理坡面杂物，为减少开挖量，对坡面进行小范围放坡，整体坡度为1：0.5～1：0.75。由于坡面下部采用锚索格构梁加固，坡面上部采用锚杆格构梁加固，坡面分3个区进行支护：锚索格构梁Ⅰ区，锚索格构梁Ⅱ区，锚杆格构梁区。坡顶设置排水沟，与坡体平台排水沟，坡脚排水沟及当地排水系统相连。格构梁防护坡面种植耐旱常绿植物绿化坡面。

方案二：拆除坡面部分民居建筑物，清理坡面杂物，增加开挖量，对坡面进行大范围放坡，整体坡度为1：0.75～1：1.0。由于坡面较缓，坡体下部采用锚杆格构梁加固，坡体上部采用砌石骨架加固，坡面分3个区进行支护：锚杆格构梁Ⅰ区，锚杆格构梁Ⅱ区，砌石骨架区。坡顶设置排水沟，与坡体平台排水沟，坡脚排水沟及当地排水系统相连。格构梁防护坡面种植耐旱常绿植物绿化坡面。

（二）工程监测设计方案

在边坡土石方开挖过程中，在边坡顶设置简易监测措施，实时监控削方工程和防护后的边坡动态，检验放坡及防护效果。根据当地的实际情况，设置简易监测措施，主要以坡体表部地表变形观测为主。

简易地表位移监测派专人进行，定期巡查，超前预报，主要以肉眼观察为主，必要时设置简易观测桩、点。特别是在降雨过后应巡视坡体及防护工程措施是否有明显变形或位移。若发现坡体出现宏观变形或防护工程有明显位移变形，应迅速上报主管机构，以便及时妥善处理和决策，确保边坡区生命财产设施的安全。

1. 监测工作的任务和目的

系统监测的意义十分重要，防止突发事件的发生，起到防患的作用，以免造成人员、财产损失。监测工作主要是施工完成后的简易监测＋地质巡查，主要监测工作内容包括：地表变形监测。工作的主要任务是对边坡体进行变形监测、施工安全监测。且在施工期间，监测成果作为判断斜坡开挖时稳定状态、指导施工、反馈设计的重要依据。突出重点，建立较完整的监测剖面和监测网，使之系统化、立体化。监测应达到以下目的：

（1）形成立体监测网；

（2）在削坡开挖期间，进行跟踪监测，及时反馈削坡和防护存在的问题，超前预报，确保施工安全。

（3）反馈设计、指导施工，以利于优化设计方案、节省工程投资，为边坡防护的有效实施提供资料。

（4）边坡削坡和防护工程施工完成后，对监测资料及时进行分析评估。总结规律，提出协调人类工程活动与地质环境的措施。

2. 监测设计方案的原则

充分利用现有监测设施及监测资料，建立系统化、立体化监测系统，在防治工程施工全过程及时量测和预报边坡的变形及地下水等变化情况，确保施工安全，并为长期稳定性预测研究提供资料。全过程监测包括边坡变形监测、施工安全监测，以监测效果作为指导施工、反馈设计的重要依据。变形监测、施工安全监测的设施应尽可能统一考虑和利用。方法选定和仪器选择要考虑其能准确反映边坡的变形动态，并节省投资。

（三）边坡环境现状

1.社会环境：封开县塔山二路边坡位于封开县城内，坡体有民居 10 余户，共居住 30 余名群众，居民房屋多为简易两到三层混凝土砖房结构，室内生活设施简陋。居民日常生活沿山体年久踩出的小道及踏步出行，居民总体生活环境较差。

2.水环境：坡体表面无明显截、排水沟设施，雨季坡体排水不畅，靠居民自行修建的保护房屋的简易排水沟，将雨水引致无民居建筑物的坡面排放。雨水自坡顶沿坡面无序排放，携带大量坡积物、残积枯草、生活污水和泥沙，汇入坡脚江口镇中学教学楼地面排水沟，进入城市排水系统，对城市水环境有一定的影响。

3.生态环境：坡面植被覆盖率较低，尤其是坡体下部分坡面几乎完全裸露，零星分布几株灌木拦截部分雨水冲刷下来的坡体残积枯草和生活固体垃圾，生态景观较差。坡面的水土流失严重，雨水冲刷痕迹明显。坡面房屋结构形式不一，零星分布，生活生产物资堆积坡面，对坡面生态景观也有一定的影响。

（四）治理前环境影响预测

封开县塔山二路边坡排水设施不良，坡面植被覆盖率较低，对周围环境会产生一定的影响：

1.滑坡和泥石流自然灾害极有可能发生。封开县塔山二路边坡已出现滑移型裂缝，坡体整体稳定性较差，遇强降雨作用，极有可能导致坡体表明严重风化的坡积泥沙顺坡面而下，形成泥石流自然灾害。雨水通过坡体表明裂隙进入坡体岩土层，导致岩土体抗剪强度下降，极容易引起坡体失稳，形成滑坡地质灾害。

2.周围生态环境和水环境会继续恶化。坡面居住的群众的生活垃圾和固体废弃物日益堆积在坡体表面，严重影响坡面生态环境，遇雨水冲刷，部分生活废弃物跌落至街道排水沟，继而进入城市排水系统，对城市水环境有一定的影响。坡面植被覆盖率较低，坡体大部分裸露，严重影响了坡面的生态景观。居民生活污水的排放和雨水冲刷携带的泥沙枯草等坡积物对城市水环境也有一定的影响。

（五）施工期间的环境影响

在本项目施工期间，拆迁、工程占用土地、施工扬尘、施工噪声等都会给城市的社会环境、生态环境、环境空气质量和环境噪声带来不同程度的影响，但本工程施工期较短，对该地区的环境影响是短暂的。同时，只要施工期间制定严格的环境评价体系，合理优化施工工艺，精心组织施工，严格管理，采取各种相应的环境污染预防和缓解措施，可将施工对环境的影响降到最低限度，不会对坡体周围环境带来不可恢复的永久性影响。

（六）治理后环境影响预测

通过对边坡进行加固防护处理，可明显改善坡面的环境状况。工程完工后，坡体整体处于稳定状态，坡面排水设施良好，可防治滑坡和泥石流自然灾害的发生。坡面修建永久性排水设施，可明显改善坡面排水条件，防止雨水冲刷的泥沙对城市水环境的影响，同时可有效预防水土流失。坡面进行耐旱耐寒植被绿化，有利于净化周围环境空气，显著改善坡面的生态景观，坡面无岩土体裸露，无生活垃圾堆积，还原坡面绿色和谐的生态环境。坡面民居建筑物拆迁后，坡面无人为生活垃圾排放，坡面整体结构更加美观，能为封开县人民创造一个绿色、环保、和谐的生活环境。对搬迁居民给予一定的住房或经济补偿，有利于改善拆迁居民的生活条件。

边坡目前处于极不稳定状态，遇强降雨作用，极易引发滑坡或泥石流自然灾害，坡面有 10 余户居民居住，坡面排水系统不良，植被覆盖率低，对周围水环境和生态环境有一定的影响。

通过对该边坡进行加固处理，能有效预防滑坡泥石流自然灾害的发生，显著改善坡体周围的生态环境、水环境和社会环境。工程施工期间对周围环境有轻微的、短暂的影响，但采取一定的防范措施后能将环境影响降到最低程度。

坡面的防水工程和绿化工程对周围环境保护有重要作用，建议在运营期间做好坡面监测工作，留意坡面排水系统是否损坏，坡面植被是否正常生长，确保坡面排水设施完好，防止水土流失对附近水环境和生态环境的影响。

二、地质灾害的分类

要做好对地质灾害的防治，就必须先了解地质灾害的分类。地质灾害的分类一般来说是比较复杂的。从地质灾害形成的原因上来看，可以分为两大类：一类是由自然变异引起的地质灾害，称为自然地质灾害；另一类是由人为作用诱发的地质灾害，称为人为地质灾害。如果从地质环境或者地质破坏的速度上划分，可以分为突发性的地质灾害和缓慢性的地质灾害。突发性的地质灾害也即是人们常说的狭义的地质灾害，如：崩塌、滑坡、泥石流、地裂缝、地面塌陷等；缓慢性的地质灾害又称为环境地质灾害，包括水土流失、土地沙漠化等。

三、地质灾害的原因

我国是一个地质灾害多发的国家，地质情况复杂、地质灾害分布广、活动频繁，危害严重。据统计，每年由于地质灾害造成的人员伤亡以千计，直接经济损失占各种自然灾害的四分之一以上。准确的预报和及时的治理地质灾害成了关系人民生命财产的重大问题。地质灾害治理势在必行。从种类上讲地质灾害一般有火山、崩塌、滑坡、泥石流、岩溶塌陷、地面沉降、地裂缝、海水入侵等类别，我国又以滑坡、泥石流、崩塌最为典型。

（一）地质灾害的成因及我国地质灾害的现状

1. 地质灾害的成因

地质灾害是指自然或人为的活动对地质环境、地质结构或构造造成的地质损伤积累到一定程度，其产生的后果给人类和社会造成严重的危害。

造成地质灾害的主要原因，可以概括为水、地应力异常和地热能的水热爆炸（水热突爆），其中水的影响最为明显。

（1）水

1）地下水

补给丰富的地下水进入岩层层间或岩体底面，成为一种"润滑剂"，使层面或岩体加快活动量。地下水过量补给在下列情况下最为严重：

①暴雨型

②冰雪消融型

③地震兼有暴雨型

④石油注水开采，水力压裂型

⑤不适当地在低压地层进行水力压裂，水采油气等

另一种情况则刚好相反，那就是出现在我国大中城市、工业园区、平原、盆地，为抽及工业、灌溉、饮用水而盲目进行的大量布井、近视疯狂地开采地下水，造成地下水水位降低，地下水资源枯竭，局部或大面积沉陷、沉降；以及近海地区海水入侵，水质恶化。严重者还出现海岸线局部塌陷或地面形成裂隙。

2）地面水

由于森林、植被被毁，江河上游节流，江河水道被阻塞，雨季洪水泛滥成灾，如果水土流失乘洪水之势，助纣为虐；有时洪水流经地区有冲积荒滩或矿山尾矿、废石堆积，被洪水裹胁而下，则形成严重的泥石流灾害。

（2）地应力异常

地应力出现异常，是局部地质构造运动突变的前兆。地应力变化用安置在钻孔内的地应力仪、倾斜仪可以测量得出地应力方向如是向上的轻者造成山崩，重者发生震级高、烈度大的地震。这种山崩、地震是地应力集中、突然释放的结果。

（3）地热能的水热爆炸

地热是一种能源，一旦其圈闭的储层被破坏，或出现裂缝，地热水或气就会沿裂隙上窜，越接近地表，其扩容现象越快越大，如一旦再遇阻塞，则气液积蓄量越大，密度越高，压力越大，到一定程度会出现水热爆炸现象，对地面建筑与人身安全危害极大，有时还像间歇喷泉一样，定时反复出现。

2.我国地质灾害的现状

我国山区面积分布广，在自然地质作用、降雨、人为因素等条件下，滑坡灾害常有发生。从滑坡灾害类型的分布看，西部地区多为地震触发、东部滑坡多与暴风雨、洪水半生；西部地区多发生滑坡堵江、溃坝洪水灾害，东部则转化为泥石流加剧灾害程度。据不完全统计，历史上由地震引起的滑坡损失，死亡人数在 23400 人以上，其他如房屋、耕地、工程设施等损失更是不计其数。近年来，电台和新闻媒体关于滑坡的报道也逐渐增多，据有关资料显示，我国是世界上滑坡灾害最严重的国家之一，每年因滑坡灾害造成的经济损失达十亿以上。例如，处于豫西山区的宜阳县，是地址灾害高发地区之一，泥石流灾害相当严重，1996 年 8 月 2 日，全县突降暴雨，大暴雨中心发生在李沟河的上游，大暴雨形成的洪水把山坡根部的松散物质带走，造成山体失重产生瞬间崩塌，崩塌下来的泥沙、石块和洪水混在一起爆发了强大的泥石流，直接冲击县城的一些厂矿企业及居民区，使县城遭受三个多亿的巨大损失。

（二）地质灾害滑坡及其治理措施

1.地质灾害治理的意义

在人类对地质损伤和地质灾害认识的基础上，通过对造成地质损伤的因素的经常性控制以减少灾害发生，或者采取措施使地质损伤减少到不致发生地质灾害的程度，这个过程叫灾害治理。由于地质灾害的发生会对人民的生命财产造成巨大的损失，在实际治理工作中就应该采取措施避免这种损失或者把损失降到最低的程度。在相当长的一段时间内，人类对地质损伤的认识是微乎其微，对地质灾害的认识又往往局限于天灾人祸的范围之内——视之为"洪水猛兽"，表现为在地质灾害面前的束手无策，对地质灾害的治理更是处于自发的状态。直到自然科学发展到一定的程度，在人与自然相互影响的过程中人逐渐占据主导的位置，人类对地质灾害治理才赋予了了自觉的内容。

2.滑坡的治理

滑坡是一种严重的地质灾害，由于它经常中断交通，堵塞河道、摧毁厂矿、破坏村庄和农田、造成人员伤亡和重大经济损失而受到世界各国的关注。近 20 年来，特别是"国际减灾十年活动"开展以来，国际上研究和防治滑坡灾害空前活跃，各项研究进一步扩展深入，防治工程措施也在完善已有措施的基础上向轻型化、小型化方向发展。

滑坡灾害实例证明，短时间对浅含水层的过量补给，在岩层陡峭地区是形成滑坡的主要因素。根据滑坡灾害的成因、成灾情况，结合防治工程客观条件及经济因素，滑坡治理的主要工程措施如下：

（1）引、排水工程

是治理滑坡中首先应考虑的措施，包括地下和地表引、排水工程，其中地下排水有平孔排水和虹吸排水等类型。

（2）减重和反压工程

减重和反压工程师经济有效的防治滑坡措施，已得到广泛的应用，特别对厚度大的主滑坡和牵引段滑面较陡的滑坡效果更明显，但对其合理应用则需先行准确判定主滑、牵引和抗滑段落，在前者部位减重，在后者部位反压。

（3）地层的固化、改良

通过压碱、压化学物质，压浆等方法可以达到固化地层、提高滑带土的强度、增加自身抗滑力的目的，遇到深层裂缝，用压浆技术可充填裂缝。

（4）压脚加载工程

在工程环境许可的情况下，通过在坡脚加载方法达到锚固目的。

（5）支撑工程

为防止滑体或岩坡滑动，在探明滑动面的深度、基岩岩情的前提下，常采用一些支撑工程。支撑工程是滑坡治理的主要手段，主要技术措施有锚杆＋喷射砼、锚索、挡土墙、锚索抗滑栓、锚索＋地梁（或框架梁）等等，辅助措施有梁间的 CAP、\CW 等防护技术。

（6）SNS 柔性防护工程

SNS 柔性防护工程是一种经济有效的安全防护功臣，近 5 年来，已逐渐被人们认识并应用于工程实践中。

3. 泥石流的治理

泥石流是我国山区常见的一种自然现象。它常发生在山区小溪沟，是各种自然因素和人为因素综合作用的结果。泥石流引起形成过程复杂、爆发突然、来势凶猛、历时短暂、破坏力大、因而成为山区经济建设的一大灾害。据不完全统计，全国山区铁路沿线已发现泥石流 1010 处。从分析泥石流基本特征出发，分析泥石流物质成分、来源入手，调查其流域环境、流态、形成规律，用钻探勘察了地下水文、工程地质条件（含水层深度、厚度、浸烛基准面变化、基岩性质等），探明泥石流形成机制，进行砾石、砂、水的分类、排队，提出了以此为基础的治理工程技术措施——挡、导、储、护措施，施工挡坝顺序为（自下而上）。

（基础注浆）网结＋打基桩封堵坝（中间加水泥板墙，下留排水孔道）＋排水（用沟孔排水，实现砂、石、水分治）＋基桩顶端加水泥盖板（补强坝体）＋石加载＋生物治理（种速生多根树、草）。

4. 崩塌的治理

崩塌是一种极为普遍和直观的地质灾害现象。陡峻边坡崩塌主要受控于节理裂隙和结构的组合，其活跃程度取决于卸荷裂隙的扩张与卸荷裂隙区的扩展。崩塌防治的理论依据就是加固已经形成的危岩体，阻止危岩体脱落，并且阻止或减缓卸荷裂隙的扩张和卸荷裂隙区的扩展，保持边坡的相对稳定性。我们对崩塌的防治总是有目的的，因此必须对形成边坡崩塌的具体条件，如岩石结构面和各类节理裂隙面进行充分调查研究，并分析崩塌的形成机制和扩展趋势，再结合具体防治目的，才能有针对性地对边坡崩塌采取有效防治措施。下面列举几类常用的防治方法。

（1）锚固与挂网喷护

在裂隙较为密集的卸荷裂隙区和危岩区，在清除部分危岩体的基础上，用锚杆加拣网喷护锚固危岩体，以达到减缓卸荷裂隙的产生和卸荷裂隙的扩展，以及加固已经形成的危岩体的目的。这是防治崩塌最常用的方法，也是适用性最普遍的方法。在设计加固工程时，要充分考虑边坡岩体的结构与裂隙面特征和卸荷裂隙的扩展特征。将卸荷裂隙扩展的牵引带作为重点加固区布置镂圈工程。牵引区加固后可以阻止或减缓扩展区卸荷裂隙的扩张以及卸荷裂隙区的扩展。

（2）支撑加固

对较完整的悬挑危岩体可以采用支撑的方法加固，以保持危岩体的稳定性。这是临时性的防治。

（3）遮挡避让

对直接加固困难，或加固成本高的高陡危岩边坡，可以采用遮挡避设的方法防治崩塌危害。这是针对如铁路和公路等线路工程经过峡谷区，采用的对边夹坡崩塌的防治方法之一。

根据"预防为主、全面规划、综合防治、因地制宜、加强管理、注重效益"的方针，在开展地质环境专项调查及岩土工程地质勘查的基础上，采取植物措施与工程措施相结合的综合防治方案，可有效防治地质灾害。

四、案例分析

（一）基本情况

玉田县地处华北平原北端，燕山山脉南麓，境内地貌形态为北高南低，北部丘陵，中部平原，南部洼地。丘陵面积 130.96km²，占全县总面积的 11.24%。北部丘陵地处平安城山间盆地与冀东平原的分水岭地带，丘陵内露的地层除第四纪外，主要是震旦系，中统雾迷山组二、三、四段燧石条带白云岩，构造为褶皱，断裂，裂隙。

玉田县北部山区多年平均降水 711mm，多年平均径流 167mm，降水径流年际变化较大，年内降水分配不均匀，7～9 月集中全年 70%～80% 左右降雨。

根据河北省地勘局第四水文工程地质大队对全县地质灾情情况调查，北部山区存在地质灾害及隐患点 6 处。其中泥石流 4 处，分别为位于大安镇的东九户北山沟泥石流、唐自头镇的小陵村西沟泥石流、齐家团城南沟泥石流、桃花峪东山沟泥石流（已发生 2 处、隐患 2 处）；滑坡 1 处，位于郭屯乡的黄家山白马峪滑坡；崩塌隐患 1 处，位于唐自头镇高家团城陡坡；共涉及人口 2504 人。近几年由于当地村民无序开山及采石，隐患有增加的趋势。

（二）危害

地质灾害的危害是非常严重的。它不仅危及水利工程，而且危及电力、铁路、公路、厂矿、城建等国民经济各部门。

据《中国地质环境公报》统计，2002 年全国发生地质灾害 4.8 万余起，造成 853 人死亡，109 人失踪，1797 人受伤，直接经济损失 51 亿元；2003 年全国发生地质灾害 13832 起，造成 743 人死亡，125 人失踪，564 人受伤，直接经济损失 48.65 亿元；2004 年全国发生地质灾害 13555 起，造成 734 人死亡，124 人失踪，549 人受伤，直接经济损失 40.9 亿元。

据史料记载，近现代最大的一次自然灾害是 1963 年 8 月的一场由山洪转化为滑坡、崩塌、泥石流，又演变成洪水形成的平原涝灾。它冲毁中型水库 5 座，小型水库 356 座，沙压农田数十万亩，淹没 1.55 万个村庄，35 个县，灾民 2200 万，数百公里一片汪洋，毁房 1439.24 万间，死 5881 人，伤 49593 人，死伤大生畜 13 ~ 19 万头，冲毁铁路、公路，使京广线停车 27 列。直接损失 60 亿元。

玉田县的自然灾害虽然达不到这样的破坏力，但仍不可等闲视之。据测算，仅唐自头镇的小陵村西沟泥石流的潜在危害，就可危及 45 户，171 人，经济损失达 4.1 万元。齐家团城南沟涉及 3 个村 659 户，2392 人，其经济损失达 70 余万元。虽然北部山区只存在地质灾害及隐患点 6 处，泥石流 4 处。但其潜在的经济损失却是巨大的，为了下游人民生命财产安全，制定一系列地质灾情治理规划是非常必要的。

（三）防治措施

1. 坡面治理

对于坡度不太陡的山坡，可采用人工砌筑挡土墙、平整土地、修梯田然后种植庄稼或栽种果树；但是对于比较陡的山坡，不适合修梯田，因为原地表植被破坏后，如遇大暴雨，很容易造成水土流失，地表土被冲走后，容易形成荒山，这样不但不利于荒山治理，相反造成更大的对自然环境的破坏。因此，要因地制宜，合理规划。

2. 积极植树种草

玉田县的山高程不算太高，地面在 50m ~ 100m，多为岩石裸露的秃山，基本没有水土保持能力，在高程 50m 以下的地表土多为黄红黏土，并有砂砾石，这些土质不适宜种庄稼，适合栽种果树。另外，对部分缺水地方适合栽植其他耐旱树种或种草，发展畜牧业。植树种草既可涵养水源，保持水土，又可创造经济效益。植树种草，在坡度较陡处必须修建挡土墙以防止水土流失，同时不适宜把原有植被全部破坏，必须以点带面，逐渐扩大，否则如成活率较低时，如遇大暴雨会造成较严重的水土流失。

3. 对采石厂及村民用土作出规划用地

在山区，大部分村民用土都处于无序状态，较薄的地表土被取走后，再加暴雨后水土流失一部分，时间久了，会出现大面积荒山。对于采石厂无人管理，仅挑好的石质处开采，或仅找容易开采处使用，人为造成多处悬崖，通过吸取经验教训，对采石厂制定出详细可行的水保方案，要求从上至下依次开采，对于废弃碎石要求填一些指定大坑，对于山上的表层土，要求运至指定地点，或填坑造地，总之，通过管理后，可减少人为形成的荒山秃岭，或人为造成引发的地质灾害。

（四）治理规划

1. 建立预警机制

对于团域、桃花峪、黄家山，危险地段，事故隐患处，在汛期建立预警机制，实行定人、定点、定时巡查和简易监测，记录，同时要加强与气象部门合作，有情况及时上报以便请专家及时观测，及时制定补救方案或发出警报，为下游人员及时撤离提供充足的时间，以及地质灾害后开展自救工作。

2. 村庄逐批搬离危险地带

对于有条件的地方，将处于危险地段的村庄逐批搬离危险地带；对于条件较差的地方，原则上不再原址继续盖新房，而是另行规划到安全地带建房。这种方法耗时较长，但可达到目的。搬迁仅是远离危险地段，而原危害并未解除，还需要采用其他方式对危险进行排除，这才是治理的根本目的。

3. 对地质隐患部位，削挖填补，主动处理

对于容易发生地质灾害或存在隐患部位，如：东庄户泥石流、小陵泥石流、黄家山滑坡，进行局部处理，把原地貌坑洼部位进行局部填平，削高补低，但不适宜一次大面积处理，特别不宜雨季处理，否则遇暴雨容易造成较严重的水土流失；对于存在明显裂缝部位，可进行简易处理，如填土灌缝或在裂缝上边挖明沟做排水渠道，以利于排水，可减少地质灾害。以上这两种处理方法，本质上都是减少雨水入渗，减轻自重，同时增大了本身的摩擦力。对于易滑坡部位，可挖除一部分，以减轻自重，这是最有效的措施，但这种方式，投资较大，施工难度也较大。

4. 对采石厂加强管理，做出开采规划

对所有采石厂进行详细调查，加强管理，做出合理的开采规划，并进行定期检查，看其是否按规划开采，对违反单位严加处理，并令其对存在隐患部位进行处理，可减少崩塌、滑坡等危害的发生。

5. 对悬崖、陡壁进行勘查，制定合理措施

对全县的山区进行详细调查，并对所有悬崖、陡壁进行勘查，看其是否存在隐患，如有危险对其进行处理，对不易于处理的，实施定向爆破，彻底消除隐患，需投资较大，可分批逐年进行，最终达到彻底消除的目的。

（五）地质灾害的诱发因素及应对措施

地质灾害的发生是偶然的，隐患不根本消除，灾害随时都可能发生。一旦地质灾害发生，人类还很难控制它，只能尽力减少由此造成的损失。

　　有很大一部分地质灾害是人类活动诱发的，比如，不合理的建房、修路、采石、采矿，还有超采地下水导致地下水位下降过快造成的。要加强宣传，提高群众自我防范意识和能力。

　　总之，针对我县实际情况，对所有的人类活动如开山采矿等要详细调查、合理规划开采，开采完后，采取必要的保护措施，这样可降低灾害发生的频率，同时，也可减少其造成的损失。

　　发生地质灾害还有一个重要原因是降雨，特别是长时间的大暴雨。泥石流隐患区在汛期连续或大强度降水影响下易发生山洪暴发，并伴有泥石流，严重威胁人民群众生命财产安全。

　　降雨是自然现象，人类目前还无法对其控制，但可通过准确预报，对存在隐患部位进行临时处理，采取必要的补救措施，减少灾害发生的概率，最大限度地减少损失。通过各项防治措施，治理规划，准确预报，建立完备的预警机制，可减少地质灾害的发生；采取生态措施，保护环境，封山育林，减少人类对自然的破坏，尽力消除隐患，避免地质灾害威胁人类。

五、常见地质灾害的治理方法

　　尽管人类的科学技术和生产能力在不断攀越自身发展的高峰，可是面对自然，人类还是显得渺小。人类向自然攫取资源、能源和矿产，在索取的行为变得无底线的情况下，难免会遭受严重的自然灾害，地质灾害是自然灾害中对人类生产生活影响最大的一种。因此，预防和治理地质灾害，仍旧是目前自然灾害防止工作的重点内容。

（一）常见地质灾害简述

　　我国高发的地质灾害类型有地籁如唐山地震、汶川地震等；在煤矿和山地公路上多发的地质灾害是地面塌陷和山体滑坡；西北地区则常年受到土壤沙化的威胁；我国东部内海的大部分地区则主要应对土壤盐碱化的问题。可见，我国常见的地质灾害以类型分，可分为土壤损失和地层、岩层运动造成的损失两大类。

　　我国的土地辽阔、地貌特征多变，形成了许多名山大川和秀美的山水风录，但同时，也正是因为地貌特征复杂、矿产丰富，使得地质灾害也呈现类型庞杂的特点。地震这种大型的、受灾面积广、突发性极强的地质灾害，通常是由于地壳运动引起的，这种地质灾害的形成完全以自然原因为主；而地面塌陷、山体滑坡、土壤沙化和盐碱化等灾害则是由人类无限制挖掘地下矿产资源、攫取地下水、污染河流、过度砍伐树木造成的。

　　地质灾害对人类生产生活的危害不仅仅在于灾害爆发时，对人们生命安全的威胁和财产破坏，更多的是灾害爆发后，跟随灾害而来的其他危险，如地震之后经常会引发大面积疫病的流行；山体滑坡和地面塌陷导致交通拥堵和地下天然气管道泄漏、土壤沙化导致的沙尘暴天气等。

（二）进行常见地质灾害治理措施研究的重要性

1. 为地质灾害的防治提供建议

进行常见地质灾害治理措施研究，是对地质灾害进行从原因到结果上的分析，并在详尽的分析基础上，根据事实进行的防止措施设计。相较于完全来源于勘测和考察的纯自然科学报告，对常见地质灾害治理措施的研究更能过提供贴近人们生活的防治措施。

2. 为人们应对地质灾害提供帮助

科学研究一方面有着极强的客观性和探索性，另一方面，科学研究的成果常常是远离大众的。为了使人们对地质灾害形成更深刻的认识，帮助人们建立灾害应对机制，使人们在面临地质灾害时能够首先实现自救，尽量保护自己的人身和财产安全，常见地质灾害治理措施的研究是十分重要的。

（三）能够有效治理常见地质灾害的措施

1. 积极维护资源和能源的平衡使用

除了由于地壳运动造成的地质灾害，其他在我国高发的地质灾害大多数形成原因都与矿产资源开采、水资源使用和森林资源、绿色能源使用有关。换言之，环境破坏是引发地质灾害的主要原因。因此，要治理地质灾害，就必须先从环境保护做起。单纯的植树、保持城市环境卫生对地质灾害防治几乎无效，真正的环境保护是那些能够维护资源和能源平衡的措施。在地面塌陷、滑坡和泥石流等地质灾害高发区，如煤矿区，山地公路区等，在地下矿产开采之前先进性岩层构造勘察是十分必要的；另外，已经形成立面的山体上大密度的种植根系发达的树木，能够有效防止山体脱落事故的发生。

2. 提高人们对地质灾害的认知

人类活动是造成自然灾害的主要原因之一，而驱使人类进行破坏性活动的是人类对自然的认知。虽然"环境保护"和"生态平衡""尊重生命"等已经成为挂在嘴上的观点，但还没有达到"深入人心"的程度，人们总是受到眼前利益的驱使，做出杀鸡取卵的毁灭性的行为，例如，为了实现城市交通畅通，不惜缩小城市绿地的面积；为了大量产出煤炭，对地下岩石层进行大面积挖掘。而且，在城市生活的人总以为自然灾害，尤其是地质灾害离自己很远，每天都安心享受靠发掘自然能源而提供的水电资源而不加以节约，认为"交上水电费就行了"，殊不知钱可以买来现有的资源，但是买不来资源储备的时间。因此，提高人们对地质灾害的认知，使人们了解到自己的任何一个微小的行为都可能对自然造成巨大的影响，使环保意识真正的深入人心，是防治地质灾害的根本性措施。城市中每个人节约一滴水，城市周边的地下水就可能有上万立方进入到正常的水循环中，如何使人们认识到"环保在于细节"，始终是一个亟待解决的问题。

3. 加强地质灾害高发区　安全措施建设

除了提高人们对地质灾害的认识之外，加强地质灾害高发区的安全措施建设也是防治灾害、维护人们生命安全的必要手段。在地震高发区，保证民居建筑的抗震性是应对灾害的首要措施，因此，对施工质量进行严格要求是十分必要的；另外，地液、山体滑坡等高发区应该重视灾害预警和灾后应急处理两方面的设施建设，相关的地质部门应该细致观察地面变化，通过地质勘测和分析，对可能出现的灾害进行警报；政府部门应该在灾害高发路段和人口集中的市镇建立应急仓库和医疗站、并配置机动性强的救灾小组，保证灾害发生时能够迅速调动人力物力资源，为受灾地区提供及时的支援和救助。地质灾害高发区的政府和医院也应该对民众进行自救训练，通过加强民众自救能力，为人们面对地质灾害建立最基本的人身安全保障。

综上所述，由于我国地貌形式复杂，加之对自然资源的不断开采和取用，致使地下水枯竭、大面积矿层被破坏、水土流失严重，由此引发的地质灾害常见类型为煤矿、公路等塌陷、山体的泥石流和滑坡、土壤沙化和盐碱化等。为了应对这些地质灾害，应该从引发灾害的原因入手进行治理，并且加强灾害高发区的防护设施建设。

第二节　钻掘设备与器具

一、钻探工程技术

探矿方法主要包括钻探工程和坑探工程，用以求出准确详细的地质矿床资料。钻探工程运用适当的设备，采取相应的工艺措施，以最优方式钻出一定孔径和深度的孔（井）。其应用范围是地质勘探工作、普查找矿钻探、矿产勘探钻探、水文地质钻探、工程地质钻探、工程施工的钻孔等。

（一）钻孔钻进

1. 钻孔成孔基本程序

（1）破碎孔底岩石。钻进工作要进行破碎岩石，破碎岩石的快慢决定了整个钻进效率的高低。破碎岩石就是根据不同性质的岩石，选择各种不同类型的钻头切削具和研磨材料，以冲击力、压力和剪切力、研磨力作用于岩石，使小块岩石离开整体。

（2）取出岩芯及岩粉。破碎岩石过程中产出岩芯和岩粉，为了获取地质资料及继续有效地进行钻进，必须及时取出岩芯和岩粉。由孔底取出所钻出的岩芯和岩粉的方法。

（3）加固孔壁。在地层岩石被破碎后，在地层中留下孔穴，破坏了原有地层的平衡状态。在不坚固的岩层中，为避免孔壁的坍塌、隔离含水层和堵塞漏失必须加固孔壁。

2. 钻探工序

根据钻孔的目的和要求、孔深和孔径大小以及遇到的地层地质条件等，准备应采用的设备和工具，然后搬运和安装。

为孔的不断加深，进行钻岩，还需为取出岩芯而进行升降钻具；为保证质量，在进尺一定数量后进行测斜；钻进中若机械出了故障，需进行检修；出现事故需进行处理等。

钻孔钻到预定要求和深度时，结束钻进，移动钻机及辅助设备，做好岩芯的编号、装箱、移交工作。

3. 钻探方法

因破碎岩石的方法不同，钻探分为物理法、化学法和机械等方法，机械破碎岩石法应用较广。此方法在岩石中产生较大的局部压力，使岩石破碎，根据破碎岩石的方法，机械钻探方法还可分为冲击钻探、回转钻探等方法。

（二）钻探质量

1. 岩芯采取

采取的岩（矿）芯是圈定矿体边界、了解矿石质量、计算矿产储量和进行地质研究的依据，是评价矿产资源、提交矿产储量和矿山开采设计的原始地质资料，所以，要保证它的准确性和可靠性。

关于岩（矿）芯的采取率，岩芯不可低于 65%，矿芯不可低于 75%；矿芯要保持其天然的结构和构造；取下的岩（矿）芯不受外污的侵蚀，防止影响矿石的品位、品级和物理性能；防止选择性磨损岩（矿）芯，选择性磨损会使其内在物质成分发生变化，造成矿物人为的贫化或富集，歪曲原来的品位和品级，丧失其代表性。

2. 影响岩（矿）芯采取的因素

（1）影响岩芯采取率的地质因素主要有岩石的强度、硬度、完整性、胶结性、研磨性和易溶度等；

（2）主要是未能根据不同的地层条件合理选择钻进方法、钻进规程参数、取芯钻具及冲洗液类型，影响到岩（矿）芯的采取品级和采取率。

3. 钻孔弯曲

在施工过程中，钻孔时常偏离设计的轴线。凡是钻孔实际轴线偏离了设计轴线的钻孔，即钻孔弯曲，或孔斜。用钻孔的弯曲度来衡量钻孔弯曲的程度。钻孔过度弯曲而超过了设计要求时，可能给地质及施工带来危害。钻孔弯曲的影响因素有：1）钻孔过度弯曲不但会降低取芯质量，还不能穿过预定的见矿点；从设计的勘探线偏离到另一边，造成地质失真，影响对矿床的评价，给矿山开采设计带来错误；2）钻孔弯曲度过大使钻具回转阻力变大，引起钻具磨损严重，出现孔内事故。因钻孔弯曲度大会造成孔内事故难以处理，在施工中应注意，防止钻孔弯曲度的增大，影响地质可靠性和钻探难度。

（三）钻机及钻探工具

1. 钻机。在岩芯钻探中，钻机是主要设备，它要实施钻具的回转和轴向压力的调节，以破坏岩石、加深钻具；应从孔内起下钻具或升降加固孔壁用的套管。钻机要具有以下组成部分：回转装置、调压及给进装置、升降装置、变速装置和机架。为满足生产需要，钻机要具备以下要求：钻进的机构可最大限度地适应最优化钻进规程，有足够起重能力，工作平稳，振动小；钻机结构紧凑，可迁性和可卸性强，以适应运输安装；具有适应钻进工作的各种检测仪表和安全防护装置；便于操作和维护。

2 钻探工具。钻进工具。即：钻具，一般指钻头、岩芯管、套管、异径接手、取粉管、钻杆、水龙头等。钻头是破碎孔底岩石的工具。岩芯管在钻进时，起收容岩芯和导向作用。套管在钻进中起保护孔壁的作用，还能作其他技术之用。异径接手是把钻杆柱和岩芯管连接起来的装置。钻进时通过钻杆将动力传递给粗径钻具；又将需要冷却钻头和携带岩粉的冲洗液输送到孔底。水接头是把回转的钻具和不回转的高压水管连接起来的装置。附属工具。附属工具主要有以下几类：提引类有提引器、提引钩，用来升降孔内钻具；夹持类有垫叉、钻杆夹持器等，在升降钻具时用以停留钻具、夹持之用，以便拧卸；拧卸类有管钳、自由钳、链钳等；打捞工具类是处理孔内事故的专用工具，一般有丝锥、割管器等。

（四）金刚石钻进方法

1. 金刚石钻进

金刚石钻进是利用硬度最大的金刚石作磨料地钻进方法。因金刚石的硬度大、耐磨、抗压性能好，因此，它能钻进一些坚硬岩石，还可以打不同角度和深度的钻孔，具有钻进效率高、钻孔质量好、岩（矿）芯采取率高、代表性好、钻孔弯曲度小、劳动强度低、孔内事故少、钢材消耗少、钻探成本低、设备轻便等诸多优点。

金刚石钻头有表镶钻头和孕镶钻头。二者破碎岩石的方式有一定的差别，前者对岩石的破碎方式为压裂、压碎和体积剪切；后者，对岩石的破碎方式为磨削，井下钻探用的钻头为孕镶金刚石钻头。

金刚石钻进一般应用在中硬以上地层。金刚石可分为天然和人造两类。金刚石钻头是金刚石钻进破碎岩石的工具，它由金刚石、胎体和钻头体三部分组成。其胎体是钻头底部包镶金刚石的一圈假合金，它的主要功用是牢固包镶金刚石颗粒和牢固地与钻头钢体焊接为体。钻头体是钻头的钢体部分用中碳钢制成。

2. 钻进规程

在科学选择钻头的情况下，金刚石钻进效率在一定程度上决定于钻进参数合理选择。依据岩石和金刚石本身的特性，金刚石钻进要采用以高转速为主地钻进规程，同时配用适当的压力及充足的冲洗液量，保证钻头及时排粉和有效冷却。

（1）钻压。钻压必须保证金刚石有效地破坏孔底岩石。

（2）转速。孕镶钻头用的金刚石的颗粒细小，只有靠单位时间内尽可能增加钻头转速来实现多次破碎，才可获得较快的进尺，通常要求钻头圆周线速度达到 1.5 ~ 3.0m/s。

（3）冲洗液量。保证清洗孔底钻出的岩粉，避免因出现糊钻及岩粉的重复破碎而影响金刚石有效碎岩；同时可有效冷却钻头，避免钻进中出现的高温降低金刚石的性能。在使用乳化液或泥浆作冲洗液时，还可起到减振、润滑、护壁作用。

3. 钻孔冲洗

钻孔中的冲洗介质，是钻探的"血液"。冲洗液通常有清水、泥浆、乳化液、空气。若钻孔中冲洗介质停止循环或选择不当，可能出现烧钻，使钻进时破碎的岩粉不能及时排出孔外，严重时不能进尺；还可能出现孔壁坍塌、夹埋钻具等孔内事故。

钻孔冲洗介质的功用主要有：

（1）冷却钻头。钻头在破碎孔底岩石时，由于摩擦出现大量的热，若不及时冷却，可能使切削具磨损加快，降低破碎岩石的效率，严重时出现烧钻事故。

（2）清洗孔底。把破碎的岩粉及时排出孔外，避免岩粉在孔底堆积而出现重复破碎、增加钻头和钻具磨损、影响钻头寿命和钻进效率。

（3）保护孔壁。因钻进破坏了岩层的平衡，冲洗介质要有一定的密度以平衡地层压力。

（4）润滑钻具。因介质在钻具上形成一层润滑层，能减少能量的损耗和钻具的磨损，延长钻具的寿命。

二、煤层气井钻井技术

煤层气又称煤层甲烷，是一种优质高效清洁能源。凭借良好的环保效益、经济效益和社会效益，煤层气的勘探开发已在国际上引起广泛的关注。同时，煤层气又是非常规油气中一项重要资源。我国煤层气资源十分丰富，但目前我国的煤层气勘探开发处于起步阶段。中原钻井通过多年的攻关研究和试验，形成并掌握了一整套适合煤层气的钻井工艺技术，其内容包括：煤层造穴技术、连通技术、煤层井眼轨迹控制技术、充气欠平衡钻井技术、煤层绳索取心技术、煤储层保护技术等。

（一）煤层气井钻井的特殊性

1. 井壁稳定性差，容易发生井下复杂故障。煤层强度低，胶结性差，均质性差，存在较高剪切应力作用。

2. 煤层易受污染，实施煤层保护措施难度大。煤层段孔隙压力低且孔隙和割理发育，极易受钻井液、完井液和固井水泥浆中固相颗粒及滤液的污染；但在钻井完井过程中，为安全钻穿煤层，防止井壁坍塌，又要适当提高钻井液完井液的密度，保持一定的压力平衡，这就必然会增加其固相含量和滤失量，加重煤层的污染。

3. 煤层破碎含游离气多，取心困难。煤层机械强度低，胶结性差，空隙大，一般煤层取心收获率低。而且煤层气井都是选择在含气量较高的煤区，割心提升时，随着取心筒与井口距离的缩短，煤心中游离气不断逸出，当达到一定值时会将煤心冲出取心筒，造成取心失败。

4. 煤层气井产气周期长，对井的寿命要求高。煤层气主要是吸附在煤层缝、隙表面上，它的产出规律与天然气正好逆向，须经过较长时间的排水降压后才慢慢地解吸。据有关资料介绍，煤层气井少可供开采 20 年以上，因此对井的寿命要求特别高。多分支水平井是指在主水平井眼的两侧不同位置分别侧钻出多个水平分支井眼，也可以在分支上继续钻二级分支，因其形状像羽毛，国外也将其称为羽状水平井。

（二）煤层气井钻井技术

1. 多分支水井技术

（1）多分支水平井的特点。多分支水平井技术是集钻井、完井和增产于一体，是开发低压、低渗煤层的主要手段。其主要特点：1）解决了高产高效的问题，相对于常规水力压裂直井，产能提高约 10 ~ 100 倍；2）实现了在煤层中定向开采，单井眼水平定向延伸能力可达 1000m 以上；3）实现了欠平衡储层保护；4）使煤矿全程瓦斯抽放成为现实。

（2）多分支水平井井眼剖面优化设计。因煤层一般较浅，所以煤层气多分支水平井主水平井眼采用消耗较少垂深而得到较大位移的理念进行井身剖面设计，从而达到更大的水垂比。其井身剖面设计主要考虑的因素有钻机和顶驱设备的能力、井眼的摩阻 / 扭矩大小、钻柱的强度、现场施工的难易程度等因素，主要有以下几项设计原则：1）主井眼入煤层方位的确定。考虑煤层的产能优化和井壁稳定，尽量让进入煤层的井眼方位垂直于煤层最小主应力方向；2）满足现场施工工况的要求。由于煤层气多分支水平井垂直井段短，通常在 500m 以内，而水平段一般在 1000m 以上，钻柱能提供的钻压是有限的，所以在多分支水平井井身剖面设计中，要使所设计的井眼轨迹满足滑动钻进时的工况要求；3）应当满足各种设计条件下的最短轨迹。根据煤田地质确定的目标点，应尽可能选择轨迹长度短的轨道，减少无效进尺，既可以提高钻井的经济效益，也可以降低施工风险。同时应尽量缩小可钻性较差的地层进尺，例如尽量避开研磨性的地层；4）钻柱摩阻和扭矩最小。煤层气多分支井的显著特点是水平位移大，分支较多，从而导致钻柱和套管柱在井眼内摩阻和扭矩很大，以及钻压难以加上等问题，摩阻和扭矩是多分支水平井的水平位移大小的主要限制因素，所以应尽可能选择摩阻扭矩小的轨迹；5）考虑到煤层的井壁稳定性差，主井眼和分支井眼要处于煤层的中上部位，以利于安全钻进；6）分支井眼长度、方位和距离的优化设计需要结合煤层气藏、钻柱力学和经济评价等多方面的因素进行综合考虑。

（3）多分支水平井井身结构优化设计。井身结构优化设计是保证全井安全、快速钻达目的层并达到开发目的层的重要前提，煤层气多分支井井身结构设计与常规油气井的设计略有区别，需考虑洞穴井与水平井的连通、后期的排水采气和煤层井壁稳定等因素。水平分支井通常采用的井身结构为：ϕ244.5mm 表层套管 ×H1+ϕ139.7mm 技术套管 ×H2（下至造斜段结束处）+ϕ121mm 主水平井眼（裸眼完井）+ϕ121mm 分支水平井眼。

洞穴井的井身结构一般为：ϕ244.5mm 表层套管 ×H1+ϕ139.7mm 技术套管 ×H2（煤层顶）+ 裸眼段（包括口袋）。

另外，煤层气多分支井井身结构的优化设计还需考虑以下因素：（1）由于煤层承压强度低，技术套管一定不能下到煤层中，防止固井时将煤层压裂，导致后续钻进过程中的井壁坍塌；（2）从抽排采气的角度考虑，套管必须将煤层上部大量出水的层位封住；（3）为了在洞穴井全煤层锻造洞穴，井底必须留有合适的口袋。口袋留深以不揭开下部含水层为基本原则，应优先考虑增大口袋留深；（4）如果多分支水平井为多羽状，则水平井的技术套管不能下到造斜段中，应下到造斜点以上部分，以便于后续的裸眼侧钻。

2. 井眼轨迹控制技术

煤层气多分支水平井定向控制的主要参数包括：井斜角、方位角、垂深。为了很好地将井眼轨迹控制在煤层中，采用地质导向技术进行井眼轨迹实时控制与监测。首先利用前期地震的资料建立区块地质模型，然后利用从 LWD 随钻监测到的储层伽马、电阻率参数来修正地质模型并调整井眼轨迹。同时，定向工程师可以结合综合录井仪实时监测到的钻时和泥浆返出的岩屑，判断钻头是否穿出煤层。

（1）各井段钻具组合。主井眼造斜段一般用"动力钻具 +MWD"钻具组合，施工过程中确保工具的造斜率能够达到设计要求，使井眼轨迹在煤层中顺利着陆。水平及分支段一般采用"单弯螺杆 +LWD+ 减阻器"的地质导向钻具组合钻进。通过连续滑动钻进的方式实现增斜、降斜；通过复合钻进的方式稳斜。

（2）分支侧钻工艺。煤层中的各分支是在裸眼中侧钻完成的，裸眼侧钻是煤层气分支井钻井中的难点。由于煤层比较脆，所以煤层气多分支井的侧钻不同于油井的侧钻，具体侧钻工艺如下：①起钻至每一个分支的设计侧钻点上部，然后开始上下活动钻具，将钻柱中的扭矩释放后开始悬空侧钻；②侧钻时采取连续滑动的方式，严格控制钻进速度，新井眼进尺 1 ~ 2m 内机械钻速控制为 0.8 ~ 1.2m/h，2 ~ 3m 内控制为 1.2 ~ 2.5m/h，3 ~ 10m 内控制为 3m/h，整个侧钻工序预计需要 5 个小时；③侧钻时将重力工具面角摆到 90°，首先向左 / 右下方侧钻，形成了一条向下倾斜的曲线。因为钻柱处于水平井眼的底部，而不是中心线部位，90° 的工具面角能够让钻头稳定地和井眼接触，以防止振动引起煤层的垮塌；④滑动侧钻至设计方位和井斜后开始复合钻进，钻进过程中要密切注意摩阻扭矩的变化。钻完每一个分支后，至少循环一周，然后起钻至下个分支的侧钻点位置。重复上述步骤，完成其余分支井眼的作业。

3. 充气欠平衡钻井技术

目前适合煤储层的钻井液体系主要有四种，即充气钻井液、泡沫流体、地层水和空气。充气钻井液是将气体注入钻井液内形成以气体为离散相，液体为连续相的充气钻井液体系。主要适合于地层压力系数为 0.7 ~ 1.0g/cm 之间的储层，且不受地层大量出水的影响。充气钻井液保护储层的机理是通过泥浆中充气以减少其当量密度，从而降低液柱对井底的压力，最后达到在井底形成负压差以实现欠平衡钻井。

（1）充气欠平衡钻井的优点：1. 钻井效率高、施工周期短，一般完井只需 3 ~ 5d，而水基钻井液钻井技术一般需要 15 ~ 20d；2. 钻井工程成本低，可节省 20% 的费用；3. 对煤层伤害小，大约是泥浆钻井技术的 10%。

（2）充气欠平衡的安全钻进的具体作业原则是：①当注气压力低于安全注气压力时

立即停止注气，安全注气压力由注气量、井身结构、泥浆密度等因素决定；②环空有大量气体返出时严禁接单根，必须停止注气，然后等到空气全部返出时才可以接单根；③进行起下钻作业时，上提下放速度应平稳，尤其在煤层段应缓慢上提，防止引起井眼坍塌；④由于煤层中的钻速较高，环空中的煤屑量较多，每钻进 30 ~ 60m 应充分循环钻井液。

4. 煤层绳索取心技术

煤层具有层系多、易破碎的特点，选择合适的取心方式和工具成为提高效率和收获率的关键。为了对煤储层进行评价研究，需要采取煤心确定煤岩的结构、煤阶、渗透率、裂缝（割理）展布及大小等煤层参数。同时还要做解析、吸附试验等，并据此来计算开采区煤层气储量，预测产气量。为井网布置、射孔、压裂设计等提供依据。因此与常规油气井取心相比，煤层气井取心有其特殊性。具体要求：煤心直径尽量大；采取率高；出心速度快，气体散失少；煤心质量和原始状态保持好；取心成本低。

目前，采用中原自行研制的煤层气绳索取心工具"SQ—DC1"，整个取心时间在 20 ~ 30 分钟内，可以满足煤层气勘探对取心的要求。应用于山西不同区块 BD—9、BD—10、BD—11、SF—2、寿阳 05H 等 10 多口煤层气井，煤层取心收获率均能达到 90% 以上，在煤层之间的泥岩和砂岩地层中取心时，岩心柱较完整，收获率一般都能达到 95% 以上，取心效率和收获率大大提高。

5. 煤储层保护技术

煤储层保护是整个钻井施工中必须重点考虑的问题。钻井液完井液对煤储层污染程度如何，直接影响到目的煤层物化参数的正确评价及产能的精确评估。而在水平分支井中有效地避免了这一难题。

在煤层气井钻井施工过程中，针对该地区的岩性特点采用了低固相钻井液和清水两套体系。煤层段以上和连通段采用低固相钻井液，3 以安全钻井为主；煤层水平段延伸以清水钻井为主。由于采用了两套钻井液体系，较好地预防了上部地层复杂情况的发生，同时对下部煤层段也做到了有效的保护。

在煤层气固井过程中，由于煤层气机械强度低，易破碎，裂缝发育，常规固井水泥浆密度高，压差大，易造成储层漏失，滤液和固相颗粒堵塞孔道等伤害，影响煤层气的开发。为此，低密度水泥浆固井成为煤层气固井的关键技术，可有效降低液柱对煤层的伤害。

低密度水泥浆种类多，有空心微珠低密度、泡沫低密度、火山灰低密度和其他类型低密度水泥浆等。

空心微珠是煤燃烧后经水和电除尘处理的产品，与煤的亲和力较好，密度低、抗破能力可达 140Mpa，能满足煤层气固井和生产作业的需要。中原固井研制的高强度、低密度水泥浆，其密度可降至 1.20g/cm，水泥石抗压强度可达 15Mpa 以上，在油层固井中应用较多，在煤层气固井中也进行了成功应用，效果好。

泡沫低密度水泥浆由于其强度低，不能满足射孔和酸化压力的需要，一般只能作为填充水泥浆使用。火山灰和其他类型低密度水泥浆的密度相对较高，对储层保护不利。

（三）认识与建议

1. 建立完善的煤层气井风险评估体系，包括煤层井壁稳定力学评价，断层、煤阶和地层倾角等储层特性的影响评估方法。

2. 完善和优化煤层气水平井工艺，包括欠平衡工艺优化设计、井眼轨迹和井身结构优化设计、煤层造洞穴等工艺。

3. 建立煤储层保护和污染评价方法，优选充气钻井液、泡沫流体、地层水等无污染或低污染钻井液体系。

4. 研究多羽状水平井钻完井工艺，在单羽状水平井的基础上试验 2 ~ 4 羽状多分支水平井，进一步提高煤层气的开采效益。

5. 研发配套的煤层气多分支水平井设计软件与井下工具，包括煤层造洞穴工具、高效减阻接头和电磁测距装置等。

三、煤层气水平对接井钻井技术

中国大陆煤层形成后的地史时期，曾经受过多期次强烈的地质构造运动，使多数煤储层的原生结构遭受了很大程度的破坏，决定了中国煤层气储层普遍具有三低一高（低压、低渗、低饱和及高含气量）的特点，在很大程度上限制了地面垂直压裂煤层气井的产量。而顺煤层水平井可有效地导通煤储层的裂隙系统，增加气、水导流能力，大幅度提高单井产量和煤层气采收率，缩短回收周期，是开发低压、低渗地区煤层气资源的有效手段。近年来，国内实施的大批煤层气羽状水平井（或多分枝水平井）获得了较大的成功，尤其是在沁水盆地南部，单井产气量最高已突破 $1.0 \times 10^5 \mathrm{m}^3/\mathrm{d}$，取得了很好的商业化开发效果。但是，由于羽状水平井在近端与直井连接，水平分支必须向上倾方向钻进才利于气井排水降压，施工难度大，易发生卡、埋钻事故，钻井成本高；在气井生产阶段，水平段井眼坍塌和煤粉堵塞现象时有发生，造成主井眼内大面积的死区或废井，严重影响气井产量和服务年限，钻井成功率低。水平对接井（也称"U"型井），对沟谷纵横地形条件复杂的高山地区，可节约大量钻前工程和地面井场占地费用，利于提高投资综合效益。另外，水平井段完井后下入高强度 PVC 筛管保证井眼畅通，能够弥补羽状水平井存在的缺陷，更适宜于中国大多数区域的煤层气储层开发。实践证明一口成功的水平对接井其产气能力可达 5000 ~ 20000m^3/d，显示了良好的煤层气生产潜力。

（一）水平对接井技术特点及优势

1. 水平对接井技术特点

水平对接井是由 1 ~ 2 口延伸近 1000m 定向工程井和一口垂直排采井组成的"U"型井组。垂直井布置在煤层标高相对较低处的定向水平井（近水平下斜钻进）的远端。施工顺序是先钻探垂直井，一般钻至目的煤层之下 50m 左右完钻，煤层段可保持裸眼或下入玻璃钢套管，煤层顶板以上则下入套管并固井。目的煤层采用特殊工艺扩至井径 0.4m 以上，便于与水平井联通。

主要技术特点如下：

（1）井身结构简单，施工难度相对小。水平主井一般没有分支，钻具始终沿目标煤层向垂直井方位前进，平面摆动很小。钻进时可控"LWD"导向组合钻具基本沿煤层下倾方向近水平钻进，技术要求整套系列钻具在井内弯曲角度和幅度变化小，井眼轨迹易于控制，钻井效率和成井率高，综合成本低。

（2）可最大限度降低液面，提高煤层气采收率。垂直生产井布置在煤层标高较低处，利于排水采气，当液面降至井底时，整个水平井段均处于水位以上，可最大限度地降低煤储层压力，利于扩展煤层气泄压解吸面积，提高气井产量和采收率。

（3）能始终保持井眼畅通，延长气井服务年限。水平井段完井后下入一根 PVC 筛管，可有效地防止排水采气过程中井眼坍塌和煤粉堵塞，延长气井的生产周期。当水量较大时，在排采初期两井口可同时安装排采设备进行排水降压，还可通过注水、注气等方式进行对冲洗井和解堵作业，保持井眼的畅通。

（4）钻进方位可控，适应性强。鉴于 SIS 水平井段钻进方位可控，可适应任何倾角的单斜地层。另外，较为简单的井身结构和植入的高强度 PVC 筛管，可以保证在煤层较为破碎的地区安全成井并获得高产。

2. 技术优势比较

水平对接井与羽状多分支水平井技术相比较，其建井理论基础及增产原理相同，都是水平井与垂直井组合，由直井排采。

（二）水平对接井设计与钻井注意事项

1. 地质设计

井位的设计是保证成功完井并获得高产的关键。地质设计须遵照下列原则：

（1）水平井与垂直生产井之间的目的煤层要有一定的高差，即水平井段需保持一定下斜角度钻进，垂直井目的煤层位于较低的位置；

（2）避开较大断层和断层密集带，以及剧烈起伏的褶皱带，避开构造煤发育层段；

（3）水平井尽量垂直或斜切割理裂隙；

（4）水平井与垂直井井口间距控制在 900 ~ 1200m，煤层中钻进控制在 600 ~ 1000m。

根据上述设计原则，煤层气开发区应有煤田或煤层气地质勘探程度较高的地质资料和 2D 或 3D 地震资料，详细分析研究区内的已有地质资料，全面掌握区域地质构造和地层产状，获取高精度煤层底板等高线图是做好水平井设计的基础。

2. 钻井工程设计

钻井工程设计是在地质设计的基础上进行的。科学合理的钻井工程设计是顺利完井并获得高产气井的保障，所采取的工程工艺除了要考虑工程可行性，更要考虑对储层的保护，防止钻井污染目的煤层。

（1）垂直井设计。一般情况下作为水平对接井的垂直生产井有 2 种井身结构：

1）φ244.5mm 表层套管 ×H1+φ139.7mm 技术套管 ×H2+ 裸眼段（煤层及口袋）。其中 H1 和 H2 分别为套管长度。固井后钻塞并将煤层段扩眼至 0.4m 以上。

2）φ244.5mm 表层套管 ×H1+φ139.7mm 技术套管 ×H2 至井底（煤层段为玻璃钢套管）。固井后扫开煤层段玻璃钢套管并扩眼至 0.4m 以上，等待水平井对接。

（2）水平井设计。水平井钻井分为三段，直井段、斜井段和水平段。直井段属常规钻井工艺，从造斜点至目的煤层着陆点为斜井段。

首先根据着陆点位置的目标煤层预测深度、厚度、地层产状等资料，确定井眼进入煤层的初始角度，从而准确计算出造斜点的深度和斜井段轨迹。优化的井眼轨迹设计可以大大节约钻井成本。钻井实践证明，斜井段井眼轨迹长 400 ~ 450m，水平位移可控制在 200 ~ 240m，造斜率 6° ~ 8° /30m，水平段的理想井眼轨迹设计应是自着陆点起沿煤层钻进，至垂直井目的煤层扩眼处形成有坡度的下斜水平井。

（三）钻井过程中关键环节的控制

垂直生产井无论是井身结构还是完井方式，都与常规垂直煤层气井相同，仅多了一项煤层段的扩眼，扩大井径目的是方便与水平井对接。

1. 造斜点的调整确定和造斜率控制

设计的造斜点通常选在稳定性好、不易坍塌的较厚砂岩段，以便于造斜顺利和井眼稳定，并利于下一步钻进。设计的造斜点往往与实际的钻井剖面有差异，需对造斜段的斜率、长度、井眼轴线轨迹适当调整，否则将影响能否成功对接。

造斜率主要取决于造斜段的长度和着陆点处的地层倾角，施工时还可能受到造斜工具和地层产状或岩性变化的影响，使造斜率在全造斜段不是均匀的，实钻中往往只能将其控制在一定范围之内。沁水盆地南部施工的经验是选择 6° ~ 8° /30m，避免出现狗腿严重度过大，保持井眼轨迹平滑。

2. 着陆点的控制

井眼从造斜段进入目的煤层初始点（着陆点）时的角度控制是关键技术环节。此时井眼入煤的角度越接近煤层着陆点处的井轨迹方向视倾角越好，这对井眼的稳定性及之后顺利沿目的煤层钻进是非常重要的。由于多数情况下设计的着陆点目的煤层深度是预测的，存在不确定因素。当煤层埋深变浅时，会提前钻遇煤层，此时造斜尚不够充分，强行钻入必会造成井眼严重度过大，极易造成卡钻、埋钻事故，并影响井眼稳定性和之后的顺利钻进。当煤层变深时，按照设计钻进造斜段结束时井眼轨迹已接近水平，漂浮在煤层上方，将无法钻遇煤层。上述两种情况都将给施工造成很大的困难，必须提前采取如下措施进行预防。

（1）详细研究区内地质构造及其变化规律。在地面岩层出露较好的地区，应沿设计的水平井轨迹方位线进行地面地质踏勘，测量地层产状变化及上部地层岩性及厚度。根据邻近的地层柱状剖面，尽量准确的推断目的煤层深度。

（2）详细研究区内地层发育特征，准确掌握各层段的厚度、颜色、岩性变化、标志层岩性特征及其间距。在钻进中，根据气测、岩屑和钻时资料特征实时进行每一个岩层的定量、定性分析，实施判断钻头所处的地层层位，并据此推断目的层的深度变化，进而及时调整造斜斜率。使着陆时的井眼角度和水平距离均能满足设计要求，井眼轨迹平缓，达到最佳效果。

（3）斜导眼探煤。当地质资料不详或地层产状变化较大时，造斜段接近设计的着陆点时，可采取急速降斜的方式向下探煤，当钻遇目的煤层后，起钻并用水泥将探煤眼封闭。根据实际钻遇目的煤层的深度和厚度调整原造斜段轨迹设计，选择合适位置重新侧钻直至顺利钻至煤层着陆点。斜导眼探煤有下列优点：①可精确定位着陆点深度；②有效降低煤层起伏变化的影响，减少无效进尺，保证水平段长度；③造斜点的选择可根据确定的煤层深度调整，有利于水平段井眼轨迹在煤层中钻进。斜导眼探煤虽增加了钻井成本，但可避免因着陆点深度不确定造成的无效找煤钻探和资金浪费。

3. 水平段煤层钻遇率的控制

钻到着陆点之后，井眼轨迹要随着地层倾向倾角的变化进行不断调整，保证钻具在煤层中钻进。通常地下煤层的小起伏变化是未知的，实际钻井时钻具与煤层倾角始终保持一致很难控制。根据随钻 LWD 测量系统提供的地质数据和泥浆录井获得的信息及时进行综合分析判断，为钻进提供地质导向。井眼轨迹控制是依据 MWD 信息解码系统解读出井下井斜、方位、工具面角等技术参数，随钻井工程进行设计轨迹与实际轨迹比较，控制工具面角度，实现井斜增、减与钻进方位增、减的等参数调整，控制井眼轨迹尽量平滑。

井眼轨迹控制一是钻前建立地质导向模型，二是根据实钻所获的地质参数，进行实时导向。地质导向建模是通过垂直井的测井曲线资料、斜导眼的随钻伽马曲线及录井资料进行对比分析，判定地层厚度，选择并确定导向标志层，拟合出地质导向模型图。地质导向需根据实钻参数及时与导向模型、邻井资料等对比，计算地层视倾角，并依据煤层在钻进方向的视倾角对井斜进行适时调整，提高煤层钻遇率。

4. 钻遇小型断层的判断与处理

设计水平井位时，要求避开已知的较大断层带，但小型断层难以预测和避免，钻遇断层会给施工带来很大的麻烦。因此，要依据已有的地质资料和区域地应力推断可能出现的断层性质与产状，尽可能使井眼轨迹垂直于断层走向。实钻时当井眼接近断层，随钻测井曲线会出现跳跃。如断距小于煤层厚度，断层两侧煤层并没有完全错开，此时，可利用煤层、夹矸及顶、底板相关参数的差异，通过小层对比，以及随钻测量系统提供的上、下伽马数据分析，确定穿过断层后的钻头位置。当钻遇短距较大的断层，煤层会突然消失，难以判断钻头与煤层的相对位置时，可采用"触顶"或"触底"办法来寻找煤层。探准煤层后将钻头抽回到适当的位置，重新钻入煤层。

（四）水平井与直井对接

两井对接采用近钻头电磁测距法（RMRS技术），在直井目的煤层扩井段下入一个强磁源，当带有磁信号接收器的当导向钻具到达直井的洞穴附近区域时，探管可采集到强磁短节产生的磁场强度信号。根据采集的测点数据判断出当前的井眼位置，实时计算出钻头当前所处的方位，通过调整工具面及时地将井眼钻进方向纠正至洞穴中心的位置，实现对接。

近年来，国内在不同地区如沁水盆地南部，陕西彬长矿区施工了数十口水平对接井，单井初期产量平均在8000m³/d以上，一年后即达到12000～15000m³/d，获得了煤层气开发的理想效果。

水平对接井是目前煤层气资源开发领域先进的钻完井技术，集钻井、完井与增产措施于一体，是低渗透储层煤层气开采技术的一次革命。相比于多分枝或羽状水平井具有井身结构简单，下倾方向钻进易于施工，钻井成功率高成本低。完井后下入的衬管可保持采气期井眼的畅通。可在任意角度的单斜地层完井，更适用于中国大多数煤储层，具有广阔的应用前景。

四、岩土钻掘设备

（一）岩土钻掘设备移位方法

在大型岩土钻掘设备中行走移位机构的任务是在群孔现场实现近距离自行迁移，省去起重机移位，而且方便。行走移位形式有活动平台、导轨式移动、滚管滑移及液压步履等多种形式。活动平台是把钻机安装在平台上，平台下面装有滚轮沿轨道移动，活动平台分单向活动平台和双向活动平台2种，对于双向活动平台，钻机可沿纵向、横向2个方向移动。导轨式移动装置是在钻机底座下面装有可转动方向的行走滚轮，滚轮可沿地面轨道移动，操纵行走滚轮旁的螺旋千斤顶将底座顶起，转动行走滚轮即可改变钻机的移动方向。滚管滑移机构是在钻机底座用4个半滑瓦式支承座坐在2个横置的钢管（通称滚管）上，滚管下面沿钻机长轴方向两侧放2根枕木，利用钻机卷扬机、滑轮组和滚管可实现钻机的纵向、横向移位。而液压步履利用设备中的液压系统提供动力，移位最方便，结构也不复杂，对现场场地没有严格要求，也不用铺设道轨，辅助时间短，移位灵活，对孔位准确。

（二）液压步履机构的种类

1.双向移动步履机构

双向移动步履机构是利用纵向和横向移动油缸使设备沿直角坐标系移动到规定的孔位上。现介绍以下2种形式。

其结构及工作原理为：若纵向移动时，横移步履8离地，纵移步履6、7着地，纵移缸5的活塞杆固定在纵移步履上座6上，缸体与移动小车4相连，小车4与压桩平台1相连。此时纵移缸5进油，小车4与整个压桩平台1向左（或向右）方向移动。当移动到液压缸行程终点时，动作停止。操纵支腿缸2使横移步履8下降着地，并将整个压桩平台1顶升，带动纵移步履复位并停止。操纵支腿油缸2使活塞回程，将液压平台1及纵移步履6、7放下，并将横移步履8提升，脱离地面。这时再给纵移缸5进油，则又可将压桩平台1移动一个液压缸行程的距离。依此循环作迈步式纵向移动。

横向移动的程序：当纵移步履6、7离地，横向步履8着地后，横移缸9进油，则可推动整个压桩平台1移动，行程到位后停止。支腿缸2进油，放下压桩平台1至纵移步履6、7着地，提升横移步履8离地后，横移缸9进油，使横移步履复位，到位后再放下横移步履8，提升压桩平台1及纵移步履6、7，依次即可进行横向迈步式移动。

转向操作：纵向移动步履由上座6与下座7构图1压桩机双向移动步履机构示意图1—压桩平台；2—支腿缸；3—平台支撑梁；4—移动小车；5—纵移缸；6—纵移步履上座；7—纵移步履下座；8—横移步履；9—横移缸成。上、下座用中心转轴连接。上座能绕中心轴转动。当需要压桩机作转向动作时，纵移步履7着地，横移步履8离地，外力牵引纵移步履上座6绕中心轴转动，然后支腿缸2将横移步履8放下着地，撑起压桩平台1，使纵移步履7离地，并复位至纵移步履上、下座对齐，再放下纵移步履7，依次逐步旋转，可作大角度的旋转运动。

其结构是机座6安装在步履纵梁7上，步履纵梁装有4个支腿缸1，支腿缸活塞杆通过叉形架固定行走轮2，行走轮可在滑履4上移动。滑履4是由工字钢焊在槽钢上组成，支腿缸1活塞杆收起时通过叉形架上的卡轮3可带动滑履4升起脱离地面。纵移缸5与横移缸8安装位置是：纵移缸5与缸体固定在钻机连接板上，活塞杆固定在步履纵梁上，横移缸8缸体固定在支腿缸1叉形架上，活塞杆固定在滑履的工字钢上。

工作原理：钻机要移位时，先放下支腿缸1。通过纵移缸5可使钻机沿步履纵梁7左、右移动，通过横移缸8使钻机沿滑履4前后移动。目前，安有纵移缸和横移缸的步履都是通过2个换向阀分别操纵纵移缸和横移缸实现纵向移动和横向移动，步履不能转向，有的步履安有节流阀，可使两油缸的移动速度不等，使钻机在原地实现小角度的变向转弯。节流调速有压力损失，在流量控制上操作也不方便，转弯角度小。

为解决双向油缸移位如何转向问题，我们的设计方案是：如钻机要求横向转角，把操纵两横移缸用的一片阀改为两片阀分别操纵两油缸，当需要转向时，通过操纵一片阀向一个缸的无杆腔供油，操纵另一片阀向另一个缸的有杆腔供油，使钻机转向。多次反复操作可转较大的角度，使用效果良好。

这种步履机构结构简单、质量小，但由于支腿缸活塞杆固定行走轮，行走轮可在滑履移动，所以钻机工作时不能靠支腿缸支撑，而是在步履纵梁下垫枕木，行走时也要靠枕木支撑步履纵梁。

2. 单向移动加转向步履机构

单向移动加转向步履机构是利用移动缸使设备沿一个方向移动，再配合转向运动，使其移动到规定的孔位上。

其结构是机座 2 上装 4 个支腿油缸 6，机座内侧有导轨，滑架 3 安装在机座内部，纵移缸 1 的缸体固定在机座上，活塞杆与滑架 3 相连，滑架 3 上有 4 个行走轮可沿机座导轨纵向移动。滑架 3 通过心轴与滑履 4 连接，滑履 4 通过液压马达齿轮、齿圈传动可相对于滑架运动。桩机工作时利用支腿缸 1 支撑，需要纵向移位时，操纵纵移缸 1 使滑架与滑履一起向右移动，而后收回液压支腿，使滑履 4 着地。回收纵移缸 1 活塞杆，使整个桩机向右移动油缸一个行程的距离。桩机转向时，支腿缸 1 支撑起桩机，通过液压马达带动齿轮、齿圈使滑履 4 转一角度，收起支腿，滑履着地，液压马达反向旋转同一角度，机座 2 与滑履 4 对正完成转向工作。利用液压马达转向，结构简单，使用方便，但在工作和运输过程中必须使滑履与机座固定，否则由于桩机本身的重力可自行旋转发生事故。

转向机构的另一种形式，利用双油缸转角。转臂 2 通过心轴与滑履相连，伸缩缸 1 缸体铰接于滑架上，活塞杆固定在转臂上，利用两油缸活塞杆一杆伸出另一缸杆缩回的相反运动，推动转臂带动滑履转向。

这种步履机构结构简单，移动滑架在机座内部尺寸小，质量轻。缺点是机座上部无法设置横向加强梁，致使机座刚性较差。

（三）结论

1. 安装液压步履的设备必须具有双层或 3 层机座，才能使上、下机座之间有相对运动，利用支腿缸配合使设备行走移位。

2. 液压步履移位有 2 种形式：一是按直角坐标系，即纵向移动和横向移动，如要求转向，可把 2 个横移缸（或纵移缸）由一片阀操纵改为两片阀操纵，向一个缸的无杆腔供油，向另一个缸的有杆腔供油，使其转向；二是按极坐标转向再加直线移动。转向按其结构特征一般分为双油缸转向机构、单油缸转向机构、液压马达—齿轮转向机构 3 种形式。

五、钻井工程发展

钻井工程技术自 20 世纪发展至今已经从经验钻井、科学钻井发展到现在的自动化智能钻井。20 世纪 70 年代末期出现了 PDC 钻头，是将钻井技术向前一大步的明显标志，到了 20 世纪 80 年代。相继出现了随钻测量仪器（MWD），可控马达、水平井等钻井技术；进入 20 世纪 90 年代，随钻测井（LWD）和随钻地震（SWD）等先进的技术都得到了大幅的发展和应用。

（一）现代的先进的防斜打快的技术

常规钟摆钻具，其降斜机理在于给钻头提供一个降斜力。理想的状态是钻头侧向力最大，同时钻柱又不发生引起钻头轴线偏向井眼高边的变形。这就要求钻压不宜过入，尽量使近钻头稳定器以下钻柱与井壁不产生切点。在小钻压条件下，钻柱的变形不足以使钻挺发生变形并与井壁产生切点。但是在入钻压的条件下，钻具和井壁常常会产生切点，甚至多个切点，导致井眼发生偏斜，其防斜打直效果大打折扣。尤其是在一些地层倾角较陡的地层钻进时，钟摆钻具的防斜效果更加受到限制，因为钟摆钻具的防斜效果主要取决于钟摆钻具提供的降斜力能够克服地层的增斜力，通常的计算结果证明，钟摆钻具的降斜力在一定的井眼和参数的条件下，降斜力先增加，但是会达到一个结构参数的最大值，然后降斜力下降，但是地层的增斜力通常随着钻压的增加而增加，从而使降斜力不能平衡地层的增斜力，份致井眼偏斜。

大钻压防斜打快技术，其最大特点是突破了对底部钻具组合变形的限制，并利用底部钻具组合的变形和在井眼中的动力学行为来达到平衡地层造斜力的目的。

螺杆钻具组合，用带有单弯螺杆的滑动导向钻具组合进行复合钻井时，可以使直井井眼保持较好的垂直性。

水力加压器的结构实质上是一个可伸缩的活塞缸。它变钻挺机械刚性加压为水力柔性加压，可有效减小井下钻具的振动、冲击和疲劳，延长其寿命，改善其工作条件，减少井下钻具事故，提高钻头的机械钻速和行程钻速。

反钟摆钻具组合防斜工作机理是通过合理设计钻具组合的刚度，即第 1 个稳定器以下采用柔性钻具，使钻具组合第 1 个稳定器与上井壁接触，可使下稳定器处内弯矩的绝对值减小，从而得到较大的降斜力，这样就把钻压变为有利于降斜的因素，突破了常规钟摆钻具中"钻压帮助增斜"的传统观念，因而把钻直与钻快统一起来。

偏轴偏重钻具组合，偏轴防斜钻具是在两根钻挺之间放置一根偏轴接头，造成井底钻具几何中心和重心不重合。偏轴钻具组合能起到防斜降斜的效果，其主要原因是：在常规钻具中，钻柱容易形成稳定的自转，钻头总是切削井底的高边，造成井斜角不断增大。采用偏轴钻具时，偏心接头以下部分的钻柱轴线相对接头上部存在一定的偏心，现代先进的防斜打快的技术反钟摆钻具组合结构示意图距，扭矩自上而下传递，钻柱受压后产生较常规钻具大得多的弯曲，可以获得较大的离心力，促使钻柱在小井眼内做稳定的弓形回旋运动，以致钻头均等切削井壁四周，从而起到防斜降斜的效果。

预弯曲动力学防斜打快钻井技术主要利用预弯曲动力学防斜打快钻具组合在井眼中的涡动特征，在钻头上形成一个远大于钟摆降斜力的防斜力，从而使井眼保持垂直。预弯曲动力学防斜打快钻具组合是一种带预弯曲结构的特种钻具组合，钻进时，其在井眼内形成特定的涡动轨迹，引起钻具组合以较大的不平衡概率向下井壁方向振动，从而实现向下井壁的冲击力。

涡轮钻具组合克服了顶驱配合牙轮钻头的机械钻速非常慢，钻头使用寿命低；另外，在实际钻井过程中，还易发生井斜、井漏、踏垮现象。因此，涡轮钻具配合孕镶金刚石钻头，在川东北地区进行了应用，很好地提高了机械钻速和进尺，可以很好地防止井斜。我国现在还只能国产化中速涡轮钻具使用寿命不如国外长，大概只有国外寿命的 1/10 到 1/5，但是价格也只有国外的 1/10，不过这就存在使用国内的涡轮钻具需要频繁起下钻，最终节约的成本不如想象中的好。因此，高速涡轮钻具亟待开发，有利于提高我国尖端钻井技术水平，提高钻井速度，最终达到节约成本的目的。

（二）先进的钻井辅助技术

BAKER HUGHES 公司生产的 LWD 随钻测井系统通过主阀的相对位置来改变钻井液流道在此的截面积，从而引起钻柱内部钻井液压力的升高，下阀的运动是由探竹编码的测量数据，通过调制器控制电路来实现。地面通过压力传感器检测立管压力的变化，将压力信号转换成电信号并通过计算机译码转换成不同的测量数据。

连续柔管技术（Coiled Tubing，简称 CT），CT 是一种高强度、低碳钢管，连续制造，一般长约 974.4m ~ 7620m，与传统的技术比较 CT 由于其经济合算、操作高效及有益环保等特点，因而在油气钻井、完井、修井及测井等作业中逐渐得到推广应用。

（三）旋转导向钻井技术

旋转导向钻井技术是当今世界各国竞相发展的一项尖端自动化钻井新技术，它代表着当今世界钻井技术发展的最高水平。总体上它可以分为三种类型旋转导向工具。

静态偏置推靠式是指偏置导向机构在钻进过程中不与钻柱一起旋转，从而在钻头附近直接给钻头提供侧向力来实现工具的造斜。

动态偏置推靠式（又称调制式）工作原理和静态偏置推靠式基本上是一致的，区别仅在于在钻进过程中其外筒同钻柱一起旋转。静态偏置指向式钻井工具不是依靠偏置钻头进行造斜，而是靠不旋转外筒与旋转心轴之间的一套偏置机构（由几个可控制的偏心圆环组合形成的），将旋转心轴偏置，从而为钻头提供一个与井眼轴线不一致的倾角，产生造斜作用。

（四）智能井系统

智能井是一种能够监测生产数据和油藏数据的系统，具有控制井下生产（或注入）过程而不需要各项采油修理工作的能力，从而使产值最大化。监测部分由井下固定压力温度传感器、将油藏信息传送到地面的光导纤维和地面数据采集系统组成。对产量的控制是通过利用液压、电动或电动液压装置控制的层间控制阀实现的。层间控制阀可以是一个二元的开 / 关系统，或是具有可调节流能力 2 先进的钻井辅助技术 3 旋转导向钻井技术 4 智能井系统系统。

（五）小结

从不同角度来阐述的现代钻井技术发展的概况，指出了现在最先进的钻井方式以及现在钻井技术的发展方向，应当在旋转导向钻井技术以及智能井技术上大力投入，努力研发

出具有自主知识产权的智能井系统典型的组成与用途

最先进的钻井技术，以使我国钻井技术达到世界最先进的水平，从而开发现在新增储量大多具有"低、深、难"特点的油气田，以增强我国的经济实力。

第三节　科学钻探

一、科学钻探概述

据报载，被列为"九五"重大科学工程的我国"大陆科学钻探"计划，自 1999 年开始实施以来，经过几年的努力，取得了一系列新成果，第一口钻井已完成进尺 3600 多米，这标志着被誉为 21 世纪地球科学前沿的工程已取得决定性胜利。

"大陆科学钻探"被誉为"伸入地球内部的望远镜"，它是指通过钻探工程，深入地球内部，获取岩石、生物、气候和环境等完整、连续的信息，进而了解地质时期地球的演变，建立大陆形成和演化的新模式。"大陆科学钻探"对于指导科学找矿、预测自然灾害、解决人类面临的环境问题都将产生积极的影响。

长期以来，地质学家们对地球的了解局限于地表本身，他们通过对地表岩石、化石和地质构造的分析了解，建立了地壳演化和生物演化理论。他们对地球深部的了解，一般是借助于地球物理方法和偶尔出露于地表的岩石。在资源、环境问题日益突出以及地球科学与人类生存关系日益紧密的今天，迫切需要人们对地球的演化和未来的发展做进一步的了解，就如同人类知道了大气层，还想进一步了解外空一样。于是通过科学钻探，获取地下连续的岩芯以及其他完整的信息，便成为科学界努力探索的重点课题。

人类实施大陆科学钻探始于 20 世纪 70 年代初，迄今已有美国、德国、苏联等 13 个国家实施了科学钻探工程，共打科学井 50 余口，取得意想不到的成果。如美国、瑞典等国家的钻探井在数百米至数千米深处发现了第二生物圈，为生物圈画出了底线；格陵兰进行的冰心钻探，发现了几十万年前至现代的气候演变信息，包括公元 79 年意大利火山爆发的火山灰都有遗存；乌克兰在前寒武系结晶岩中意外地发现了 5 个大型储油构造。

我国从 1991 年开始成立了科学钻探研究机构，并着手进行可行性研究和论证，经过近 10 年的工作，已确定位于大别山—苏鲁超高压变质带的江苏省的东海县为首钻靶区，井深为 5000 米，远期将选在世界屋脊的青藏高原，井深将在万米以上。

从我国河南的大别山向东一直延伸到江苏、山东地区，分布着我国最古以来，相继发现了形成深度在 80 ~ 100 千米以上地幔的超高压岩石组合，在榴辉岩中又发现了微粒金刚石，使该带成为世界上规模最大的超高压变质带及最深的古碰撞造山带的根部。根据研究资料，这一超高压变质带是由 7 亿年前的岩石俯冲到几十千米乃至上百千米的地壳深处，经历高温高压等一系列变质作用，在 2 亿年前又夹带着许多上地幔物质折返到地表而形成的。在世界上最大规模的超高压变质带分布区实施科学钻探，无疑将成为人类了解陆内深部碰撞和动力学机制的重要窗口。截止 2003 年年底，第一口钻井——科钻一井已完成 3600 多米，取得了丰富的试验数据和资料。一是获得了近 3000 米的连续岩芯、流体与气体样品，查明了 2000 米岩芯的 7 项物理参数，通过建立多种类型的岩性地质剖面，揭示了该区域精细的地壳结构；二是确定了具有重要地学意义的榴辉岩的厚度，对于深入研究地壳及上地幔演化规律具有重要意义；三是发现了甲烷等烃类气体异常，而且越往深处越频繁，突破了传统上认为越往深处气体越少的认识局限，有助于寻找新的气体矿产资源；四是在 1068 米深处的榴辉岩岩芯中发现了极端条件下形成的微生物，为地下生物圈的研究提供了重要信息。

随着钻探工程的进展，埋藏在深部的地球信息将逐步被破译出来，这对当代地球科学的发展以及对于我国的经济建设都将产生深远的影响。

二、实施我国科学钻探的设备

（一）科学钻探的目的及施工条件

科学钻探的目的是利用钻探手段获取大量的地下资料，科学钻探第一要不断地采集岩心、岩样、液样、气样，第二要为孔内地球物理、地球化学综合测井开辟通道。

科学钻探主要是在结晶岩中进行。岩石硬度高、可钻性低、研磨性强是科学钻探地质条件的共性。

（二）我国科学钻探钻孔结构及钻探工艺拟订

为尽快实施我国的科学钻探，尽量节约资金，做到少失误、不失误。按由易到难、由浅入深的原则，拟定我国科学钻探钻孔结构。并采用国外已实践、国内较成熟的金刚石绳索取心钻进工艺。

（三）满足科学钻探工艺要求的钻探设备类型及其特点分析

钻探设备性能、参数的确定完全取决于钻孔结构、钻探工艺方法及所用钻探工具。从钻机类型看，能满足科学钻探施工的钻机类型有：动力头钻机、转盘钻机、动力头附加转盘钻机以及立轴式钻机。它们的特点分别为：动力头钻机钻进速度快、运转平稳、操作空间大、节约钻井时间、减轻工人体力劳动、处理事故能力强、节约钻井液，其钻进时效比其他类型钻机地钻进时效均有提高，而且提高幅度随孔深增大而增加，

转盘式钻机回转扭矩大、解体性好、具有较大的操作空间，但其最高转速受到转盘通孔限制，不适于小口径金刚石钻探；动力头附加转盘式钻机同时具备动力头和转盘的特点，其应用范围较广；立轴式钻机适用于小口径金刚石钻探，但其立轴结构复杂、操作空间小，钻进时由于其整机要频繁地让离孔口中心，使钻进效率降低。

（四）国外现有钻探设备现状

转盘式钻机是目前在石油钻探中应用最普遍的。这类钻机在多数国家（除美国按最佳参数拼装外）都已形成自己的系列，而且都配有先进的仪表装置和辅助设备，其最大能力者达万米以上。进入 20 世纪 80 年代以来，许多钻探设备制造商，如美国的 VARCO 公司、WEN 公司、NATI（）NAL Lowell 公司，法国的 a 抚公司，挪威的 Alamogordo 研究中心等，都研究制造出了动力头钻机，其最大钻深能力都达 9000m。这类大型的石油钻机在驱动方式上也有很大发展，由单一的机械驱动发展为多种电驱动—如 AC—AC 驱动、DC—DC 驱动和 SCR 驱动，它们的机械化、自动化水平也有很大提高。

深孔岩心钻机也有相应发展，许多国家已有深孔岩心钻机系列。日本、澳大利亚、美国、加拿大等国已批量生产了 3000rn 以上的深孔岩心钻机，最大钻深者达 4600m 预计这种体积小、重量轻、能大大减少钻探成本的微型钻机还会有更大发展。

（五）我国的钻探设备水平及发展

我国的钻探设备，经历了从无到有、从仿制到自行研制、从落后到先进的艰难曲折的发展过程。近年来，随着国外先进钻探技术和钻探设备的不断引进，加速了我国钻探设备的现代化和系列化进程。目前我国已研制生产了一些最大孔深达 200 伪 m 的深孔岩心钻机，但其品种和规格还很不齐全，而且其形式也基本是单一的立轴式，并无较大发展。

国产石油钻机已基本具备最大孔深达 6000m 的国标产品系列，其基本参数和主要性能指标均已接近或达到世界先进水平。20 世纪 80 年代，我国已研制成功了 zJ60D、zJ45D 等大、中电驱动钻机，其电气设备国产化率达 97%。但我国动力头式钻机还未达到批量生产阶段，我国生产的钻机配套设备也还不尽完善，一些配套器件质量还不过关，寿命低，致使有些仪表及工具只能作为摆设。

（六）我国科学钻探设备实施途径分析

实施我国科学钻探的设备可有下述 3 条途径实现：1. 选用现有设备；2. 选用现有设备进行改装；3. 重新研制新设备。

选用现有设备实施我国科学钻探具有三大优点：1. 批量生产的设备均经过了长期的、不同工况的考验，其可靠性较高；2. 设备实施周期短；3. 可维修性好。由上述我国现有钻探水平可见，我国的钻探设备发展较慢。因此，笔者认为，若近期内实施我国科学钻探，应首先考虑引进设备。这一方面能尽快解决施工急需、保证设备的可靠性，另一方面也为促进我国钻探设备的发展提供资料。

选用国内现有设备进行部分改装也是尽快实施我国科学钻探的途径之一。在石油转盘钻机上安装动力头，形成同时具备转盘钻机和动力头钻机特点的复合式钻机。可充分利用转盘钻机的承载能力和动力头的高转速，以更加适应深孔金刚石钻探之需要。

根据科学钻探工艺需要研制新设备，能够较好地满足科学钻探要求，但设备可靠性差、实现周期长，而且一次性投入也较高。

综上分析，笔者认为，实施我国科学钻探的设备必须是经过了多工况、长时期考验了的定型设备，以保证科学钻探工作的顺利进行。新研制的设备，在没经过实际生产试验的情况下，不能用于科学钻探。用于科学钻探的设备最重要的一点就是要可靠。

三、科学钻探监测

国际上有关地震研究表明，在大地震发生后，回应大地震的快速钻探，是研究地震机制的有效方法之一。该方法可直接测量地应力，从而为预测地震的发生提供相应数据。

不久前，《中国国土资源报》报道，我国拟于近期实施汶川地震断裂带科学钻探工程。国家汶川地震专家委员会副主任、中国地质科学院许志琴院士等人，已到龙门山断裂带展开现场考察，以便尽快确定这次科学钻探井位。如能实施，这将是新中国成立以来，首次针对地震发震断裂实施的科学钻探工程。

（一）实地考察：尽早钻孔监测余震

日前，许院士表示："回应大地震的快速钻探是了解地震破裂过程、研究地震发生机制和监测余震的有效方法。此项工作开展得越早，获得的数据和信息价值就越高。"不过该项目仍在报批阶段，不方便过多透露细节。

记者随后从国土资源部大陆动力学重点实验室网站了解到，经过国家汶川地震专家委员会讨论，建议这次科学钻探工程分两阶段进行，从整体考虑龙门山断裂系地质结构出发，实施一口 800 ~ 1000 米先导孔，在此基础上，在龙门山断裂系的主震破裂区、余震破裂区以及南端未破裂地区，布设三口 2000 ~ 3000 米主孔科学钻，加强对比分析和规律总结。争取实施先导孔，了解汶川地震破裂的情况，尽可能监测余震的强度、位置及影响范围。

（二）原理：钻探可直接测量地应力

成都市防震减灾局洪时中研究员告诉记者，20世纪六七十年代，科学家们就已经在实验室研究中发现，地震波穿越岩石的速度会随着岩石所受应力大小的不同而发生变化——这是由于岩石中的微小裂隙在应力变化下会张开或者闭合。岩石的裂隙越多，地震波传播速度就越慢；而裂隙越少，传播速度就越快。在理论上，当岩石受到挤压时，裂隙会慢慢减少和闭合，当挤压达到一定程度，岩石中较脆弱的地方便悄悄发生微破裂。当大量的微破裂开始相互贯通，在一个或两个方向上形成连续的断层，便会发生地震。据此认为，在地震发生前，地震波的传播速度应该是先增加而后减缓，这个减缓便意味着破裂即将发生。

"简而言之，地震就是岩石失稳的过程，所以观测地应力的变化是研究和预报地震最直接的方法。"成都理工大学能源学院国际处处长刘树根则表示，通过科学钻探，在观测点打一个钻孔，放入应变测量仪，通过和井壁的固接，使仪器与岩体连为一体。这样，地下岩体受力所产生的变化就可以通过仪器进行观测。另外，通过实施科学钻探，还可以了解地层破裂中静摩擦、动态摩擦以及因此而产生的热量、温度异常，掌握温度、地震波速度和发震断层渗透性等信息，从而更好地帮助科学家研究地震机理，提高对地震、余震预测的准确程度。

（三）深井钻探：存在争议和难点

不过，利用钻井将科学仪器送入地下，对地震进行观测和研究，仍存在不少争议和难点。深井钻探，造价不菲。据四川省地震局专家介绍，今年初完工的位于江苏的科钻一井深度为 5158 米，历时 3 年，耗费 3 个亿。而一般情况下的浅源地震，震源深度基本都大于 10 公里。钻井的深度若未达到震源深度，仪器就不能送达地下深部进行探源，也会限制对地震过程的监测。另外，洪时中表示："从理论上说，地壳内的温度和压力随深度增加，每深入 100 米温度升高 1℃。近年的钻探结果表明，在深达 3 公里以上时，每深入 100 米温度升高 2.5℃，到 11 公里深处温度已达 200℃。在这样恶劣的条件下，现有的测量仪器根本无法工作。如何提高观测手段，让测量仪器达到耐高温、高压，也是地震监测领域的研究方向之一。"

（四）将深井观测计划列入2006—2020年中长期科学发展规划

1999 年，我国台湾为了了解发生在车笼埔断层上发生的地震破裂过程，开展了"车笼埔断层深井钻探计划"，钻了一口 2000 米的深井。受此启发，2004 年中国地震局将深井观测计划列入了 2006 ～ 2020 年中长期科学发展规划。

四、科学钻探泥浆性能要求

钻井工程中使用泥浆的最初目的是清洁井底、冷却和润滑钻头、将岩屑从井内携带至地表。但是，随着科学技术的发展与进步，泥浆在钻井中的作用越来越大，被誉为"钻井工程的血液"。随着泥浆添加剂品种的不断增多和泥浆功能的不断增强，泥浆已经从最初的简单流体变成了由液体、气体、固体及化学添加剂组成的复杂的多相混合物。今天，泥浆还必须具备保护所钻地层信息不受破坏的功能，特别是在科学钻探中。科学钻探中，泥浆材料的选择在很大程度上取决于科学研究方面的要求。即使这样，选择泥浆体系时需按顺序遵循下列 2 个原则：1. 首先必须确保钻进的安全和高效；2. 在钻孔安全和孔壁稳定的情况下，尽可能满足科学研究的要求。

（一）科学钻探对泥浆的要求

1. 地学研究对泥浆的要求科学钻探中，使用的泥浆必须确保不对采取的岩心、测井数据、泥浆录井数据、孔内流体分析数据等产生干扰。

地学研究对泥浆的要求是：（1）确保能从所钻岩层中获得最多的信息；（2）泥浆罐中的泥浆所含的钻屑与岩粉应尽可能少；（3）与钻屑、岩粉、地层流体、可溶性气体不发生化学反应；（4）为了避免泥浆中的矿物质材料（如膨润土）污染所钻的地层，泥浆应为无固相或低固相；（5）泥浆应能确保地球化学对地层流体的入流位置和气体含量的探测以及对溶解于其中的正负离子与气体的半连续化学分析。

2. 钻井工程技术对泥浆的要求 从技术的角度看，泥浆需具有以下基本功能与特性：（1）控制井内压力，防止井壁坍塌（泥浆密度）；（2）将钻屑自井内携带至地表（黏度）；（3）泥浆循环停止时悬浮钻屑（静切力）；（4）冷却、润滑钻头与钻杆（油和其他添加剂）；（5）在井壁周围形成一层不透水的泥皮以保护井壁（泥饼强度，失水性能）；（6）在地表能易于将钻屑分离（黏度／静切力）；（7）抵消钻柱和套管柱的部分重力（密度）；（8）对整个钻井系统和工具无损害（含砂量低、无腐蚀性）；（9）耐温性好；（10）便于固相控制；（11）不污染环境；（12）抗生物降解；（13）pH 值稳定。

（二）德国 KTB 泥浆

德国 KTB 项目以连续采取无污染的岩心和地层流体为目的。根据温度高、环空间隙小、不使用有机添加剂等条件，由 Henkel 公司开发出一种新型无机泥浆处理剂 "DehydrilHT"。"DehydrilHT" 处理剂是一种特殊的合成硅酸盐化合物，为纯无机质，由钠、锂、镁、硅及氧构成，具有确定的化学组成和纯度（无杂质）。使用这种泥浆体系，可实现地球化学的平衡，即能区别出哪些离子是由地层产生的、哪些是由泥浆材料产生的。此种泥浆的优点是：1. 热稳定性好，抗温 300～350℃；2. 携带岩粉能力强；3. 润滑性好；4. 固相容易调节；5. 抑制黏土膨胀作用大；6. 对生物无毒性；7. 无衍生物分解；8. 对地球化学分析的影响小。"DehydrilHT" 是 KTB 先导孔使用的唯一的泥浆处理剂，除使用少量碳酸钠和氢氧化钠外，未使用其他处理剂。

（三）中国大陆科学钻探工程将会遇到的泥浆问题

1. 温度问题。我国大陆科学钻探工程在超高压变质带中进行，虽然预计 5000m 孔深时温度不会高于 150℃，但根据其他进行过大陆科学钻探工程施工的国家的经验，结晶岩地区的地温梯度发生突变的可能性很大。苏联科拉半岛科学钻孔上部地层平均地温梯度为 17℃，下部地层的地温梯度突变为 65℃。因此，我们在实施大陆科学钻探工程时，需对高温问题予以足够的重视。高温对泥浆的影响主要包括下述 3 个方面：（1）膨润土分散液的絮凝和化学材料的降解，会导致泥浆的严重稠化、流动性能恶化和胶体性能破坏，造成复杂的井内事故；（2）泥浆化学处理剂与黏土胶粒的吸附作用减弱，出现高温解吸现象，导致泥浆性能变坏；（3）有机高分子聚合物泥浆的黏度，对温度比较敏感，随温度的升高，黏度降低，温度降低，黏度又恢复原状，即出现温度稀释现象。这一现象给流变性的合理选择造成了困难。泥浆循环过程中，泥浆的温度是变化的，由刚入井时的低温，逐渐升高到井底时的高温，当泥浆沿环空上返时，又逐渐由井底的高温降至井口处的温度。温度的这一变化，可能导致泥浆黏度的大幅度变化。在浅部温度较低时，泥浆黏度如果合适，当循环至深部后，可能会显得黏度太低，以致无法保证正常携带岩屑；相反，如果令井底高温下的泥浆黏度合适，则当泥浆循环至浅部时，又可能显得过稠。

2. 流动阻力问题。我国大陆科学钻探工程，要求全孔连续取心，为了提高取心钻进效率，将采用金刚石绳索取心钻进方法。这种钻进方法，环空间隙小，钻具转速高，流动阻力大。高流阻不但会导致过高的泵压，还会导致过高的压力波动和孔壁破坏。

3. 摩擦阻力问题结晶岩的摩擦与磨损性很强，再加上施工所在地江苏东海地区的地层为易造斜地层，钻井时容易发生井斜，导致附加阻力，大大提高回转与提升阻力。

4. 钻杆内壁结垢问题。金刚石绳索取心钻进时，泥浆中的固相微粒在钻杆高速旋转而造成的离心力场作用下，有可能沉积于钻杆内壁上形成所谓的"泥垢"，导致钻杆实际内径流动通径的缩小，这一现象称"钻杆内壁结垢效应"。当内壁结垢超过一定厚度时，打捞器或内岩心管在钻杆内运动受阻，不得不提出几根或数十根带结垢的钻杆后，再进行岩心打捞工作，不仅影响了钻进效率，而且加重了工人的劳动强度。

5. 地应力问题一般情况下，结晶岩体是比较稳定的。但是，随着深度与温度的增加，孔壁有可能出现剥落与扩径现象，这是由于过大的地应力引起的。地应力主要来源于上覆地层的自重和构造运动的残余应力。覆盖压力所引起的水平方向的应力，除与深度、岩性等因素有关外，还受温度的影响。

（四）中国大陆科学钻探工程泥浆方案

为了很好地解决大陆科学钻探工程有可能面临的泥浆问题，中国大陆科学钻探工程中心委托北京探矿工程研究所和石油大学分别进行了泥浆方案研究。

1. 北京探矿工程研究所泥浆方案采用以 LBM—H 低粘增效粉为主要材料的钻井泥浆系统。LBM—H 低粘增效粉是为解决绳索取心钻杆内壁结垢问题而研制的一种低粘、低失水、高分散性造浆材料，具有优良的流变和失水性能以及携带岩屑和护壁效果。

2. 石油大学泥浆方案采用膨润土、增粘剂、降滤失剂、润滑剂等配伍来配制泥浆，调节各组分的加量来调整泥浆性能。

五、大陆科学钻探的现状

（一）大陆科学钻探的意义

大陆科学钻探是国际岩石圈动力学的重要组成部分，是当代地球科学的重大前沿之一，科学家们一致认为：大陆科学钻探计划是继人类登月之后向地球的又一次挑战。长期以来，人类一直是研究、开发、利用地球外壳的资源，近 30 年来，人们越来越认识到了为了人类生存发展，迫切需要了解地球内部组成、结构、构造及动力学，了解与地质灾害环境有关信息，以便充分开发利用地下资源、减灾及保护环境；事实表明地球物理探测是有成效的，但往往有多解性：只有通过钻探直接观察和研究地壳内部正在进行的物理、化学及生物作用与过程才能取得科学的真知。

科学钻探主要在结晶岩中进行，要求全部取芯及全方位测试，难度很大，因此它又是一项具有划时代意义的地学高科技系统。目前，国际地学界不仅把大陆科学钻探作为提高国土深部地质研究程度、进而解决当代人类面临的资源、灾害、环境等社会问题的重要手段，而且把它作为地学发展具有重大潜在的意义，并可望在未来有所突破的重大基础研究领域。

大陆科学钻探在地球科学理论研究中具如下重大意义：

1. 科学钻探作为伸入陆壳深部，通过获得的岩样、液态样及气态样，了解深部地层构造、组分，含水汽特征，物化性能、古地磁、地温、地热梯度、热流量、放射源及地震信息等，从而真正科学地获得来自地球三维空间信息；

2. 揭示大陆地壳的成分、性质、构造、流变学及热力学，了解地壳深部的地质作用过程，分析地壳构造演化，重塑地壳及岩石圈动力学；

3. 调查研究深部的流体系统、流体来源，流体运动过程与方式，及其对岩石物理性质的影响，进而探索流体对变质作用、岩浆形成、矿床成因、构造作用过程和地球动力学状态的影响；

4. 调查地壳内部结构、热状态和热活动历史、热对流及热传导关系、记录大陆地壳的热动力状态，评价目前正在进行的热过程，建立地壳状态的三维模型；

5. 调查地壳中应力及应变分布、能量存储和释放方式与过程，和微地震活动，进而探索震源分布规律和地震成因，以及其他地质灾害的形成机理，为减轻地质灾害提供依据；

6. 了解环境变化，海平面变迁的不同情况和机制，生物圈的深度与生命起源；

7. 通过科学钻孔建立一个长期的现代地质作用的地壳深部观测站和天然实验室，深入研究陆壳构造演化动力学。

大陆科学钻探还具有重大经济意义及实际意义：

1. 可以研究矿床学以往达不到的若干禁区：包括深成矿床、综合性含矿岩石—岩浆系统、含矿深源岩系、火山成因矿床及无机成因的油气矿床，从而建立综合地质—成因立体模式和论证隐伏矿床，并对矿床成因提出新概念、新理论；

2. 作为地震灾害及地质危险作用的预报点；

3. 作为"干热岩体"（HDR）地热能源的勘探开发孔；

4. 作为地壳深部长期观察站与理想的高温高压人工实验站或人工矿物合成腔，可为实验岩石学技术发展提供实验条件；

5. 作为国防与工业核废料的地壳深部处理井。

（二）大陆科学钻探现状及新进展

1. 现状

以科学探测为主要目的的科学钻探在世界范围内实施了30多年，并被列为国际岩石圈计划（ILR）进行岩石圈探测四大内容之一，世界"通过科学钻探观测陆壳"的国际会议已举行六届，此项计划已引起愈来愈多国家关注，并争先恐后地积极开展与创造实施条件，俄罗斯、德国及美国等国家已把大陆科学钻探作为国家优先研究领域给予重点发展。

迄今为止，国外已有 13 个国家实施了 22 口深浅不一的科学钻孔，总进尺达 49286m。其中苏联实施了 11 口超深钻和深钻，科拉超深钻已达 12261m，为当今世界最深超深孔，并将成为世界第一个地学实验室（观测站），此外还准备在贝加尔裂谷带通金地区打一口孔深 7km 的国际合作深钻，用于研究裂谷演化和全球变化。德国的 KTB 计划在华力西缝合带的结晶地块打一口 10km 的超深孔，主孔现已钻进 5200m。美国直至 1991 年为止以每年投资 1 ~ 1.2 千万美元，实施了 7 个项目，13 个钻孔，最大孔深 3.5km，瑞典、法国及加拿大等国均制定了大陆科学钻深计划，开展浅科学钻的工作。日本跃跃欲试，正在制定为期 10 年超深钻计划，拟定在太平洋、菲律宾及亚洲板块结合带上钻 15km 的亚洲第一口超深井。

2. 新进展

（1）德国超深钻计划（KTB）成果

德国深钻计划于 1977 年德国研究协会（DFC）地学委员会提出，1981 年提出 40 个选址，并复选 4 个，1983 年 11 月正式确定 2 个候选地：黑森林与奥本法兹，1987 年 9 月最后确定在奥本法兹进行先导孔施工，孔深 4000lm，1994 年主孔预计达一万米，直至 1993 年 9 月 2 日已钻进 8312m，进展十分顺利，德国 KTB 计划从提出至开始，进行了十年科学准备，选址的基础是抓住德国本土所处的位置——中欧华力西造山带，以研究古生代碰撞构造的主要科学目的选址被确定在造山带中最典型的萨克森林根，与莫多纳努比地体之间的缝合带上，因为在那里可以指示多层次结构，进而对该造山带大陆地壳结构及地球动力学的基本问题做出正确回答。KTB 主要成果如下：

1）钻进 4000m 获得岩层叶理陡倾的真实数据，否定了地质及地球物理推断"ZEV"为外来岩块的认识；

2）3400m 处发现饱和含盐体的开裂隙，4000m 处获得 79 万 L（约 60m³）的结晶水样，含盐度 60g/L，含 15% 的气体（氦气、甲烷及天然气），查明地壳中流体来源、成分及运动；

3）查明深 6km 的地壳热结构及地球物理结构性质和非均一性；

4）查明深达 6km 应力分布；

5）发现莫氏石面下存在地球磁场。

（2）苏联科拉半岛 SG—3 深钻主要成果

苏联大陆科学钻探计划于 20 世纪 60 年代提出，经过 10 年的科学整备，70 年代在萨阿特累、科拉半岛深钻试钻，设计 15 ~ 600m 内的卫星孔及三口深孔，及在一些地区开展深部物探工作。以解决前寒武系变质基底深部结构、构造特征及演化为主"多目的"的科拉半岛"SG — 3"孔于 1970 年 6 月 25 日开钻，经过 23 年努力，1991 年 8 月 19 日已达 12262m，是世界最深的井。1991 年 5 月 23 日前苏联地质部对深钻和深钻工作进行新的布置，决定将科拉超深篡改为地学实验室（观测站），并将它建成国际合作的实验室。

SG－3 主要成果

1）原地震探推测 7 ~ 8Km 为康氏面，钻探 6840 ~ 12000m 并未发现玄武岩层，而是太古代的花岗片麻岩，否定了康氏面存在；

2）深部发现矿化水、氢气和氦气；

3）9500 ~ 11000m 处发现金矿化，成矿范围扩大 3 ~ 4 倍。

（3）美国科学钻探成果

20 世纪 60 年代初，美国领衔进行海洋钻探（ODP），70 年代，首次在奥科拉荷马洲钻成罗杰一号孔，深 9583m，直至 1980 年，被苏联科技半岛深孔（1980 年，10000m 深）所越。

1984 ~ 1994 年，美国通过 23 所大学组成"陆壳深部观测采样组织"（ECDOSO），在美国布置 29 口科学钻孔，其主要目的针对 4 个方面：1）基底构造及深部盆地；2）活动断裂带；3）热异常区；4）矿物热液系统。第一口井在阿巴拉契山脉南段，以研究 Greevill 变质基底为目的，孔深 3.5km；次外在索尔敦湖打了一口 3220m 的高温地热井。可见美国选址原则偏重于与应用有关的深部地质关键问题，并且以中浅井为主。

主要成果

（1）在圣安德列斯断层附近的科学钻井，深达 2km 结晶基底中发现喜温细菌（Thermophilicbaceria）；

（2）沿太平洋板块同北美板块边界的圣安德列斯断层进行的科学钻探（100 口浅钻）中并未发现任何热异常，最大水平应力垂直断裂走向，表明沿断层摩擦强度极低，不如板内，与孔隙流体有关。

此外，格陵兰的一口 3200m 科学钻井已打穿冰盖，获得 20 ~ 25 万年以来地球气候变化的信息，包括公元 79 年意大利火山爆发造成的酸雨痕迹，1815 年印度尼西亚火山爆发的火山灰，及苏联"切尔诺贝利"核电站爆炸事故飘散的放射性粒子尘；瑞典的科学钻井中还发现了无机石油。

（3）波茨坦会议——世界大陆科学钻探的新地点

1993 年 8 月 30 ~ 9 月 1 日在德国波茨坦召开了"国际大陆科学钻探会议"，尔后又在德国 KTB 现场召开"国际大陆科学钻探管理者会议"，会议交流了大陆科学钻探的主要成就，探讨了大陆科学钻探所要解决的关键性科学问题，提出了国际大陆科学钻探计划（ICDP）的框架，商讨了国际交流和合作的途径，这次会议是国际地学界具有挑战性的一次重要会议，是大陆科学钻探的新起点。大会共设 12 个专题；围绕：1）要求科学钻探解决什么科学问题；2）能解决什么问题；3）科学钻探的国际合作三个问题开展讨论。提出未来大陆科学钻探世界性地质目标应集中：1）深部水资源；2）深部流体资源；3）深部地热资源；4）壳—幔过渡；5）岩石圈动力学及变形；6）地球历史、生物圈及环境变化；7）地应力；8）地下强磁区；9）矿床成因；10）盆地演化，碳氢化合物成因及迁移；

会上成立了国际大陆科学计划（ICDP）筹备组，我国已成为正式成员国，参加与发起组织国际大陆科学钻探计划。

（三）中国大陆科学钻探的展望

1. 必要性

我国幅员广阔、资源丰富，地质构造复杂，是地质大国，新中国成立后开展的系统地质测量、专题地质研究、找矿工作及地球物理探测工作为我国研究深部地质奠定了坚实基础。

我国是国际岩石圈计划的主要成员之一，开展中国大陆钻探研究工作，不仅可以提高我国在国际上的学术地位，填补我国在这一领域空白，同时为探索地壳成因与演化做出贡献。

特别是目前我国地学界一方面正面临着转入找深部隐伏矿的时期，21世纪资源的需要更迫切要求，大大提高我国深部地质研究程度；此外，与今后人类生存和社会发展关系密切的地质灾害及地质环境变化研究也需要弄清地下深部的地质情况；而当前深部地质工作程度却适应不了这方面的需要，有必要从解决我国资源和社会发展战略角度，对待大陆科学钻探。

我国是地质大国，但在大陆科学钻探上至今仍为"空白"。早在20世纪80年代，著名地球物理学家顾功叙，钻探专家刘广志等多次呼吁在中国开展此项研究。

自1991年起，地矿部科技司在岩石圈深部计划中确定了"中国大陆科学钻探先行研究项目"，几年来该组跟踪掌握了国际科学深钻的进展，为我所用，并制定了科学钻探的战略目标及先浅后深的战略步骤。提出了中国科学钻探选址的多种方案，在世界主要国家科学深钻和地球物理测井仪器、设备及技术方法的现状和水平评估基础上，对我国钻探结晶岩层深孔技术和测井技术的现状和水平作了评估，对3000～5000m深的钻探技术实施的可行性做了科学论证。

该项目组在1992年及1993年曾召开两次高级专家的中国大陆科学研讨会，黄汲清、张炳熹、王鸿桢等六十名专家参加会议，对中国大陆科学实施的必要性给予充分肯定，对大陆科学的战略步骤及可行性取得了共识。

该组在广泛征求中国地学专家意见基础上，提出了中国大陆科学选区的原则及根据科学钻探需解决的关键性深部地质问题：初步提出12个大陆科学选区。

2. 需要用科学钻探解决的中国关键性地质问题

（1）前寒武变质基底的深部地质关键问题

1）华北陆块北缘中国最古老变质地块（38亿3）深部的组分、结构、构造、流变学、变质与流体作用（成分及成因），地壳深部地质过程，太古代地壳演化。

2）元古代造山带的古板块体制，会聚边界的板片叠置，物质迁移，古俯冲动力学。超高压变质带（含柯石英）的变质及流体作用、热历史及上隆机制。

（2）古生代造山带深部地质关键问题

中央造山带（秦岭—祁连—昆仑）古生代板块会聚边界，古俯冲杂岩带、增生楔、高压变质带及板块叠置构造，陆内俯冲及滑脱构造，造山带中变质体上隆机制。后造山伸展、走滑、构造顶蚀与深部构造物理作用。造山带地壳结构、构造、物理参数及造山带根部增生棱柱的存在，地质—地球物理解释的检验。

（3）青藏高原的深部地质关键问题

1）喜马拉雅前陆逆冲带的构造叠置，逆冲断层与陆内俯冲机制，收缩与伸展的转换与地壳热历史；

2）青藏高原新生代构造变形，应力及应变分布，上升及块体旋转的定量化，隆升机制、深部构造物理作用、板块驱动力与全球变化关系；

3）青藏高原深部物质组成、热结构及其时空演化、中、下地壳的转换、地壳低阻层性质、孔隙流体、地壳重熔作用。

（4）滨太平洋地带的深部地质关键问题

1）中国东部新生代裂谷型盆地沉积成岩作用、盆地形成及构造演化、油气运移规律及地壳拉伸变薄的动力学机制；

2）中国东部中—新生代陆内造山带的变形体制、深层韧性剪切带及造山机制，地壳深部构造物理作用及板内动力学；

3）S型花岗岩的侵位机制、地壳重熔作用，矿化与深度关系，含矿流体迁移、储集及深部热结构及时空演化、区域花岗岩形成热动力机制；

4）板内地震及地震多发区的应力及应变分布，能量存储与释放方式及过程，微地震活动及震源机制。

3. 中国大陆科学钻探选址原则及选区的初步意见

根据国外经验及中国实际情况，提出 10 ~ 15 个战略选区，在此基础上设置研究专题（或配合已有项目），对选区进行可行性的科学论证，对重点选区按要求布置地球物理详细探测工作，争取用若干年时间完成中国大陆科学钻探选址论证报告。

（1）选区原则

1）选址应位于中国深部地质具重大关键意义的，并为国际地学界所瞩目的构造带上，并以解决多种科学目的为准则。

a. 似选地壳结构层次较多的地区，如板块或地体边界具叠复构造的缝合带两侧，造山带内部低角度滑脱构造山带前陆逆冲叠置岩片地区等。通过钻探可穿过多个地质构造单元，特别在缝合带被强烈侵蚀地区，在很短距离内可获得以高压、超高压变质带为特征的俯冲带根部信息；

b. 老变质结晶基底（或陆核）高级变质岩石出露处，便于通过最短距离获得中、下地壳信息；

c. 大型断裂带，有利于研究大断裂之性质、位移、发育历史流体作用动力学、并与资源、地震等相结合；

e. 裂谷边缘或裂谷中的隆起带，便于了解沉积盆地形成、演化及变形及碳氢化合物的成因及迁移，并通过短距获得盆地基底的信息。

2）地质及地球物理研究程度较高的地区。原有工作基础（或通过若干年进一步工作）能提供详细的大比例地质图件（15万～1∶1万），主要地质问题基本解决，重大关键清楚，地质演化及结构模式具有较可靠的依据；地球物理方面需要通过大比例重、磁反射、折射地震方法提供选区的、反映地球物理特征的一系列平、剖面图、天然浅源地震分布图，还需为大陆科学钻探提供反映地热温度参数的地热梯度分布图及居里温度图；摸清已有钻孔（特别是结晶岩钻孔）资料以及各类可提供的参数。

3）技术上可行，关键是温度。据大陆科学钻探技术要求，温度不超过 300～400℃，以保证钻进和井中测试系统正常运行。

4）外部条件上，要求交通便利，地势平坦，能源充足（有发电厂、站）、通信方便，且有利于环境保护。

（2）选区

综合第一次及第二次地矿部大陆科学钻探研讨会专家意见，提出中国大陆科学钻探十大选区序号选区。

4．几点建议

（1）中国大陆科学钻探的战略目标：采取由易到难，由浅入深，分阶段推进，近期目标争取"九五"期间实施 3000～5000m 科学钻探，争取 21 世纪初期开始在中国实施 8000m～10000m 的深井，建立长期观测的野外实验室；

（2）积极参与 ICOP 筹备组的工作和 ICOP 的制订，与世界接轨争取 ICOP 筹备组对中国大陆科学钻探项目的支持，扩大国际合作领域，跟踪国际动向，沟通渠道，引进新理论、新技术及人才；

（3）组织和联系全国有关地学部门建立中国大陆科学钻探计划指导委员会，负责制订、实施中国大陆科学钻探计划；

（4）在利用已有油气勘查和其他矿产勘直的中深钻孔所获地质资料和有关区域地质资料基础上，综合分析现有地质、地球物理和地球化学资料，开展中国大陆科学钻探的选址研究，组织国内外专家优选 2～3 个 3000～5000m 的井位，补作必要的地质与地球物理工作；

（5）编制《中国大陆科学钻探计划纲要》，申报中国大陆科学钻探（3000～5000m）计划，争取纳入国家"九五"攀登计划之中，并争取将大陆科学钻探（8000～10000m）计划列入国家大型科学工程计划。

六、我国科学钻探实施的问题

中国大陆科学钻探实施的若干问题，耿瑞伦（中国地质勘查技术院）摘要简述了 1991 年以来中国大陆科学钻探先行研究的进展，并就当前进一步作好选址、钻探施工、测井与

必要的支撑条件等提出了急待进行的准备工作。关键词科学钻探，选址，施工技术，测井

中国大陆科学钻探先行研究从 1991 年以来，取得了鼓舞人心的进展。此项在中国具有划时代意义的创举，得到了国家科委、中科院、地矿部等有关领导部门的重视与大力支持，也得到了广大地学界与相关技术工程界专家学者们的热心关注与帮助。今天，在中国进行大陆科学钻探的研究与选址等实施前的准备，不仅符合当今世界地球科学发展的共同背景与趋势，而且更具有中国特色的地学背景与主题内容，这已成为我国地学界的共识。如今世界大陆科学钻探多以研究地球科学为出发点，进而以应用地球科学造福人类社会进步为归宿，在中国实施大陆科学钻探具有普遍意义，无疑将举世瞩目。

中国大陆科学钻探进入实施阶段前，还有大量的准备工作急需要做。面临最主要的准备工作有下列诸方面：（1）科学钻探选址；（2）钻探施工技术准备；（3）测井技术准备；（4）支撑条件等。

（一）关于中国大陆科学钻探选址

地矿部大陆科学钻探先行研究组根据两次"大陆科学钻探研讨会"专家们的意见和初步研究后，曾在《中国大陆科学钻探先行研究》报告（1994 年 7 月）中综合提出了中国大陆科学钻探 12 个选区。后来在此基础上又归结了与中国四个地球科学问题有关的 4 个选区。即把中国未来要实施大陆科学钻探选区聚焦到阿尔金山、青藏高原、京津唐地区和胶南－大别地区。随后根据四个地区的自然地理条件及地学研究程度差异、我国现有钻探与测井技术能力与经济实力认为，西部青藏高原和阿尔金山实施中国大陆科学钻探第一期工程难度很大、耗资亦多；京津唐地区地热背景值高，为研究地震机制和监测预报必须同时设多口井才能达到目的。对比之下，优先考虑选择大别－胶南地区作为中国大陆科学钻探首钻靶区比较有利。

但是，要最终确定中国大陆科学钻探首钻靶区和孔位，尚须对大别－胶南地区进行更详细的地质、地球物理和地球化学的精确、详细调查研究，推断地壳断面，确定孔位、深度及要达到的科学目的等。

大陆科学钻探选址问题是地学界当前甚为关注的热点。正因为大陆科学钻探已成为当代解决诸多地球科学问题之前沿，希望通过大陆科学钻探揭示与解决的问题多而复杂化。国际大陆科学钻探计划（ICDP）近两年来进一步明确了国际大陆科学钻探计划的科学基础、基本特征和科学目标，被视为 21 世纪可持续发展的新技术。其主题内容明显是多元的，至少涉及地学基础、资源矿产、灾害与环境等 12 大类，并且都瞄准了地球科学正在研究的而希求通过科学钻探才能解决的核心基本问题。既着眼发展地球科学，也着眼人类现实社会之需求。国内地学界和相关技术工程界的专家学者对选址的认识也随国际动向愈益深化。一旦确定了选区和孔位，无疑要有充分的准备回答来自多方面的问题和质疑。特别重要的是钻到预定深度范围时所要求和能够达到的科学目的的内涵。

当前选址的要点除科学目的外，还有：

—首钻孔深范围，第一眼中国大陆科学钻孔的深度不超过 5000m；

—具备更充分的地质、地球物理和预测剖面；

—为了保证选址的科学性，必要时建议在选区补打一定深度勘查孔；

—交通、地理条件与能源、水源、生活等后勤支援条件较好等。

（二）关于大陆科学钻探施工技术

在中国大陆科学钻探首钻实施之前提是：除孔深小于 5000m 外，所钻岩层以结晶岩为主；要求全孔采取岩心；钻孔直径要能适应测井仪器下井作业；完孔后要能作长期观测等。从当前国情出发，设想的钻探施工技术方案原则是：

—尽量采取现有钻探技术，进行必要的改进与开发；

—尽量采用国产设备、仪器与机具，暂不能解决的关键设备、仪器与机具可考虑引进；

—采取国外已有成功经验，少走弯路。

1. 钻探设备

可考虑采用石油转盘钻机配装顶驱式（液动或电动）动力头。解决长行程给进、自动拧卸钻杆，满足扭矩和负载及下套管作业方便等。另外配备动力站、钻进参数测控仪器、绳索取心绞车，防喷器、高压泥浆泵及泥浆循环和除砂系统等。

2. 钻孔结构

根据地层完整条件和终孔直径设计钻孔结构与套管程序，而终孔直径直接与测井仪器直径相关。终孔直径当今有两种方案：一是世界上许多国家科学钻探已经实际采用的偏大直径。其终孔直径有 140、152、156、159、165、216mm 等；二是正在大力提倡的采用地质钻探小直径。其终孔直径可为 60、76、80、96、101、120mm 等。

关于套管程序，初步考虑除表层套管外，下二至三层套管。而且根据岩层完整情况，尽可能裸眼钻进，必要时亦可以用扩孔法减少套管层次。

3. 钻杆栓

为了节约辅助时间和提高取心质量，全孔采用绳索取心钻进。其优点还可以用大级钻杆作套管，减少管材配备。参考国外经验，可选用的绳索取心钻杆规格如下：

4. 取心钻进方法

全孔采用金刚石绳索取心钻进，并积极研究与绳索取心钻具相结合的钻进及其他取心（样）方法。包括：

·常规绳索取心钻进；

·绳索取心＋液动锤钻进；

·绳索取心＋不提钻换钻头钻进；

·绳索取心＋液马达＋不提钻换钻头钻进；

·能取原状样品（能保持水、气）的岩心容纳管；

·侧壁取心（样）器；岩屑收集装置等。

5. 钻头

采用能有效在结晶岩钻进的金刚石钻头。含孕镶式钻头、热稳定聚晶钻头（TSP"BALLASET"）、有中国特色的"KANTANITE"和"人造卡邦"钻头等。

6. 钻孔垂钻系统

大陆科学钻探对钻孔垂直度要求甚高。除常规钻具合理组合外，要参照国外经验，研究采用钻孔保直的垂钻系统，包括随钻监测与纠斜技术。如德国 ZBE、VDS 和孔底马达导向钻进与纠斜系统等。

7. 钻井液与固井技术

大陆科学钻探对钻井液的要求除合乎常规标准性能外，要求有良好的流变性、润滑性、孔壁稳定性、耐高温性（300℃）、化学稳定性以及有利于钻具防腐和环境保护的钻井液系统。固井材料亦要有一定的耐高温性能。国内已有泥浆材料目前可以适应200℃~250℃左右。除上述而外，要在井场配备岩屑分离装置和泥浆化验分析监控系统，包括及时发现地层中进入泥浆的气液成分等。

（三）关于大陆科学钻探测井技术

大陆科学钻探测井技术的主要任务有：

1. 在结晶岩系或目的层中划分层位和含矿段，了解结构、构造和裂隙、洞穴发育程度、弥补岩心采取率之不足；

2. 测定岩层密度、波速及衰减、电性、磁性、放射性等物理参数，查明物化探异常的性质；

3. 研究岩石化学组分并与岩心分析比较，建立钻孔区地球物理模型；

4. 进行地温、流量、应力、水力压裂等测定，研究热场、应力场、液体流动和压力场变化及其分布，为地学研究提供依据；

5. 通过垂直地震剖面，井中磁测和重力的测量，开展立体空间地质研究；

6. 确定钻孔的技术状态，进行井壁取心和气液取样工作；

7. 在钻孔内进行长期观测等。

关于测井方法和仪器除参考地质岩心钻探、水文工程地质钻探和油气井钻探时采用的方法和仪器外，有些是专为科学钻探研制和采用的。苏联科拉半岛 SG-3 科学深钻岩石为下元古界火山—沉积建造和太古界片麻岩、黑云母花岗岩、斜长角闪岩及片岩等结晶岩组成。钻孔深 12262m，终孔孔径 216mm。测井采用了许多地球物理方法和仪器，如地震声波法、核物理法、磁测井仪、聚焦电流电测井仪、核物理测井仪、磁测井仪、聚焦电流电测井仪（侧向）、电子热测井仪、井径剖面仪、定卡子仪及确定金属仪、冲洗液采集仪等共 20 多种。

德国 KTB 大陆科学钻探主孔位于欧洲华力西造山带中最大结晶岩地块—波希米亚西缘。钻孔深 9100m，终孔孔径 152mm。在施工过程和完孔后进行了大量测井工作，采用

20 余种方法共进行了 64 项试验和测试，各种仪器下孔内 393 次，在孔内总行程 1670km。所采用的主要测井方法和测量参数如钻孔声波电视（BHTV）、声波钻孔成像仪、钻孔几何参数测量、垂直地震剖面、热测井、井中磁测、地球化学测井和自然伽马能谱测量、水力压裂实验和应力测量、水力学参数测量试验、激发极化测井、自然电位测井、井中重力测量等。

测井仪器本身除性能与灵敏度外，对科学钻探来说重要点还有耐温（200℃～300℃）耐压（150MPa～300MPa）要求；而仪器直径直接决定了钻探的孔径设计和一系列钻具和设备规格、尺寸与载荷。苏联和德国科学钻探实践之测井仪器的直径多半大于 80mm。这就是 SG－3 和 KTB 和若干国家科学钻探已往施工终孔直径抉择的主要因素。近些年来为了缩小科学钻探终孔直径，已出现有若干小直径测井仪，很有希望取得实用性突破。

（四）关于中国大陆科学钻探支撑条件

中国大陆科学钻探是一项跨世纪的高科技、大科学工程。要组织地学大家庭（地质、地球物理、地球化学、探矿工程、化学分析与测试、机械仪器制造、计算机应用技术和数据处理及信息研究等）协力完成。其支撑条件主要是：

—建立中国国家级大陆科学钻探组织领导核心；增强中国大陆科学钻探研究中心的职能与作用；

—争取早日由国家立项，保证中国大陆科学钻探实施经费来源与持续发展；

—拟定可行的中国大陆科学钻探实施计划：

—超前进行必要的技术准备，含钻探、测井和测试等，有必要对设备选型、碎岩工具、钻探与取心工具、测井仪器和钻井液等进行超前研究：

—努力争取国际支援与合作，与 ICDP 接轨；

—创建的中国地质大学（北京）科学深钻实验室继续充实完善，并开展相应的研究与实验；

—继续做好情报信息工作，追踪世界大陆科学钻探动向：

—大力培养大陆科学钻探跨世纪人才，包括选派骨干出国培训学习等。

世界科学钻探从开始到现在经历了 30 余年。已有十多个国家实施了不同目的的科学钻探，对推动地球科学与相关工程科学技术进步起了很大作用，也对人类社会面临能源、矿产、环境变化、地质灾害等困难做出了和正在作出巨大的贡献。中国是世界国际大陆科学钻探计划组织（ICDP）主要成员，占有重要地位，在中国实施大陆科学钻探有着极为丰富的内涵。深信此项具有划时代意义的大科学、高科技、跨世纪工程在国家政府与科学领导部门关怀与支持下，希望通过地学大家庭的共同努力奋斗，争取国际同行合作，一定会在我国开出灿烂的科学之花。

七、我国科学钻探新进展

自 1962 年美国提出"国际上地幔项目"（IUMP），将以研究深部陆壳构造形态、物质成分和演化史为主要内容的深部地质学推进到一个新阶段。至今已经 30 年了。

与此项目并行的是国际上兴起的一系列科学钻探计划（前称超深孔钻探计划）。如 1963 年开始莫雷钻探计划（Pro。t Mo hole）、1968 ~ 1983 年历时 15 年的深海钻探计划（DSDP）、1985 ~ 1995 年实施的大群钻探计划（ODP）。1970 年原苏联实施的宏伟的超深孔钻探计划，美国 1984 年在美国大陆布置的 29 口。科学钻孔，即美国的（CSD）计划，以及原联邦德国 1987 年开始实施的德国涂钻计划（KTB），日本于 1992 年 5 月已决定实施其科学钻探计划（ ）Si> 等等，这许多科学钻探计划的实施，取得了令人十分震惊的科学成果，获得了以往人们无法取得的宝贵地学信息。例如：

1. 深海与陆壳科学钻探计划的实施，证实了大陆漂移说、海底扩张说、板块构造与地壳演化学说的正确性，大大深化了认识，增强与丰富了这些理论。

2. 科学钻探深入到地质找矿的深部禁区，不仅为勘查深部矿产资源开辟了新途径，并可能部分地或全部地改写现有成矿理论。着眼 21 世纪人类对矿产资源与能源的需求，改善人类对生存环境的保护和预报地质灾害等都成为 20 世纪末一项刻不容缓的战略性工作。有的地质学家指出：目前我国矿产资源处于严峻的局面，地质学正面临着转入找深部德状矿体的新时期。同时，国民经济的大发展又要求地质上要实现新一轮找矿，实现重大突破。21 世纪资源的需求则更迫切需要大大提高我国深部地质研究程度。与今后人类生存和社会发展关系密切的地质灾害及地质环境保护与治理，也需要弄清地下深部的地质情况，而当前深部地质工作程度和研究程度都适应不了这些方面的需求，所以，如果我国现在还不准备开展大陆科学钻探，那么，我们 21 世纪就可能面临着资源短缺、灾害和地质环境恶化之类重大社会难题束手无策的困境，进而势必影响我国经济发展和社会进步，为此我们建议有关部门应从解决我国资源和社会发展战略角度，对待大陆科学钻探，尽快立项研究和制定。我国大陆科学钻探规划，并根据财力逐步实施。

3. 科学钻探是验证 GGT（全球地学剖面）大剖面的唯一方法，以提高其解译效果的准确程度。尽管我国做了许多的地表地质和地球化学研究，但由于缺乏深部实际资料，使人们对深部的认识不能不带有较大的局限性、片面性以及不稳定性。科学钻探和测井，配合高温高压试验，有可能把人们的认识飞跃到一个新水平，是别的技术方法不能替代的。

有的科学家指出：科学钻探成果还表明，凡根据地球物理资料推断的深度超过 1.5km 的地质体，几乎都未得到钻孔的证实，也就是说，深部地球物理资料，如果没有大陆钻探检验限定和控制，其可靠度和可用性将毫无保证，因此不仅向地球物理提出了严重的挑战，而且也表明了实施大陆科学钻探的必要性和紧迫性。这一发现使大陆钻探不仅有其科学意义，而且也具有巨大实际意义，地球物理探测只有与钻探结合，才能真正把地表地质向地下深部延拓。

4.科学钻探是开展全球性岩石四计划的重要组成部分,从宏观上揭示地球地壳构造,把地质学从局部的、表面的做法扩展为跨洲、跨洋的宏观地质学这一当代地球科学的新进展。也就是说,地球科学研究已进入从利用外层空间地球资源卫星,到利用"内层空间"的科学钻探的新时期。日本地质学家称之为"登月飞行后的另一次壮举"。我国虽是地质大国,但科学钻探仍是空白。

(一)科学钻探的定名

科学钻探30年来的大规模实践证明,解决深部地壳某些特定地质问题,只要以地质目的为依据认真细致地选址,不一定非要打超深孔(Caper amp cf。)不可,这是地质学家们从经验中取得的一项共识,因此在(1987年)瑞典召开的第3届国际科学钻探学术会议上,同意将"越深孔钻探"这一含义不清的叫法更名为"科学钻探"(Scientific Driller),其主要地质目的是"运用钻探观测深部陆壳",这一认识上的转变与提高,有利于推动科学钻探今后的发展。

大陆科学钻探施工深度按一般习惯界定为:

浅孔　2000 ～ 4000m

深孔　4000 ～ 6000m

超深孔 6000 ～ 15000m

可以按照具体科学目的、特定地质问题选择具体深度,也可以根据施工中遇到的新问题予以增减。

中国胜利召开第1次大陆科学钻探(CCSD)研讨会

地质矿产部

"第1次中国大陆科学钻探研讨会"于1992年4月15日～19日在中国大陆科学钻探计划先行研究组筹办下,在北京中国地质科学院举行。15～17日在地质科学院就选址等问题进行了综合研讨,参加本次研讨会的主要有来自京内外地质、地球物理、钻探、测井和测试技术等各方面专家、教授共余人。著名专家黄汲清、王鸿祯、张炳熹、郭文魁、刘广志、孙殿卿、李廷栋、陈毓川、肖序常等参加了本次研讨会,增加了研讨会的权威性。18～19日又在周口店探矿工程所对钻探CCSD专业进行论文宣读与成果汇报会。

地矿部科技司张良弼司长主持了研讨会开幕式,学部委员、国际地科联副主、部科顾委名誉主任张炳熹教授致开幕词,称赞大陆科学钻探将是我国地球科学前进的里程碑。研讨会共发表论文20余篇,内容涉及我国若干重大基础地质问题、科学钻探战略选区、能源和固体矿产资源接替问题、地震灾害问题、地球物理、钻探、测井、测试技术等,从不同角度阐述了未来中国大陆科学钻探的必要性和可行性,并且就实施科学钻探的技术政策、方针目的、方法步骤、组织领导和国内外合作等进行了研讨。

钻探研讨会宜读了钻探专业论文25篇,作者来自中国地质大学、长春地院、成都地院、勘探所、探工所、工艺所、勘查技术院和博物馆等，论文内容涉及科学钻探设备、孔身结构、钻探岩石力学、钻柱材质、断裂力学、技术工艺、垂孔钻进、岩心定向，侧壁取样、堵漏等等方面。地矿部副总工程师李廷栋在研讨会总结中指出，此次会议在个主要方面达成共识，如：

1. 加深了对科学钻探的认识。通过科学钻探不仅能提高地质理论水平，深化地质研究程度，而且对矿产资源勘查预测、地质灾害预测、环境治理与保护等都有重要现实意义。

2. 我国地域辽阔，具有世界少见的构造与地质认识上的转变与提高，有利于推动科学钻探今后的特征，实施科学钻探取得成果对推动地球科学发展具有重大影响与贡献。

3. 科学钻探属于高难度、高投入、高科技的一项系统工程，也将是高效益（科学意义与实际效益），对发展地质科学高新技术具有其他方面不可取代的作用，同时也能推动地质勘查、地球物理、钻探、测并、测试等技术的发展。

4. 在科学钻探概念上起了变化，明确了钻孔井非深度越大越好，关键在于解决科学问题，结合国情，宜采取远近结合、深浅结合、由浅及深的分期实施策略，分3步走："九五"能打些浅孔；2000 年后国力许可，可以打少数深钻；2010 年后争取打超深孔。从 1992 年算起，我们准备工作不过 18 年。只要列入划先行研究组筹办下在北京中国地质科学院举行。规划，经过努力是可以实现的。

5、大陆科学钻探是科学和工程技术相结合，具体说是地质科学、地球物理结合工程技术，团结合作的重大项目。因此要大力协同，及早准备，既依靠自己的力量，亦应争取国际合作，吸引外资和国际先进技术。

6、研讨会初步提出了中国科学钻探战略选区 30 多处。有的着眼于地质基础科学目的，有的着眼于资源接替目的，也有的着眼于地质灾害目的的。今后宜进一步发动地学专家，进行科学论证，以期经 4 ~ 5a 时间能提出 10 ~ 15 个科学钻探候选区，供最后选择。

与会代表还认为，为了保证中国大陆科学钻探工作正常开展，要有一定投入与组织，争取列入国家"九五"重大科技项目。与会代表建议地质矿产部要着手组成有高层次专家参加的中国大陆科学钻探计划指导机构，并进而扩大到全地学界。

本次研讨会代表一致认为，这次会议开得很成功，对我国地学研究取得新进展是一个里程碑，具有划时代的意义。中国大陆科学钻探先行研究尽管刚刚起步，但是标志着中国大陆科学钻探已经揭开帷幕，具有历史性与战略性意义。必将对今后中国实施大陆科学钻探这一壮举起到重要促进作用。期望于 1993 年再举行第 2 次中国大陆科学钻探研讨会。

（二）关于 CCSD 战略选址原则问题

在第 1 次 CCSD 研讨会上，专家、教授们对中国大陆钻探选址提出选址地点 30 多处。概括起来可以分为 3 类：

1. 科学目的为主的（鹰国家级的）。

2. 以新一轮勘查找矿或其他的特定地质目的，结合科学目的的（利用现有勘探投资兼作的）。

3. 以三大洲矿化带交会地区或特殊构造域，如青藏高原、华北、三江地区为重点，解决世界瞩目的地质构造大问题。可以争取国外投资、投人才、投设备（国际合作型的）。

其中以 2 类，即科学目的结合生产的建议为多。建议选以下地址，进行 2000～4000m 的先导孔：

1. 四川龙门山，结合油气勘探，

2. 江南古陆边缘，探索地务热不均匀性等基础地质问题；

3. 秦岭、大别山地区解决一些地质观点争论；

4. 郯庐断裂上，研究断裂机制与基础地质；

5. 京津唐为地震高发区，研究其机制、解决中长期预报，保卫首都安全。

有的地质学家指出，以科学目的为主的选区原则：

1. 选址应位于中国深部地质具重大关键意义的，并为国际地学界所瞩目的构造带上，并以解决多种学科目的为准则。

（1）地壳结构层次较多的地区，如板块或地质体边界，具叠复构造的缝合带两侧，及造山带前陆具这冲叠置岩片地区等，通过 CCSD 可穿过多个地质构近单元，在很短钻距内可获俯冲带根部信息。

（2）老变质结晶基底（或陆核）出若处，便于近过最短距离获得中、下地壳信息。

（3）大型断裂带，有利于研究其性质、巨移、发育史、动力学，并与资源、地震等相结合。④盆地边缘或其隆起带。

2. 地质及地球物理研究程度技高地区。

3. 技术上可行，关键是温度（4000m～120℃，6000m～180C，10000m～300C），以和孔内仪器运行。

4. 外部条件要求地势平坦，交通通信方便。能源充足，有利环保。

八、科学钻探促动地球科学发展

科学钻探促动地球科学发展刘广志中国工程院院士（地矿部科技委北京 100812）摘要科学钻探是研究深部地质学的重要方法之一，近年来发展很快。钻孔深入到以往矿床学研究禁区，为地质找矿提出了全新概念和重要线索，修正或部分改写了成矿理论，提交的大量科研成果令人瞩目惊异。我国拥有大量资深和中青年地质学家，钻探工程师，理应对国际岩石圈计划以及全球地学工作多做贡献。

1993 年 9 月在德国波茨坦召开的规模空前的国际大陆科学钻探学术研讨会（出席会议各方面地球科学家多达 222 位）。实质上这次大会的中心议题是总结三十几年来世界范围科学钻探的科学成果，推动今后世界性科学钻探，筹建国际大陆科学计划（ICDP）组织。

在大会的总结会议上约请了几位世界著名的科学家发了言。KarlFuchs 是德国卡尔斯鲁厄大学的地球物理系教授，KTB（德国大陆深钻）主要科学家之一。他指出：过去50年对"外太空"的研究收获很大，"内太空"勘查要贯穿极硬岩层，伸向海底海沟，困难重重。伽利略曾说过："天文学如果没有望远镜，一千年内也别想取得进步"（Astronomydidnotprogresforathou—sandyearsifdidn ' thaveatelescope）；因此 Fuchs 提出未来的大陆科学钻探必须采用各种高、精、尖系统，诸如多项高科技(advancedtechnologies)、遥控遥感技术（指 MWD、LWD、月球、星球采样、深部地震等）。今后大陆科学钻探世界性地质目标应集中于：

　　a. 深部水资源；

　　b. 深部流体资源；

　　c. 深部地热资源；

　　d. 地球气候史等；

　　e. 构造演化；

　　f. 克服 10km 以深的"热障"；

　　g. 侵入流体的来源与预测；

　　h. 地应力变化；

　　i. 地下强磁区（如波兰、俄国等）如何解释与认识（特别在 3km 以深处）；

　　j. 建立地壳深部长期观测室（DeepLab.）。

此外，还有的学者提出为以下目的，应该实施科学钻探：

研究地球史与全球气候变化史；

盆地演化与充填，碳氢化合物新成因说与运移；

地壳地球物理对比与校准；

岩石圈动力学与岩石圈变形作用；

对活动断层区进行大规模钻探与监测、预报地震；

火山系与地热活动；

对下地壳与地幔过渡带进行研究；

冲撞区的收敛板块边界；

地下流体与岩层交错对水质的影响（产生碳酸水、地热水、卤水、碱性水的机制）；

上地壳地热区（取心温度可能达 450℃）；

初步勘查深部矿床群（Mineraldepositesgroup）；

冲撞构造与地质体延伸；

大陆与大洋边界及大陆增生。

美国 M. Zoback，CC—4（ILP 大陆钻探组）主席发言指出大陆钻探计划的一般特点，制订科学钻探计划时应注意：a. 认真细致、论据充分地选址；b. 明确地球科学目的的各项要求；c. 先选择浅孔或中深孔；d. 注意地热温度对各种工具的限制；e. 在富有这方面经验的国家培训科学家和工程师。

制订计划的四大步骤：1. 制订科技项目；2. 筹集资金；3. 执行项目计划；4. 钻探与工业服务。执行计划中应履行的各项职责：1. 确认各项目的目标要求；2. 制订与控制预算；3. 设计钻探施工程序；4. 承包服务；5. 制订各项实验测试计划；6. 科学家与钻探工程师的合作；7. 搞好公共关系。

这些发言对即将开展科学钻探的国家，诸如中国、日本等都具有重要的启迪与指导作用。

（一）科学钻探的含义、目的与特点

为研究地壳深部和上地幔地质及矿藏等情况而进行的钻探工程，称科学钻探（ScientificDriling）。按国际惯例，钻孔深度分为浅孔 2000 ～ 6000m，中深孔 6000 ～ 8000m；超深孔 8000 ～ 10000 ～ 15000m。30 多年经验证明，有的科学钻孔按不同需求其深度仅 100 ～ 1000m 左右。

1. 目的

主要有以下 7 个：（1）研究深部地质学、实施"国际岩石圈计划"（ILP）的主要方法之一；（2）探察地壳深部和上地幔的结构，研究其物质组分和矿产分布规律，研究新的成矿理论；（3）验证深层地球物理探测资料；（4）探索地震预报新途径；（5）在火山岩区勘探和开发"干热岩"地热能源；（6）作为地壳深部长期观测站，装置仪器长期观测地磁、地电、地应力、地热变化，掌握地壳活动规律，研究岩矿成因、变质作用、物相转化、合成矿物的条件等；（7）作为地壳深部核废料处理场。

2. 特点

科学钻探与一般的钻探相比，有其特殊性：（1）孔位应选在地壳尽可能裸露的结晶岩地区；（2）要尽量取出全套地层的地下地质实物资料，如岩心、岩屑、侧壁岩样、液态和气态样；进行地球物理测井和采集地球化学信息资料；（3）为减轻钻探设备的总重量、节约功率总消耗，使用高强度轻合金钻杆；为保持长钻杆柱（2000 ～ 15000m）的高度稳定性、预防钻孔弯曲，大量削减起下钻次数，降低非生产时间和劳动强度，要采用与孔底动力机（涡轮钻、螺杆钻、冲击回转钻）结合的绳索取心和孔底换钻头等新技术；（4）结晶岩坚硬，要研制全新式长寿命金刚石钻头；（5）由于钻探工作是在高温（150 ～ 450℃）、高压（100 ～ 150MPa）状态下进行，各类孔底动力机、钻头、测井仪器、电缆等都要提高耐高温、高压的能力，还必须采用抗高温的钻井液材料和处理剂。

（二）世界科学钻探活动的总回顾

1. 美国

1960 ～ 1970 年美国实施"国际上地幔计划"（IUMP），将深部地质学研究推进到一个新时期，当时有 47 个国家参加，历时十年于 1971 年总结。随之而来的是陆续实施了多项科学钻探计划。

1961 年，美国开始实施莫霍计划，在加利福尼亚湾外试钻，此后在墨西哥西海岸外钻到玄武岩，因多种原因而中途终止计划执行。1965 年，美国四所大学的海洋研究所组建了"海洋地球深部取样联合机构"（JOIDES），由苏、英、日、联邦德国等参加，商定进行"深海钻探计划"（DSDP）（DeepSeaDrilingprogramm）。

1968 ～ 1983 年正式执行"深海钻探计划"历时 15 年，用"格洛玛·挑战者"号（GlomarChalenger）钻探船航遍各大洋，在 96 个航次中共航行 60 万 km，在 624 个工作点上钻了 10926 个钻孔，取岩心近 9.5 万 m，最大工作水深 6247m，水下最大钻进深度1412m，钻入玄武岩最深 583m，编成的《深海钻探计划初步报告》至 1985 年已达 40 多卷，对地球科学、海洋科学做出了巨大贡献。

1974 年，美国在俄克拉荷马州钻成了罗杰斯 1 号（BethaRogersNo. 1）超深科学钻孔，深 9583m。

1983 年末正式确定了"大洋钻探计划"，简称 ODP（OceanDrilingProject），1985 ～ 1995 年为执行期，为期 10 年。ODP 的目标是查明全球海洋洋壳的结构与演化史，它将采取洋盆岩样与测井资料并提出研究成果。ODP 是个多国合作项目，美、加、法、英、欧洲 12 国参加，由"JOIDESResolution"（决心号）执行钻探作业，1991 年完成第一次环球钻探航行。此后"决心号"一直航行在大西洋、东太平洋、印度洋，并已穿过地中海、加勒比海和威尔德海，力图找到国际科学界提出的各种科学问题的答案。该船试验了高纬度区（北极圈以北 105 航次，南极圈以南 113 和 119 航次）的取心钻探作业，均获成功。1985 ～ 1989 年的 4 年中已完成 122 个航次，在 144 个地点钻成 330 个取心钻孔，取心 3.7万多米，为 20 个国家的 500 多位船上科学家提供 25 万件样品，作为各个国家进一步科研之用。截止 1989 年 12 月已完成 129 航次。4 年的钻探作业已探索了第一届大洋科学钻探大会（COSOD Ⅰ，1981）的各项目标，1990 年起着手解决（COSOD Ⅱ，1987）的各项目标。不久前，在厄瓜多尔以西太平洋中钻了一个 504B 孔，水深 3400 米，钻入洋壳 2000 多米，为世界第一海上深孔。1995 年顺利完成了任务。

美国除领衔进行了海洋钻探的宏伟计划之外，对大陆科学深钻也十分重视。

1984 ～ 1994 年，美国用 5 ～ 10 年，通过由 23 所大学组成的"陆壳深部观测与采样组织"简称 ECDOSO（EarthCrustDepObservationandSamplingOrgani — z ation），在美国大陆布置了 29 口科学深孔。从地质学角度分布在下列四类地区：①基底构造或深盆地（16 口）；②活动断裂带（6 口）；③热状态异常区（5 口）；④矿化热液系统（或岩浆系统）（2 口）。第一口在阿巴拉契亚山脉南段施工以研究 Greenvil 期基底岩石学特征等，并为超深孔收集资料。美国能源部（DOE）、美国科学基金会（NSF）与联邦地质调查所（USGS）三家组合起来以协调各项钻探计划而形成大陆科学钻探计划（CSD）。并组成了部门间协调组织（ICG），通称 ICG／CSD，受公共关系法 100 ～ 441 即大陆科学钻探与勘探行动方案的认证，作为一项正式的国家科学钻探项目自 1985 ～ 1995 年的 10 年中，ICG／CSD 在18 个项目中的广泛科学问题进行合作，支持钻探 31310m，获取岩心 19190m。

2. 苏联与独联体

20 世纪 60 年代初，地质学家 H.A. 别利亚耶夫斯基等根据深部地球物理资料提出，为获得整个地壳剖面，至少要在 6 个地区打超深孔。苏联国家科委为统一协调超深孔钻探规划，组建了"地球地下资源研究与超深孔钻探部门科学委员会"。由 E．A．科兹洛夫斯基任主席。有 95 个生产和科研单位参加。设计施工超深孔约 18 口。其中 Cr—1 井设计深度 12000m（在乌拉尔的马格尼托哥尔斯克复背斜）；Cr—2 井设计深度 15000m（阿塞拜疆的萨阿特雷）；Cr—3 井设计深度 15000m（科拉半岛）。其他 15 口为 6000m 左右的卫星井。Cr—3 井至 1986 年 3 月已达 12262m，居世界领先地位。

近 30 年来苏联及俄罗斯用物探和深井、超深井钻探研究深部大陆地壳是一项突出的正确的科学方向。在此期间在苏联复杂的本土上，曾作过 7000km 地质—物探剖面，钻过 19 口深和超深科学孔。科学深孔位于地球物理剖面交叉点的不同时代、类型的地壳结构上。

钻探总进尺达 115，000m。俄罗斯所钻的大部分科学诸孔都钻入了乌拉尔和高加索的结晶岩基底（处于西欧地台和逆掩断层带）。4 口井位于西西伯利亚大沉积盆地以找油气。3 口井在哈萨克斯坦钻探卡斯平盆地的沉积式火山原岩覆盖层，萨阿特累全苏第二超深井在阿塞拜疆施工。1996 年又制定了乌拉尔和土门钻两口超深井计划。

通过一系列参考剖面综合研究深部物探测量结果，超深钻探与科学参数钻井乌拉尔 Cr—4 井土门 Cr—6 井贝加尔湖钻探计划·地壳实验室作长期综合观察科拉深部地壳实验室伏洛希洛夫深部地壳实验室，俄罗斯建立物探参考剖面网计划俄国欧洲部分 7000km 西伯利亚西部、东部 15000km 远东 9000km 西部北极陆架 6000km。

3. 德国

德国大陆深部钻探计划（KTB）执行过程中分以下几个阶段：

1982 ~ 1984 准备阶段。

1984 ~ 1986 选址前与选址阶段，进行深入的地质与地球物理工作。

1986 ~ 1990 导孔（VB）施工阶段，钻探 4000．1m，用三维地震等进行了一年的测井与实验项目，覆盖地表面积 18km×19km；1990 ~ 1994 主孔（HB）施工阶段，即超深孔施工阶段。该孔设计深度为 10km，于 1994 年 10 月底顺利完工，孔深 9101m，孔底温度 275℃，曾进行过偶极实验，流体测试和一项水力压裂结合回灌液体实验等。

4. 日本

日本超深钻探与地学试验规划（JUDGE）

这项规划是日本专家在钻探选址工作基本完成的情况下制订的。主持单位是日本地质调查所（GSJ）和日本国家地球与防灾研究所（NIED）。其主要目的是对震源区进行直接观测以加深对地震发生机制的理解。1995 年两单位对 JUDGE 规划的可行性作了深入的可行性研究，并组成了"JUDGE 计划的促进队"，再次深入讨论了选址的科学意义与技术工艺。他们认为成功的关键完全取决于技术进步以获取地质信息，例如随钻仪器（MWD）的耐温性、监测板块相对运动的仪器、地壳应力、流体压力、以及震源监测仪器如何在大深度、高地温梯度情况下坚持收集数据，在 10km 深处温度预计达到 400℃，要比商业出售的 MWD 仪器超出 200℃。

在国际讨论中，中国专家曾表示：一旦 JUDGE 计划付诸实施，则至少可获得以下几方面主要成果：

·预报来自深部地壳的地震信息

·勘探与开发深部高温地热能源

·寻找深部非生物源油气

5．中国

1988 年以来一批钻探专家陆续组织翻译出版了《科学钻探文集》三卷 8 集共 250 万字。

1992 年在地矿部召开的"中国大陆科学钻探第一次研讨会"上提出了中国大陆科学钻探先导孔（4000 ～ 5000m）的初步设计方案。

1983 ～ 1993 年与德国克劳斯塔尔大学深钻研究所进行多次广泛学术交流，参观德国导孔深孔施工现场，并先后送培研究生约 5 名。

1995 年李鹏总理等中央领导同意自 1996 年始支付地矿部参加 ICDP 会费，标志 CSDE 正式启动。

1995 年建成"地质超深钻探（科学钻探）国家实验室"，进行前期有关钻探工程技术研究。1996 年 1 月通过国家验收。

1996 年 2 月在东京正式参加 ICDP，与美、德两国一起，中国成为三个发起国之一。

同年 8 月地矿部与德国地学研究中心会谈合作进行：①中国第一口先导孔工程研究；②为中国培养技术人员 7 人（97 年 2 月已派出）；③1997 年 8 月在青岛召开国际共商实施方案。

1996 年 6 月地矿部正式向国家科委组织的专家组汇报"中国大陆科学钻探工程"立项报告。

1997 年完成 CSDC 列为"九五"国家重大科学工程的再论证与立项工作。

（三）大陆科学钻探的国际性会议

科学钻探在过去的三十七年历程中，为了及时总结交流经验，促进地球科学的发展，曾先后召开了 8 届 9 次重要的科学钻探学术研讨会，即：

第一届 1984 年在美国 Tarytown

第二届 1986 年在西德 Sehiem

第三届 1987 年在瑞典 MoraOrsa

第四届 1988 年在苏联 Y aloslowal

第五届 1989 年在德国 Windischechenbach 和 Ro — gensberg.

第六届 1992 年在法国 Paris1993 年国际大陆科学钻探学术研讨会在德国 Potsdam.

第七届 1994 年在美国 SantaFee

第八届 1996 年在日本筑波市

（四）科学钻探主要科研成果

在这 37 年间，科学钻探经历了漫长、艰辛的道路，却获得了令地质学家们瞩目的、目瞪口呆的科学成果，现举例如下：

1. 苏联科拉半岛 Cr—3 孔

该孔位于科拉半岛一座大型铜镍矿的采空区，均为结晶岩。1970 年 5 月开始，1980 年钻深到 10800m，打破了美国自 1974 年保持的 9583m 的最深钻孔记录（BerthaRoggrsNo.1 井）。1986 年深达 12262m。

在取得科研成果 40 大项中，其中具有重要意义的是：（1）第一次贯穿了元古代地层（0 ~ 6842m）和太古代地层（6842 ~ 11662m），绘制出以科学深孔资料为基础的第一幅前寒武纪地质剖面图和地球化学剖面图。查明地层 pH 值变化，岩石形成与地质作用的关系与规律；（2）否定了原深部地震大剖面折射资料对三层古地层的错误推断（原推断"沉积—火成岩成因层 > 4700m；花岗岩层 7000m；玄武岩层 > 7000m）；（3）在三千巴压力下，在 11500m 深处发现裂隙，为地下流体提供循环通道。（a）采取了甲烷（CH_4）及其他碳氢气体、H_2、He 等，其中 H_2 与 He 气随深度增加而增多，碳化氢气体则随深度增加而减少。（b）第一次发现矿化裂隙水，随深度变化氯化钙（$CaCl_2$）转化为碳酸钠（Na_2CO_3）型。矿化水中含溴（Br），碘（1）及重金属。（c）钻孔深入到找矿与成矿前所未达到的禁区。在 1540 ~ 1800m 见可采价值的硫化矿，在 4500 ~ 4600m、6000 ~ 6500m 深部压碎岩带中发现低温热液矿化现象；9000m 以深仍发现少量磁铁矿、金云母、白云母、硫化物，11000m 曾发现金矿。上述情况证明地壳热矿化现象不仅在垂直深度内有利于形成，在地壳深部更利于形成；（4）矿物分布：0 ~ 4586m 为硫化矿物；4586 ~ 5642m 为氧化矿（原文如此），磁黄铁矿已消失，有磁铁矿、赤铁矿；5642m 以下磁铁矿、磁黄铁矿均不多见；7000m 以深仍发现蚀变、矿化现象；（5）地温梯度随深度加深而增高，元古代为 1.6℃ / 100m；太古代为 2℃ / 100m，预计深度 10000m，地温为 180℃，15000m 高达 300℃；⑥岩石可钻性在 6000 ~ 10000m 处，比 0 ~ 600m 处要增高 0.5 ~ 1.0 倍。

2. 德国深钻（KTB）计划

该计划是采用双孔方案，即先施工 1 口 4000m 深的先导孔（VB），进行全孔取心和大量测井，然后再钻万米超深孔（HB）。先导孔自 1988 年 9 月开始到 1990 年 4 月结束，孔深 4000 1m，取心 3594m，平均岩心采取率 89.6%，初战告捷。先导孔取得了以下主要成果：（1）采用了 EC51/2"（O.D.140mm）型绳索取心金刚石钻探，钻头外径 6"（152mm），取心效果很好。孔内进行 393 个回次，累计 1670km 的孔内测井，对改进型和新开发的仪器工具作了 64 台次的孔内试验。孔位周围作了地球物理和三维地震测量。确定主孔今后只取心 20% 和测井项目；（2）首先采用 Baroid 公司开发的 Dehydril 钻井液系统，是一种含锂的钠、镁硅酸盐，具良好润滑性与触变性，不污染环境；（3）每钻 1m 采一次岩粉样，立即分析评估，做到边钻边获取岩石的化学组分与矿物成分。全自动气体质谱仪每 3 分钟测完从冲洗液中释放出的 8 种气体（H_2、O_2、CO_2、He、Cl_2、H_2S、SO_3）组分，对深部流体层起及时指示作用。在 3400m 深处发现被流体充填的开放型裂隙，含饱和高盐、富气卤水（含盐量达 60g/L），证明这些卤水来自古海洋。用螺杆泵从孔底 4000m 深处作抽水试验，抽出层间流体总量达 7 万 m^3，118℃的强矿化水和 3.5 万 m^3 的基底净卤水，一般认为如此深度结晶岩已不具有渗透性；（4）深部断裂带中有来自 CH_4 与 CO_2 作用生成的石墨析出；（5）钻孔地温剖面测定表明，孔底 4000 1m 处温度 118.2℃，比预计的高 30℃，地温梯度 < 600m 为 2.2℃／100m，> 600m 增为 2.9℃／100m；⑥先导孔是在未预料到的岩层陡斜情况下施工的，对修正主孔设计提供了信息。例如主孔孔位在 5000m 以内要强制防斜，必须打笔直孔；要下入 5 层套管（原设计 3 层）；提高钻具耐温性等，以保证主孔深度达到 12000m。

主孔孔位在先导孔以东 200m 处，按照先导孔取得的实际资料对原设计作了二次修改，孔深从 14000m 减到 10000m，1990 年 10 月 6 日举行了隆重的开钻典礼。

KTB 计划的主孔主要孔底温度过高终孔深度达到 9101m，孔底温度 275℃，正击中 250～300℃靶区温度的中心。5 项主要研究成果将发表：

·地球物理构造的性质研究，钻入了地壳应力场与脆性—韧性过渡带，这一区域被认为是震源边界线。探索了 250～300℃的各种现象。

·地壳热结构；热的生成、流动（运移）与热分布。

·深部地层流体的来源、组分及其运移系统与通道。

·中欧瓦里斯琛（Variscian）地壳的结构、发展与深化。

钻探技术的主要改革与收获

·设计制造科学钻探超深孔专用的巨型钻机，自动化程度高。

·开发 VDS—5 型垂直钻孔钻进系统，在 7500m 以内实现自动化垂直钻进。

·设计了高强度钻杆柱。

·采用小间隙套管程序，（终孔钻头直径 812"（215.9mm）回接套管 612"（127mm）。

·改进绳索取心系统

·采用孔底马达，提高其耐温度。

·规范一种水基高温钻井液防止了地层失稳。

·优化数据采集与各种采样技术。

作为向 ICDP（国际大陆钻探计划）的一份献礼，KTB—HB 深孔已从 1996 年 1 月定为德国地学中心深部地壳实验室（GFE—DeepCrustLab.）向公众展示。

3. 大陆漂移量已经测得

利用日本宇宙地球卫星，以锁模激光器向科学钻孔设在夏威夷基准标志发射激光，用条纹照相机以超高速测量技术（其单位称飞秒 fs = 10 － 15）测得大陆漂移量：日本向澳大利亚漂移 38.76cm／a；美国向日本漂移 11cm／y；夏威夷向日本漂移 39cm／a。

4. 美国"干热岩"（HDR）地热发电已成功

美国洛丝·阿拉莫斯研究所（LosAlamosLab.）在卡尔德拉（Caldra）的芬登山（FendenHil）执行的以勘探与开发，所谓非枯竭性地热性源为目的的科学钻探计划，自1979年4月开始，经过4年的努力，于1984年6月已顺利完成其钻探和发电任务，并开始从EE—2孔灌注冷水。另一钻孔产出到地面为200℃的蒸汽，直接进入地热发电站发电，其发电容量已提高到10MW，这一突破性进展对人类开发"干热岩"能源指出了方向，并提供了成功经验。所施工钻孔深度及孔底温度见表2。3个钻孔施工中用过涡轮钻与螺杆钻，贯通孔钻成后，用水力压裂法干热岩体压出无数裂隙，形成裂隙通道与人工热储，地面冷水一次灌入21300m³，形成孔底循环，迅速将冷水变为高温、高压蒸汽，达到地面为200℃干蒸汽，可以直接进入电机发电。钻进中用海泡石配制的抗高温、抗高盐的钻探冲洗液。

5. 美国索尔顿湖科学钻探（SSSDP）中靶居世界之冠

美国大陆科学钻探计划中的第一个钻孔是以勘探高温地热为主要目的。孔位选在科罗拉多（Colorado）三角洲的最北端，有5国35位科学家参加此项工作，共进行了40项课题的科研工作。由于施工前作了极为周密的地质选址工作，钻孔中靶效果极佳，钻成了世界第一个当时温度最高的地热孔。设计孔深3000m，储层温度365℃。1985年10月23日开钻到1986年3月17日成井，实际孔深3200m，储层温度353℃。设计深度与储层温度均相差无几，表明了地质、物探工作精度很高，钻探效果也好，卤水浓度25%，含硼、锰、铁、锂、锌、铅、银等元素。热能发电量可供一座500户居民的城镇使用100年。

6. 日本科学钻探成功地钻到了500℃的超高温地热

日本重金属与化学有限公司（JMC）附属的新能源开发与工业技术开发组织（NEDO），1955年在东京以北葛根田地热区，设计深度4000m，除科学目的外，还要评价在高温情况下现有钻探工艺的状态。井号WD—1A，井深曾达到3729m（1995年7月），未遇到蒸气产层，在3642m遇到H2S气体随泥浆返到地表，为安全考虑，钻孔终止。用温度指示材料记录孔底温度为500℃，停泵后维持时间（ST）为159h。在2600m处地层温度为350℃，用孔底马达（BHM）、随钻仪器（MWD）成功纠正了孔斜，用一台特制的顶驱动系统（TDS），冷却每一根新下入钻孔的立根钻杆。在2650m深度用两小时半的时间作了动力温度试验（DynamicTemperatureExperi—ment）。用两套压力—温度（PT）存储器和一套温度测井仪，监测了环状间隙和钻杆内的温度，孔底温度到500℃，正筹备地热发电。

其结论是：

·在钻孔状态正常情况下，即使高温500℃也能钻进。但如出现喷蒸气事故时，诸多复杂因素会迫使钻进中断。

·在地层温度500℃情况下，泥浆循环温度在3500m处应低于170℃。

·在DHM、MWD现存温限条件下，在2600m孔深，812孔径（215.9mm），地温超过350℃时，采用泥浆冷却系统和顶驱系统，还可以凑合使用。

·用地面泥浆冷却系统冷却返回泥浆非常有效。用提高泥浆泵流量的办法，冷却孔底温度也很有效。

·用顶驱系统在下钻时（孔深 2650m）连续泵送循环泥浆，钻孔冷却效应（Coolingefect）可监测到 50℃ 的变化。

总之，葛根田 WD—1A℃井钻到 500℃ 高温，可谓达到了一项超高温地热勘查开发井的世界新纪录。

7. 瑞士 NAGRA 科学深井处理核废料试验成功

钻探计划实施后证明：（1）对高、中低强度放射性物质均可安全安置在完整的结晶岩中，不会泄露，这一处理方案是可行的；（2）选址、勘查施工可同时进行；（3）隧洞施工完毕后即可放入核废料。

8. 深部碳氢化合物钻探结果，为人类寻找非生物源油气资源带来初步希望

自苏联科拉半岛 Cr—3 孔在在地壳深部取得碳氢样品后，引起全世界地球科学界瞩目，掀起了寻找宇宙开发的下一目标—来自地壳深部（抑或上地幔）的非生物源油气资源的热潮。

瑞典于 1986 年 7 月 1 日在距斯德哥尔摩 300km 的巨大陨石坑东北侧锡利扬（Silijan）选定了 GravebergNo. 1 号钻孔，设计孔深 9000m。这是世界上首口以寻找非生物油气的科学深孔，其目的是探索：（1）油气是否存在于上地幔；（2）证明深部碳氢化合物来源的新观点；（3）钻孔计划具有巨大的开拓性和风险性。锡利扬陨石坑直径约 40km，据科学家估计在 0.36 亿年前陨石以 250 ~ 350℃ 高温，1021 ~ 1022 焦耳的巨大冲击能量冲击而成。钻孔选在此处的要点之一是地表就是结晶岩。钻孔 1986 年 7 月 2 日开钻到 1987 年 9 月上旬，孔深达到 6350m 以后暂停施工，施工中对岩心、岩屑、孔底油气样、冲洗液仔分离出的油气样做了大量测试，证明含有甲烷、乙烷和乙烯等等并从井底采出 85 桶原油（约合 13.5t）经分析与地表原油成分性质相似，并含少量磁黄铁矿细粉。通过专家们探讨认为：（1）气体来自上地幔裂隙；（2）裂隙是由陨石冲击巨大能量诱发的；（3）气体合成过程有待进一步研究。此后又施工了一口 StanbergNo.1 号井。

9. 美国地震带卡洪（CajonPas）科学钻探计划

钻孔处于圣安德列斯断层带北部边缘，设计深度 5000m，自 1986 年 12 月 8 日至 1987 年 4 月 4 日钻孔深度第一阶段达 2115m。钻孔的目的是要解决（1）断裂带形成机理；（2）测量 5km 以下至 15km 的断层巨大剪切应力（地面测量为 100MPa）；（3）探索深 10km 深处之热流量与地应力关系；（4）探索太平洋板块俯冲于北美板块之下，其移动量对地震产生与预报的影响；（5）断层带地应力的大小与方位。目前取得以下成果：（1）对热流量与地应力关系获新见解；（2）为开发新的模型、预报地震提供大量数据；（3）作了地震波、孔隙液体压力和应力场的现场测量，获大量数据。

10. 金刚石绳索取心钻探孔深创世界新纪录

加拿大的 HeathandSherwood 钻探公司是一个专门施工小口径金刚石钻探深孔的公司，它有自行开发的独特设备和钻探工具，1987 年与其妹妹公司 Univer — salDrilers 合作为南

非金矿钻成一口深度为 5424m（17791ft）的超深金矿床的勘查钻孔，施工这深孔的重要意义在于：（1）再创金刚石小口径绳索取心钻探孔深世界新纪录。为用金刚石钻探设备（钻机、泵、钻塔、钻具等）施工科学深孔（先导孔）创出一条新路；（2）将南非富金矿床的控矿深度延伸到 5424m。

（五）几点共识

（1）通过 37 年科学钻探的实践证明，国际地学界已将科学钻探的主要目的归结为"通过钻探观察深部陆壳"（DepObservationoftheContinentalCrustthroughDriling）。深孔作为入地"望远镜"一律保留作为长期观测站；

（2）为解决深部陆壳的某些特定科学问题，不一定非施工深孔超深孔不可。法、英、奥、捷等国经验证实了这一点；

（3）学科之间的相互渗透形成新的边缘学科，是促进学科发展的强大动力。1993 年国际大陆科学钻探会议期间许多资深地质学家一再强调，地质学家要同工程师相结合，运用多种高新技术，共同突破固体地球科学考察的难关，向地球"内太空"深部进军，才能推动地球科学的发展，解释与认识地质现象，重建地球科学的新辉煌；

（4）著名地质学家 PeterKehrer 曾说："来自科学钻孔的科学成果说明，地质教科书将必须重写。"（Text — booksofgeologywilhavetoberewiten）；

（5）鉴于大洋钻探的高科技密集性极高，施工难度极大，花费极高，今后将以开展世界性大陆科学钻探为主，在国际大会上有的专家提出一个有趣的口号"把船开到陆地上来"（Driveshipsonland），意即今后多打大陆科学钻探。

（6）鉴于科学钻探的科学目的要求高，研究项目繁多，高技术含量高，耗费大，是一项多学科，多工种的综合系统工程，具体到钻探工程技术也是非常细致，繁复的，因此必须：1）及早展开有关设备、仪器、各类取样器、微机监测、利用等多方面研制工作。施工开始时再启动这些工作就为时已晚，贻误整个进程；2）围绕施工孔位打几口浅孔以鉴定选址、岩层、地热流量等是否正确；3）设备、仪器等都要事先作地面测定。

第四节 隧道与爆破工程

一、隧道掘进爆破概述

隧道开挖爆破不仅要求将被爆岩石破碎到较小的块度，而且还须将已破碎的岩石抛出一定距离。以便于装渣和下一循环的钻孔，然而，隧道的开挖爆破是在特殊条件下进行的，它与露天爆破相比。在力学方面具有明显的差异。

1.由于重力的原因被爆岩石中都存在着一定的初始应力即地应力，这种应力为压应力，其存在给予被爆岩石一种初始的主动约束。其量值近似为 P=Rh（r 为上覆岩土的平均容重 h 为上覆岩土的厚度），当被爆岩石埋藏很深时其中的地应力也相应很大：

2.除了主动的约束力外，被爆岩石还受到来自自由面以外的各个方向的被动约束力作用，这种约束像箍一样与初始地应力一起将被爆岩石紧紧夹住，使其不易沿自由面的外法线方向运动而破坏和抛出，特别是隧道断面较小时，这种夹制力尤为突出；

3.掘槽时，炮孔直径一般为 50mm 左右，长度却有时为 4.5 ~ 5.0，甚至达到 7m，其倾斜角则常限制在 60° ~ 90°，这样其最大抵抗线达 3.9 ~ 7.0m，而露天台阶爆破所用炮孔直径为 70 ~ 105m 时，其抵抗线一般仅 3 ~ 4，可见其最大抵抗线比露天爆破大许多，过大的抵抗线也使被爆岩石所受的约束力增大。

上述力学特点制约着隧道掘进爆破目标的实现，（为此，人们进行了长期的试验和研究，提出了许多不同的爆破方法，但迄今为止有关问题仍未得到完全解决。以致爆破所需的炮孔仍很多，炸药单耗仍很高，炮孔长度利用率却很低等等）如何解决这些问题已成为摆在我们面前的一项重要任务。

（一）问题

用炸药的爆炸来破坏岩石的方法易使人产生一种误会，即无论多难爆的岩石只要多用炸药就都能爆落，因而，在隧道开挖爆破中人们常用增加炮孔和炸药单耗的办法来改善爆破的效果而忽视了炸药能量有效利用率的提高，致使接近 90% 的炸药能量都白白浪费，到目前为止，已公开报道的掘槽爆破最高炸药单耗为 $10kg/m^3$，而实际最高值竟高达 $17kg/m^3$，即使全断面计算其炸药单耗也接近甚至超过 $2kg/m^3$，如此高的炸药单耗不仅造成炸药的严重浪费而且还带来以下一些问题。

1.炮孔数量增加，炸药是埋置在岩石内的使用的炸药越多则安置炸药所需的炮孔也越多。实际工程中，有时炮孔的间距仅 10cm，炮孔数量的增加既增加了钻孔费用又延长了钻孔时间，有时还因炮孔过密而导致邻孔贯通甚至挤破孔壁而引起孔内落渣，岩石软弱破碎时影响装药。

2.堵塞长度减小，在炸药单耗很高的情况下，为了减少炮孔数有时不得不增加单孔装药量以致炮孔装药系数高达 0.8 甚至 0.95，这样一来，炮孔的堵塞长度就很短，结果造成炮孔堵塞不牢，使爆炸气体更易冲出炮孔而形成"冲天炮"，导致爆炸能量损失的增加。同时，亦使被爆岩石的受力条件恶化，因为，炮孔堵塞体除具有封闭作用外，还具有传力的作用。当炮孔堵塞牢固时，堵塞体能通过它与炮孔侧壁的啮合，摩擦作用而将作用在堵塞体里端面上的爆炸气体压力全部或部分传给被爆岩石，使之成为最有效的破坏力，由单自由面条件下的爆破漏斗试验所观察到的鼓包运动可知，当炮孔与自由面垂直时，在最有效破坏力的作用下，堵塞体里端面至自由面间的岩石的变形属弯曲变形，这种变形与受横向荷载作用的梁，板的变曲变形是相似的属于横力弯曲，此时被爆岩石中的应力既有压应力，也有拉应力和剪应力，其中，拉应力平行于自由，而剪应力则垂直于自由面，这两种应力最终会合成主拉应力而使被爆岩石破坏，形成爆破漏斗，由于此漏斗为弯曲破坏漏斗，是由主拉应力引起的，故其形成所需的力较小；反之，若炮孔堵塞不牢，则最有效破坏力将变得极小，甚至为零。此时，爆炸气体压力就只能沿平行于自由面的方向作用在炮孔侧壁上，岩石中的应力相应以与自由面平行的压应力以及由此压应力在斜截面上所引起的剪应力为主。因岩石的抗剪强度是高于其抗拉强度的，故此时形成爆破漏斗所需的破坏力比形成弯曲漏斗所需的力更大。

3. 爆震加剧，迄今为止，炸药能量的有效利用率仍然只有 11% ~ 13%，在隧道爆破中可能还要低，其余的能量都转变成光能，声能，热能和震动能而白白浪费，其中，震动能还会产生明显的负面效应，引起洞壁岩石震动，导致围岩的破坏，严重时还会引起塌方。

4. 炸药单耗的增加，不仅增加了钻孔的工作量，延长了钻孔时间，而且还使装药工作量增加，装药时间延长，这样，隧道的掘进速度相应降低，工期因此而延长。

5. 增加炮烟的生成量，延长通风散烟的时间，加重环境污染。

总之，无论是从人力，物力，财力和时间的消耗看，还是就对环境的影响而论，增加炸药的单耗都是有害而无益的。

（二）原因

1. 炮孔堵塞不牢

由于个别失真的模型试验得出了炮孔堵与不堵对爆破效果影响不大的错误结论，实际工程爆破中，有时炮孔未堵塞也同样取得了较好的爆破效果。隧道开挖爆破中大量的炮孔都是水平炮孔，其堵塞操作麻烦，如果堵塞炮孔，则需准备堵塞材料，这将增加工作量，地下工作环境差，不堵炮孔可缩短在此恶劣环境下工作的时间等原因，隧道掘进爆破炮孔的堵塞质量普遍都未受到重视，这是造成炸药能量利用率过低的重要原因之一。

关于炮孔堵与不堵其爆破结果是否相近的问题，许多资料都已有论证，此处不再赘述，但关于炮孔不堵塞也能取得较好爆破效果的说法却不能不予说明，其实，这是一种误会。实际上，这些炮孔并非真的没堵，只不过是未用专门的堵塞材料堵塞，而是用一部分炸药作堵塞罢了，大量的实践都证明，爆破炮孔堵与不堵，其结果是大不相同的，二者的区别不仅表现在爆破效果方面，而且还表现在爆破投入方面，不仅表现在其有益的一面，而且还表现在其有害的一面。

2. 初始自由面未得到充分利用

众所周知，自由面的多少，决定着被爆岩石所受的约束数，从而直接决定着爆破的难易程度，其他条件相同时，自由面越多，其爆破一般也相对越容易，因此，为了降低单自由面爆破的难度，人们首先想到的就是增加自由面的数量，以减少被爆岩石的约束，于是便出现了先掏槽后崩落的有槽爆破法，此法问世后，人们的注意力进一步向掏槽法方面转移，结果，由于注意力过分集中而忽视了初始自由面的充分利，这是导致隧道掘进爆破过程中炸药能量得不到充分利用的又一重要原因。

掏槽的方法大致有两类，一类是以不装药的空孔作为补充临空面，另一类则无补充临空面，对于这两类掏槽方法来说，初始自由面都未得到充分利用，显而易见，前者是以空孔作为优势自由面的。在爆破的过程中，初始自由面几乎完全未起作用，后者虽以初始自由面为优势自由面，但因在隧道断面较小的情况下，无空孔的掏槽效果极差，所掏出的槽很小，采用斜孔掏槽时，其炮孔的倾斜角度较难掌握，对钻孔技术的要求高。故其应用受到很大的限制，即使在掏槽的过程中利用了初始自由面，也只是利用了它的一部分，即被掏的那一部分掏槽爆破中，为了简便，一般都采用全孔连续装药，这样，由于抵抗线过大，炮孔的长度利用率较低，初始自由面的利用实际上是很低的等原因，其利用仍很不充分。

（三）改进方法

1. 加强炮孔堵塞

理论研究和大量的实践都证明，造成炸药能量利用率不高的根本原因之一是炮孔的堵塞不牢，压力饭锅和蒸汽锅炉的爆炸事故也证明确实如此，因此，只要加强炮孔堵塞，提高其堵塞质量，就能有效地提高炸药能量的利用率，从而减少爆破的投入，改善爆破的效果，这是因为，炮孔堵塞体具有封闭炮孔和传递爆炸气体压力的双重作用。一方面，牢固的炮孔堵塞能防止爆炸气体直接由炮孔孔口泄露而引起爆炸能量的损失，避免爆压过早降低，延长爆炸气体对岩石的作用历时，同时促进炸药充分反应，提高其爆速，使其所蕴含的能量充分地释放出来并高度集中，另一方面，牢固的堵塞体还能将作用在其里端面上的爆炸气体压力传给被爆岩石，使之成为最有效的破坏力，并通过它在炮孔中所处的位置将此力传至岩石的不同部位，使被爆岩石中所产生的应力更趋合理。

提高炮孔的堵塞质量，有许多不同的途径，如提高堵塞材料的容重和摩擦系数，增加堵塞长度等等，但在隧道爆破中，这些所起的作用都非常有限。研究表明，要想确实有效地提高炮孔堵塞质量，最重要的是要提高炮孔堵塞体的强度及其与炮孔壁之间的结合力，只有这样，在极高的爆炸气体压力作用下，炮孔堵塞体才既不会沿炮孔壁滑动也不会从内部剪破，在被爆岩石产生与外界连通的裂隙之前始终能发挥其封闭炮孔和传递爆炸气体压力的作用。笔者以高强，微膨胀的材料作为炮孔堵塞材料，在石灰岩和花岗岩等不同岩石中做过多次现场试验，结果，在缩短堵塞长度的情况下还收到了减少炮孔 15% ~ 20%，节省炸药 20% ~ 30% 的效果，这说明，只要能提高炮孔堵塞体的强度及其与炮孔壁之间的抗滑能力，就能使炸药能量的有效利用率得到明显提高。

2. 充分发挥初始自由面的作用

爆破是个力学问题，被爆岩石的破坏是力作用的结果，爆破的效果和效率如何，与作用力密切相关，爆破过程中，被爆岩石同时受到爆炸力和约束力等两类性质不同的力作用，在被爆岩石自身的力学性质及其结构等因素确定的情况下，这两类力的对比关系就成为决定其破坏范围和破坏程度的关键。不言而喻，只有合理地利用爆炸力而避开强约束，才能用最少的投入获取最佳的爆破效果，而能否在约束力方面避实就虚，又能否实现爆炸力的合理利用，都完全取决于最小抵抗线的方向及其大小，竹笋和其他植物幼苗出土时冲破地表土层，和硬化砂浆中过火石灰团水化所引起的爆裂等自然现象，以及地面爆破漏斗试验等都告诉我们，只要能合理地确定最小抵抗线，在仅有一个自由面的情况下也同样能取得好的爆破效果，增加自由面数之所以能降低爆破的难度。其实，其根本原因就是通过新增加的自由面改变了优势自由面的方向，同时减小了最小抵抗线的值，从而降低了约束力。

有空孔存在时，空孔成为优势自由面，被爆岩石的主破方向因此而发生改变，最小抵抗线的值也因此而大为减小，故其爆破效果一般稍优。但以空孔为补充临空面，其容积是很小的，加上被爆岩石所受的最有效破坏力并未增加，已炸碎的岩石难于及时地抛出。空孔易被已炸碎的岩石填满而失去其临空面的作用，因此，即使有空孔存在，仍需要密集的炮孔和相当高的炸药单耗才能取得较满意的掏槽效果。

根据植物幼苗出土的启示，笔者将周边光爆孔以外的各炮孔，直孔，分数段装药，各段分别用新材料堵塞并分别起爆，使各相邻炮孔同时从孔口段起向孔底方向依次逐段起爆，利用炮孔堵塞体的传力作用将作用在每个堵塞体里端面上的爆炸气体压力都有效地传给岩石，使之成为沿自由面的外法线方向作用的力，这样，每段岩石所受的最有效破坏力都大大增加，而一个炮孔中有 n（n 为孔内分段数）个堵塞体，能产生 n 个最有效破坏力，因而，一个炮孔中的最有效破坏力远大于原来的 n 倍；同时，通过分段的方法使最小抵抗线减小到炮孔长度的 1/n 即其约束力降低到原来的 1/n，这一升一降，使初始自由面得到了较充分的利用，采用这种方法爆破，每一段炸药都能形成一个爆破漏斗，而各相邻爆破漏斗部分重叠，便使自由面处的岩石向外剥落一层，如此层层剥落，隧道便相应向前推进，根据多处现场试验证明，只要最小抵抗线的值恰当，各爆破漏斗就能成为加强抛掷爆破漏斗，炮孔的间距就能相应增大，达到 2m 左右，炸药的单耗也就因此而相应减少许多（其减少量视具体条件而异）。

（四）结论

1. 加强炮孔堵塞，提高炸药能量的有效利用率，能明显地减少所需的炮孔数，降低炸药单耗，是提高隧道爆破效果和效率的必由之路。

2. 依据正确的力学原理，合理地确定最小抵抗线的方向并减小最小抵抗线的值，以充分利用初始自由面，是使隧道的开挖爆破实现多快好省的一种有效方法。

二、隧道光面爆破施工管理

目前，无论是公路隧道还是铁路隧道，无论是市政隧道还是水利隧洞，无论是软岩还是硬岩，在钻爆法施工中关于光面爆破施工技术的研究与论述非常全面，也非常丰富，有关论文更是多不胜数。但是，在具体施工中，光爆效果却没有得到有效而全面的解决。可能这段效果较好，但另一段效果就较差；可能拱部效果较好，但边墙部位效果就较差。究其原因，就是施工管理不到位，而如何通过施工管理全面提高光爆效果就是研究与论述的重点。

（一）施工工序质量控制

1. 钻眼

为了保证达到良好的爆破效果，钻孔前要在断面上布置钻孔位置，测量组利用全站仪或经纬仪画出周边轮廓线位置，然后技术人员按测量组画出的轮廓线布置炮眼。

钻孔的误差应符合下列标准：周边眼的孔底不能超出开挖轮廓线外 15cm，掏槽孔的误差是每米不超过 5cm 左右。造成误差的原因是孔位偏位，钻孔方向偏差，岩石的不均匀性及钻杆刚度不足。

施工过程中，应防止炮眼交叉打穿，炮眼数不小于设计的 90%，注意掌握周边眼的外插角，太大超挖大，太小造成欠挖或造成下一循环"作业净空"不够。平行打眼时，应注意掌子面明显不平整时，应调整炮眼的孔深，使炮眼眼底在同一个断面上。当岩层层理明显时，炮眼方向应尽量垂直于岩面。

2. 装药与堵塞

在将炸药装入炮眼前，应将炮眼内的残渣、积水排除干净，并仔细检查炮眼的位置、深度、角度是否满足设计要求，装药时应严格按照设计的炸药量进行装填。隧道爆破所使用的炮眼堵塞材料一般为砂子和黏土的混合物，其比例大致为砂子 40% ~ 50%，黏土50% ~ 60%，堵塞长度视炮眼直径而定，一般不能小于 20cm，堵塞可采用分层人工捣实法进行。

3. 起爆

起爆网络必须保证每个药卷按设计的起爆顺序和起爆时间起爆。采用导爆管法起爆时，连接方法必须正确，串联每束不超过 15 根导爆管，为了"准爆"可以采用双雷管起爆，所有连接雷管都必须使用即发雷管或用火雷管加装导爆管，连接必须牢靠。

4. 瞎炮的预防与处理

（1）瞎炮的预防

1）爆破器材要妥善保管，严格检验，禁止使用技术性能不符合要求的爆破器材。2）不同燃速的导火索（"引线"）应分批使用，不应在同一循环中使用。3）防止导爆管破裂或拉断，防止油、水、泥沙进入导爆管口段。4）防止爆破器材在有水的工作面被水浸泡，避免爆破器材受潮。5）同一串联支路上使用的电雷管，其电阻差不应大于 0.8Ω，重要网路不超过 0.3Ω。6）提高爆破设计质量。设计内容包括炮孔布置、起爆方式、延期时间、网路敷设、起爆电流、网路检测。网路检测指电力起爆电雷管网路。7）提高操作质量。火雷管起爆要保证导火索与雷管紧密连接，雷管与药包不能脱离。

（2）瞎炮的处理

1）经检查确认炮眼的起爆线路完好时，可重新起爆。2）打平行眼装药起爆。平行眼距瞎炮孔口不得小于 0.3m。为确保平行眼的方向允许从瞎炮口取出长度不超过 20cm 的填塞物。深孔与超深孔，不宜采用此法处理瞎炮。3）用木制、竹制或其他不发生火星的材料制成的工具，轻轻将炮眼内大部分填塞物掏出，用聚能药包诱爆。4）瞎炮应在当班处理。当班不能处理或未处理完毕的，应将瞎炮做上记号，在现场交接清楚，由下一班继续处理。5）导爆管起爆法，若导爆管在孔外被打断，可以掏出仍在孔内的部分导爆管，长度25cm～30cm，接上导爆管雷管重新起爆。

（二）施工安全管理

1. 爆破

1）装药与钻孔不宜平行作业。2）爆破器材加工房应设在洞口50m以外的安全地点。3）爆破作业和爆破器材加工人员严禁穿着化纤衣物。4）进行爆破时，所有人员应撤离现场，其安全距离为不小于300m。5）洞内每天放炮次数应有明确的规定，装药离放炮时间不得过久。6）装药前应检查爆破工作面附近的支持是否牢固；炮眼内的泥浆，石粉应吹洗干净；刚打好的炮眼热度过高，不得立即装药。7）洞内爆破不得使用黑色火药。8）火花起爆时严禁明火点炮，其导火索的长度应保证点完导火索后，人员能撤至安全地点，但不得短于1.2m。9）为防止点炮时发生照明中断，爆破工应随身携带手电筒。严禁用明火照明。10）采用电雷管爆破时，必须按国家现行的GB 6722—86爆破安全规程的有关规定进行，并应加强洞内电源的管理，防止漏电引爆。11）爆破后必须经过15min通风排烟后，检查人员方可进入工作面，检查有无"盲炮"及可疑现象；有无残余炸药或雷管；顶板两端有无松动石块；支护有无损坏与变形。在妥善处理并确认无误后，其他工作人员才可进入工作面。12）当发现"盲炮"时，必须由原爆破人员按规定处理。13）装炮时应使用木质炮棍装药，严禁火种。无关人员与机具等均应撤至安全地点。14）两工作面接近贯通时，两端应加强联系与统一指挥。岩石隧道两工作面距离接近15m（软岩为20m），一端装药放炮时，另一端人员应撤离到安全地点。导坑已打通的隧道，两端施工单位应协调放炮时间。放炮前要加强联系和警戒，严防对方人员误入危险区。

2. 爆破器材运输

1）在隧道工程外部运输爆破器材时，应遵守《中华人民共和国民用爆炸物品管理条例》。2）在任何情况下，雷管与炸药必须放置在带盖的容器内分别运送。3）人力运送爆破器材时必须有专人护送，并应直接送到工地，不得在中途停留；一人一次运送的炸药数量不得超过20kg或原包装一箱。4）汽车运送爆破器材时，汽车排气口应加装防火罩，运行中应显示红灯。5）有轨机动车运送爆破器材时其行驶速度不得超过2m/s，护送人员与装卸人员只准在尾车内乘坐，其他人员严禁乘车。6）在竖井内运送爆破器材时，应遵守下列规定：必须事先通知卷扬机司机和井口上下联络人员；除爆破工和护送人员外，其他人员不得同罐乘坐；运送硝化甘油类炸药或雷管时，只准堆放一层，且不得滑动。运送其他炸药时，装载高度不得超过罐笼高度的2/3，并不高于1.2m；用罐笼运送硝化甘油类炸药或雷管时，其升降速度不得超过2m/s，运送其他炸药不得超过4m/s，用吊桶运送爆破器材时，其速度不得超过1m/s；司机在操纵卷扬机时，不得使罐笼或吊桶发生振动；运送电雷管时应装入绝缘箱内，切断洞内所有电源，并检查钢丝绳是否带电；严禁爆破器材在井口房、井底车场或巷道内停放；在上下班或人员集中的时间内，严禁运输爆破器材。7）严禁用翻斗、自卸汽车、拖车、拖拉机、机动三轮车、人力三轮车、自行车、摩托车和皮带运输机运送爆破器材。

（三）施工进度控制

1.钻孔及其装药实行定人定眼定时"三定制"，每炮对每个人的施作时间及其爆破效果进行考核。施作时间精确到分钟，按分钟进行奖罚；根据爆破效果、爆破后残眼情况进行考核奖罚。2.打破"平均分配"的观念，按照"多劳多得"的原则，相同时间内打眼多，水平高的人收入高，相应差的收入就低，通过收入促进工人之间的竞争意识，从而提高施工速度。

三、隧道爆破工程施工技术

（一）工程概况

某大沟总长度为3009米，隧道开挖断面为成门形断面，隧道最小埋深20m，隧道进出口紧接该大沟水渠，进口处隧道底距方沟流水面约29m，依靠竖井与地面水渠连接，竖井口设有环形堰，环形堰口直径仅3.5m，隧道出口依靠50m暗渠与下游方沟连接。方沟开挖边线离既有房屋最近为1～2m，爆破深度达8米：整个工程的爆破作业环境十分复杂；爆破类型多样化，既有明山爆破，又有隧道暗挖爆破；且施工过程中不能影响居民和各厂的正常生产、生活，爆破作业难度大。

（二）主要施工方法

1.明山控制爆破施工（方沟部分）

根据地形、地质及开挖断面情况，配备足够的机械，采用能保证边坡稳定的方法进行施工采用深孔梯段爆破方法，边坡部分用预裂爆破，爆破作业以小型和松动爆破为主，不进行过量爆破，以减少爆破对边坡的振动破坏和控制爆破大块率，便于装碴运输。

（1）爆破网路连接

本工程爆破网路连接一律采用非电导爆系统，除引爆雷管可使用火雷管外，其他部分严禁使用火雷管，以策安全。预裂孔先于主炮孔起爆。

（2）起爆方式

炮孔组的起爆方式采用"v"型起爆法，使爆堆集中、便于装运，并能削弱端头炮孔夹制力，利于边坡平整，减少超欠挖。在特殊情况下，如遇有建筑物，爆堆方向必须避开，则采用侧向起爆法。

（3）爆破警戒区的确定

按《爆破安全规程》（GB6722—86）中的有关规定。根据该工程的具体环境，结合我公司以往城市爆破经验，警戒距离暂定为 50 米。即以爆破地点为中心，50m 为半径的周边为警戒线。

2. 光面控制爆破（隧道部分）

根据隧道工程对爆破作业的要求，隧道爆破选用光面爆破。光面爆破的特点：成型规整，有利于施工锚喷支护，应力分布均匀，有利于围岩稳定，从而提高围岩自承能力；对围岩的扰动范围明显减少，相应的炮震裂缝减少，从而增加施工安全性；节约材料，减少超欠挖，从而降低成本。

（1）光面爆破的技术要点：

a.合理选择光面爆破参数，努力提高钻孔精度。

b.严格控制药量，采用合理的装药结构。

c.选采合理的起炸顺序。

d.周边眼应同时起炸，一般要求的差不大于 100 毫秒。

（2）炮眼布置的步骤

1）掏槽炮眼的布置

掏槽爆破是隧洞掘进的关键，爆破质量，掘进效果，都有赖于掏槽爆破是否成功

①掏槽位置：一般都选在钻孔作业比较容易的部位，比如隧洞中线偏下，断面较大，亦可选在中线一侧偏下。

②掏槽形式：常用形式有直眼掏槽，斜眼掏槽及混合掏槽。

1）平行直眼掏槽：优缺点：优点是掘进深度不受限制，炮眼布置简单：钻眼互不干扰，有利于多机作业。缺点是，掏槽面积小，炮眼较多；要求钻眼精度高，耗药量大，当采用的直径中空孔掏槽时，需要大直径钻孔机械。

平行直眼烧结掏槽：其特点是空眼直径同装药炮眼直径一样，不需附加设备。

2）楔形掏槽：斜眼掏槽中，楔形掏槽用得最多，楔形掏槽又称"V"形掏槽一般采用 2～4 对与工作面成 60～65 角的对称倾斜炮眼，成对地在炮眼底部，集中形成一线，集中火力，同时起炸，炸出一个楔形漏斗。

它实用于各种岩石，炮眼方向较易掌握爆破所成新临空面范围较大，缺点是掘出深度受断面范围限制。

A. 垂直楔形掏槽：实用于整体性较好或近似垂直或斜交成层的沉积岩钻眼方便，炮眼方向和高低易于掌握，破效果好，是较多采用的形式。

楔形掏槽要求炮眼与工作面的交角为 60 度～65 度即底部"V"形夹角 d 大致为 50 度～60 度，炮眼深度大致为断面宽度的 45—350%。各对炮眼间距 d：0.3～0.7。软岩取大值，硬岩取小值。

B. 复式楔形掏槽：当要求每一循环进尺为 B／2 或以上时，这时一次楔形掏槽难以

达到要求。必须采用复式楔形掏槽。钻眼时每对炮眼采用不同的倾斜角，钻孔精度要求高。

（2）沿开挖轮廓线布置周边眼及底版眼

A 周边眼：根据光面爆破选定的周边眼间距。沿开挖轮廓线布置，在墙足处。为克服较大的夹制作用，可将孔距适当减小。实施时应使周边眼基本保持平行。严格控制外角以减少超挖。周边眼深度应根据岩石条件，进度要求，掏槽形式而定，一般比槽口短0.1～0.2M。

B．二圈眼：二圈眼也是光爆施工的主要参数，直接影响光爆质量。二圈眼所在位置就是周边眼抵抗线边缘二圈眼的孔距一般稍大于周边眼抵抗线（w）。既二圈眼间距 EI=1.2W。通常不大于0.9M

（3）辅助眼

这部分炮眼足紧挨着掏槽眼的位置，它既是掏槽炮的辅助炮又对掏槽槽口起扩大作用，因而它的眼底与掏槽眼底部的距离应比扩大眼小一些。

（4）扩大眼

扩大眼的布置通常可采用下列形式：

A. 弧线图式：顺隧洞弧周边，分层布眼。这种形式，爆破逐层形式弧形拱有利于围岩的稳定。

B．直线形图式：围绕槽口将炮眼顺竖直或水平方向，向外向上逐层排列，相当于多排炮眼的梯段爆破，有临空面，爆破效果好，是隧洞开挖布眼多倾向的图式。

C. 圆形图式：开挖圆形洞室，炮眼围绕圆心分层布置。

应该说隧洞掘进主要岩石是靠扩大炮崩落，岩石的破碎度也靠扩大炮控制，它对光爆掘进影响也很大。

扩大炮炮孔间距，视岩石坚硬程度，装运手段对岩石的破碎程度的要求等因素而定一般为0.7～1.2M，岩石坚固取最小值，反之取大值。

（5）确定合理的起炸顺序

通常起爆顺序应为：掏槽炮一辅助炮一扩大炮一二圈炮一周边炮一底版炮，间隔时间采用25～100毫秒。周边眼宜一次起爆，分次起爆周边轮廓不平整。

3. 光爆钻孔的基本技术

整个光爆钻孔过程可分为准备—定位—开口—钻进—拔钎—移位六步。

A. 准备工作：开工前准备工作做到"四查"，即查钻机，支架是否正常；查水管路到位和牢固；查钻头；钻杆；扳手；水钎；油壶是否带齐；查料有无备用。

B. 定位：由作业班长根据爆破设计，将每台钻机钻孔范围及顺序分配明确。

c. 开口：根据爆破设计及中线水平，选好开口位置，刨去浮石，调整支架角度，使支架与开口处岩面垂直。操作时，先开水，后开风，一般先开半风，用力前推，防止打滑，钻进3～5厘米后再调整支架，保持设计规定的角度，开全风，加大推力。

D. 钻进：钻进中应充分发挥支架的作用，以加快钻进速度，减轻体力劳动。

（4）起爆系统

光面爆破起爆系统采用非电起爆系统

总之，为保证爆破工程顺利施工。应根据现场情况，及时做好技术上的调整、做好安全上的加强。爆破作业严格按照爆破设计执行，由爆破工程技术人员在现场指导，验收炮孔参数。进行装药量计算，做好爆破原始资料的收集、整理和技术总结。

四、隧道爆破及排水工程质量检查

（一）隧道爆破施工监理要点

1. 审查承包人的爆破方案

方案中单位用药量是否符合地质条件、开挖方法和隧道断面积，是否会因用药过量产生对周边围岩严重挠动及对附近建筑物产生振动损坏。

掏槽炮、扩大炮、周边炮、翻底炮的设计参数取值是否合适，是否影响到开挖面质量和形状，爆碴堆形状和爆碴尺寸是否便于装载运输或后续工程利用。

所用爆破材料、器材是否适合地层条件，能否保证顺利、安全进行爆破。如涌水地层、高温地层、含瓦斯地层所选用的炸药品种是否合适；光面爆破选用的毫秒差雷管段数是否可行等。

炮眼设计深度是否考虑到掌子面自立性。

2. 查询承包人确保钻眼质量的措施

布孔方法是否能保证相当精度及布孔后的检查方法。

凿岩机、钻孔台车的钻杆抵位和插角及钻孔深度控制的保证措施。

3. 检查爆破的安全措施

含瓦斯地层中，着重检查机电设备防爆及沼气自动检测报警断电装置。

采用电雷管起爆的隧道，要检查起爆主线绝缘情况，工作面是否有动力电、照明电的电流导入。

4. 爆破效果检查

炮眼痕迹保存率，硬岩80%、中硬岩70%、软岩50%，最小允许炮眼痕迹率不小于规定值的60%。两茬炮衔接台阶的最大尺寸不得超过15cm。

5. 开挖质量检查

整体式衬砌断面开挖形状、尺寸应符合设计要求。拱墙脚以上1m内断面应无欠挖。其他部位，在岩层完整、抗压强度大于30MPa时，个别突出部分（每 m^2 内不大于 $0.1m^2$）侵入衬砌断面不大于5cm。隧道断面允许超挖值。

锚喷衬砌断面开挖形状、尺寸要符合设计要求，在坚硬岩层中局部断面岩石突出部分每 m^2 内不大于 $0.1m^2$，侵入断面不大于3cm。隧道断面允许超挖值见表2。

开挖断面除考虑施工误差和位移量外，再预留10cm作为必要的补强加固量。

复合式衬砌断面开挖的允许超欠挖值与锚喷衬砌断面开挖的允许超欠挖值相同，检查频率与方法也一样。复合衬砌开挖断面应按设计要求预留变形量，当无规定时。

6. 爆破震动、噪音的限制

爆破或其他作业所引起的地面震动不得损坏地面现有建筑物，对现有建筑物震动的最大质点速度应小于 2.5cm/s。对于新灌筑混凝土的震速要求，不超过表 4 值。

在最邻近爆破点的现有建筑物所量测的爆破冲击噪音不得超过 130db。

（二）隧道排水结构施工监理

排水工程是重要环节，如何把排水工程尤其是隧道排水工程按照设计要求做精做细，是工程技术人员要加以注意的问题。

1. 衬砌背后排水

（1）衬砌背后排水设施类型。

（2）衬砌背后排水设施施工注意事项

1）衬砌背后的排水设施应配合支护衬砌同时施工。

2）排水设施的设置应视洞内渗漏水情况确定。出水点多处应多设置，出水点少处应少设置；渗水面较大时宜先钻集水孔集水，后设沟管引排；拱部出水常作环形沟管，边墙出水应从上向下引流到竖向沟管，几处渗漏水可设纵向沟管，最终都应引流到排水沟中。

3）有排水设施的地段如需要衬砌背后压浆时，沟管四周圬工更应密实，衬砌完成后应将背后的排水设施做出明显标志，以便钻孔和压浆时能避开排水设施位置，严防浆液流入沟管堵塞水流。

4）严寒地区的排水设施要注意防冻保温层的施作，务使排水设施内的水流不受衬砌表面低温的影响而造成冻害。

2. 隧底排水

（1）排水沟类型

（2）施工注意事项

1）排水沟纵向坡度应与线路纵坡一致，沟内不应有集水段，尤其是不能出现反坡段。

2）对于预制安装的排水沟，在铺底时要严格禁止出现灰浆流入沟内堵塞沟道。

3）侧沟位置应在开挖边墙基脚时一次挖好，以免做好边墙后进行爆破，损坏圬工。

4）防冻排水边沟深度超过边墙基础很多，可能会影响边墙稳定，宜采用分段间隔施工，一段不能开挖过长。

5）防冻水沟的出口、汇水坑、检查坑都应采取防冻设施。

6）排水沟洞施工应根据隧道中线桩放样，以保证水沟洞的平纵位置。

3. 排水设施监理工作

（1）观察衬砌背后沟管布设及施作过程，及时纠正沟管布设中存在的问题，通过察看沟管排水情况，确认施工质量。

（2）通过量测，检查洞内水沟、泄水洞等的结构尺寸、设置位置、纵向坡度等是否符合设计要求。

（3）具有保温要求的结构须检查其结构形式、建筑材料、回填材料是否符合设计和保温技术要求。

（4）盲沟须检查过滤层级配和回填质量。盲沟、暗沟、排水管等有无堵塞现象，水流是否畅通。

（5）水沟盖板的尺寸，边缘平顺、铺设平稳也应抽检。

（6）检查路面水排向边沟或地下水排向泄水洞的集水孔、排水孔和水管是否符合设计要求。

五、隧道工程控制爆破技术探讨与应用

控制爆破法以其施工简单、成本低成为隧道开挖的主要施工方法，但是控制爆破法对隧道施工的质量影响也比较大，需要我们准确的使用控制爆破技术，一方面是岩石本身的物理特性影响爆破技术，另一方面爆破使用的炸药量、爆破工艺等都会影响控制爆破技术的效果发挥。因此合理地掌握爆破技术，尤其是科学的计算出装药量、炮孔数量以及炮孔距离等对提高隧道的施工质量具有重要的作用。

（一）控制爆破技术的概述

1. 控制爆破的理论。控制爆破就是根据工程和爆破环境、规模等条件，通过各种技术，严格控制爆炸过程和对介质的破碎过程，使爆破达到预期的效果，保证爆破的方向、噪音等在合理的控制范围内，我们对这种爆破效果和爆破危害的双重控制的爆破，称之为控制爆破。

2. 控制爆破技术的种类。控制爆破技术主要有：（1）微差爆破。微差爆破就是利用毫秒延时雷管达到延时爆破的爆破技术。它的主要优点就是可以降低爆破地震效益所导致的冲击作用；实现岩石碎块的均匀度，使得爆破岩石碎片集中化，便于清理；降低爆破次数、提高爆破效果；（2）挤压爆破。挤压爆破技术就是在爆区自由面前方人为预留岩渣，以此提高炸药能量的利用率和改变破碎质量。它的主要优点就是增加了工时的利用率，降低了爆破频率；通过挤压爆破可以使岩石在挤压过程中发生二次冲击，提高了岩石破碎率，降低了二次爆破的工作量；（3）光面爆破就是在开挖的岩石中保证其表面光滑而且不受明显破坏的爆破技术。光面爆破技术可以有效地保护开挖岩体的稳定性，降低施工成本。光面爆破的原理就是采取在开挖岩体表面布置密集的小直径炮眼，在这些炮眼中不耦合装药或者部分孔不装，同时起爆形成平整的光面；（4）预裂爆破就是人为开挖制造一条裂缝，这条裂缝是保留围岩与爆区的分裂线，有效的保护围岩，降低爆破地震危害的控制爆破技术。预裂爆破的炮孔直径一般越小，孔痕率就会越高，对爆破的效果就会产生巨大的影响。

（二）隧道控制爆破技术

为了更加准确地说明隧道控制爆破技术，选用"高石河隧道施工"实例对隧道控制爆破技术进行综合分析：

1.高石河隧道爆破施工方案

高石河隧道工程以娟云母千枚岩为主，千枚岩遇水后会迅速的软化，而且其地形非常复杂，经过多方论证，最后采取地表注浆加固形式对滑坡进行处理后进行进洞施工。基于高石河隧道地形比较复杂，隧道开挖面积要达到110m²，因此根据施工现场的环境以及施工设备可以采取上、下台阶法开挖，选择2#的岩石乳化炸药，钻孔的直径为42mm，采取并联分段毫秒导爆管。上断面开挖44m²，下断面开挖56m²，它们都采取水平炮孔开挖方式。

2.爆破参数的确定

根据以往的工作经验以及爆破原理，本工程沟槽采取楔形沟槽法，炮孔则采取掏槽眼、辅助眼、周边眼等多种布孔的方式，并且利用不同段别的毫秒雷管实现对光面控制爆破。

（1）炮孔的数量以及炮孔直径。根据工程的实际环境以及岩石的坚硬程度，并且结合爆破技术的原理，来确定在工程的掌子面确定炮孔的数量，一般我们在确定炮孔数量时选择的公式是：

$N=3.3（f·s^2）1/3$

根据公式我们可以准确的计算出该工程的炮孔数量应该为160个，其中：

N——炮孔的数量（个）；

s——掘进断面积（m²）；

f——岩石坚固性系数。

（2）装药量的计算及分配。装药量的多少对爆破效果会产生重要的影响，药量不足与过多都会影响工程的质量，因此要合理的确定具体的装药容量，合理的药量要根据炸药的性能和质量等多方面进行确定，但是由于施工环境具有很多的不可计算的因素，因此我们在确定炸药容量时多根据以下公式进行计算：$Q=AV$。

在公式中：

Q——爆破循环需要的炸药量；

q——爆破每立方米所需要的炸药的消耗量（kg/m³）；

V——一个循环近尺所爆落岩石的总体积，即 $V=IS$，m³。

（3）炮眼直径对工程的影响。众所周知，增加炮眼的直径，加大装药量可以使爆破的威力更大，可以使爆破的效果发挥到最大程度，但是如果一味地增加炮眼的直径就会造成凿岩的下降速度，并且对岩石的碎片质量以及围岩的平整度产生巨大的负面影响。比如增加炮眼的直径可能就会增加爆破的瞬间威力，但是岩石的碎片破碎程度就会下降，碎片的均匀程度也会出现巨大的反差，因此在设定炮眼时必须要根据施工环境以及施工设备、炸药的性能等综合因素进行分析，科学的确定炮眼的孔径。根据我们的工作经验，再结合本工程的实际情况，我们将炮眼的直径确定为32mm～50mm之间，药卷与眼壁之间的间隙为炮眼直径的10%左右，基于此要求，上下断面的开挖爆破应该选用钻头为38mm的风动凿岩机。

3.爆破施工设计

（1）上台阶施工设计

1）炮眼布置。炮眼的布置要严格按照控制爆破震动原理进行布置，首先从距底板的50cm处开始，沿隧道的中心线两侧对称布置4对垂直楔形掏槽孔，它们的排列顺序是：头排的辅助孔与掏槽孔的距离要保持40cm，中间辅助孔的距离也为40cm，最外排的辅助孔与边墙的距离为85cm左右；在隧道的拱部布置4排崩落孔，他们之间的排距为60cm，最外层的崩落孔与隧道边界要保持65～80cm的相距距离；周边的炮孔要与开挖边界保持20cm，并且炮孔钻眼要向外倾斜5°左右，底板孔直接布置在底部边界上，并且向下倾斜10°左右进行钻孔，并且要保持孔距之间达到85cm。

2）装药结构与单孔装药量的确定。在确定好炮眼的数量以及大小位置后，就需要根据具体的工程要求科学的对炸药使用量进行确定，一般根据工程建设经验，除了在周围孔选择轴向间隔装药外，其余的炮孔需要采取连续装药的结构，不同的位置选择的炸药是不相同的，在拱部周围孔之间要采取直径为25mm、长20cm、重100g的卷装乳化炸药；底板孔则使用直径为32mm、长20cm、重200g的乳化炸药；其余的则选用直径为32mm、长20cm、重150g的卷状2#岩石炸药。

3）起爆顺序与方法。为了降低施工成本，实现爆破的预期效果，应该将爆破所引起地表振动的速度控制在2cm/s内，并且要尽量使各个炮孔同时起爆，具体的起爆顺序是：掏槽孔、辅助孔、崩落孔、边墙周边孔、底板孔和拱部孔。起爆的方法是采取非电导爆管以此点火，孔内毫秒延时起爆，采取并联方式连接，主传导爆管用电雷管引爆。

（2）下台阶施工设计

1）炮孔布置。下断面横截面上应该布置3排主爆孔，其中3个头排爆孔的抵抗线为1.1m，随后再布置2排主爆孔，其间距为0.8m左右，并且要保证每排要布置4个炮孔，孔距的间距为1.0m，同样两侧的边墙也要布置4个周边孔，孔距为0.7m。

2）装药结构与单孔装药量。下端面的装药结构与上断面的装药结构是相同的，除了底板孔使用单卷的重量为200g的乳化炸药外，其余都是用单卷为150g的2#的岩石炸药。

基于我国隧道工程的广泛性，加强对隧道控制爆破技术的研究对提高隧道工程质量、降低施工成本具有重要的作用，因此我们在进行隧道施工前要制定准确的爆破施工方案，并且准确的按照施工环境以及施工设备等计算炸药的使用量以及炮孔的布置数量以及位置等，以此实现爆破效果达到预期的目的。

六、隧道工程光面爆破施工改进

与其他爆破相比，光面爆破具有施工速度快、节约材料、降低造价等一系列优势。开展光面爆破和预裂爆破的研究，其目的是使爆破后的岩石表面能按设计轮廓线成形，表面能较平顺且超、欠挖量最小。最突出的是，它能有效地控制周边眼炸药的爆破作用，从而减少对围岩的扰动，保持围岩的稳定，从而确保施工安全，提高工程质量，加快施工进度。

（一）光面爆破器材选用

光面爆破器材主要有：炸药、非电塑料导爆系统、毫秒雷管和导爆索等。

周边眼炸药一般选择低爆速、低密度、低猛度、高爆力、小直径、传爆性能良好的炸药。

周边眼使用的雷管一般选择分段多、起爆同时性好的非电毫秒雷管，能提高施工安全度，减少爆破震动。

（二）光面爆破的改进

在隧道施工中，开挖进尺一直是隧道施工的关键，它直接影响隧道工程的各项技术经济指标。传统的光面爆破直接用纯炮泥填塞炮孔，虽然在一定程度上能保证炸药的充分反应，但是爆破气体逸出自由面的温度仍然很高，能量有效利用率达不到 50%。

1. 水—土复合填塞炮孔爆破作用机理

炸药在岩石中爆破时释放出来的能量，主要是以冲击波和爆生气体膨胀压力的方式作用于孔壁上造成岩石破碎。采用水—土复合填塞炮孔爆破，炸药在炮孔中爆炸具有如下特性：（1）高压气团的膨胀形成高速射流，可起到加强岩石破碎的作用；（2）冲击波经过水介质时，由于水的压缩性小，与其他介质相比，吸收的爆炸能量少，因此具有节能效果；（3）水介质的能量传递效率高，且均匀，故炸药消耗量小，破碎块度均匀；（4）爆破粉尘能被水气吸收，起到雾化降尘的作用。因此，水—土复合填塞炮孔代替纯炮泥填塞炮孔，利用水的不可压缩性和炮泥的填塞作用，减少冲击波在传播过程中的衰减，相对延长了爆生气体的作用时间，提高了岩石的破碎度和炸药的有效能量利用率，节省了炸药、加快了进尺。

2. 水—土复合填塞炮孔的施工工艺

（1）水袋、炮泥的加工工艺：水袋为长 200mm，直径为 36mm 的聚乙烯塑料袋，袋中充满水后，将袋口扎紧以防漏水。制作炮泥的材料一般为黏土，炮泥的规格和长度均可根据实际需要作调整。炮泥最好在使用前 1h ~ 2h 制作好，以免放置时间过长，炮泥失水变硬。

（2）炮孔的装药结构：炮孔的装药结构依次为药卷、水袋、炮泥。实际施工过程中，可在药卷和水袋之间加 5cm 左右的炮泥，以防止水袋在放置、运输时有轻微的渗水，影响爆破效果。

3. 泥岩段爆破设计

如泥岩节理裂隙不发育、整体稳定性较好，隧道开挖采用全断面光面爆破。经多次爆破试验，确定泥岩段隧道爆破周边眼间距为 49cm，周边眼最小抵抗线为 55cm，E/W=0.89，循环最高进尺 213m，平均循环进尺 212m，平均炮眼利用率 90%，炮痕保存率 85%，平均线性超挖 710cm。

4. 泥岩夹钙质页岩爆破设计

泥岩夹钙质页岩，有 2 组压性节理，裂隙发育，有地下水，整体性稳定性一般，隧道开挖采用全断面光面爆破，经多次爆破试验，确定该段隧道爆破周边眼间距为 45cm，周边眼最小抵抗线为 50cm，E/V=019，最高进尺 214m，平均循环进尺 213m，平均炮眼利用率 95%，炮痕保存率 80%，平均线性超挖 10cm。

改进的光面爆破施工效果是显著：

（1）利用水—土复合填塞炮孔，提高了炸药能量利用率，可节省炸药 27%。

（2）采用水—土复合填塞炮孔比常规光爆平均每循环进尺提高 0.36m。

（3）洞内粉尘大大减少，改善了洞内施工环境。

由此可见，水—土复合填塞炮孔爆破施工是一项技术上可行、经济上合理、安全上可靠的综合施工技术，应大力推广。

（三）光面爆破参数

1. 炮眼直径 d

隧道开挖现场常用的炮眼直径为 35 ~ 45mm。

2. 炮孔间距

隧道跨度较小时，眼距适当减小，反之适当加大。隧道开挖施工爆破可按式（1）确定周边眼炮间距 α。

$$\alpha = （12 ~ 20）d（1）$$

对于隧道光面爆破的周边眼间距可取 600 ~ 700mm，若开挖面曲率较大，岩石对爆破的夹制作用较强，炮眼间距可缩小至 450 ~ 500mm，导向空眼和装药眼之间的间距一般不小于 400mm。

3. 最小抵抗线 W

光面层厚度 W 可用以下公式来确定

$$W=Q/Cha — cha（2）$$

式（2）中 Q 为炮眼间距；L 为炮眼深度；为爆破系数，相当于单位耗药量，对于 f=4 ~ 10 的岩层，值变化范围为 0.2 ~ 0.5kg/m³。

对于大跨度隧道一般取 W=700 ~ 800mm，拱顶部位的厚度应随跨度的增加而相应加大。另外最小抵抗线与岩石性质及地质构造有关，硬岩可取 500 ~ 600mm，松软岩石取 800 ~ 900mm，对于小跨度隧道可减为 600 ~ 700mm。

4.炮眼密集系数 m

炮眼密集系数也称炮眼邻近系数，它表达了炮眼间距 α 与最小抵抗线 W 之间的关系即 m=α/W，是光面爆破参数确定中的一个关键值。在工程施工中确定光面层厚度时，如 m>1，说明 α 值偏大，w 值偏小，爆破时易出现眼间裂缝，周边眼尚未沟通前应力波已传到二圈眼，这样光面眼就变成偏斗爆破。当 a=W，m=1，爆破时光面眼之间的裂缝形成较好。当 m=0.5，即 2a=W，光面层不易爆下来。故 m=0.8 ～ 1.0 时较好。

（四）确保隧道光面爆破质量的控制措施

目前，国家尚无鉴别光面爆破质量的统一标准，一般说来，光面爆破应达到以下要求：

1. 开挖轮廓尺寸基本符合设计要求，欠挖不大于 50mm，超挖不大于 150mm，壁面不平度小于 150mm。

2. 爆破后壁面上保留的半眼孔痕率为：坚硬且完整性好的岩石 ≥80%，中等强度的岩石 ≥65%，软岩或节理发育的岩石 >50%。

3. 爆破作用对保留部分岩体破坏轻微，保留下的炮眼壁面上无粉碎和明显的爆破缝隙、松软破碎的岩体，爆破后尽量无大的危岩浮石、坚硬面完整的岩体，无危岩或很少危岩。

第五节　管理与安全工程

一、工程安全管理概述

建筑工程安全管理是企业发展的重要环节，由于化工生产过程中存在着倒塌、滑坡、管涌和流沙等危险、危害因素，而承担工程建设的主要力量是外来施工单位，施工人员素质参差不齐并且对作业环境陌生，特别是当新工程与现有生产系统衔接区域较多，施工中各种危险、危害随时可能发生。如何实现工程的施工安全，保护劳动工人的生命安全，消除和控制各种危险、危害因素，保证安全生产和安全施工。作为建设单位，在整个工程建设中，应该从源头抓起，实行全过程的安全管理，合理安排和协调各施工单位的作业。

（一）分析建筑工程施工中伤亡事故的主要情形

据统计分类，建筑施工中的事故类别可达 10 种以上，但其中最主要的易发的和常见的伤亡人数最多的事故有五大类，高处坠落占事故总数的 43.8%，触电占 17.6%，物体打击占 12.5%，机械伤害占 7.5%，坍塌事故占 6.5%，这五大类事故占事故总数的 87.95%。可见，要消除或减少建筑施工中的伤亡事故，就要从治理和遏制这五大类事故入手。

1. 高空坠落事故：临边、洞口处坠落，占此类事故总数的第一位。主要原因有：无防护措施或防护不规范；洞口防护不牢固，洞口虽有盖板，但无防止盖板移动的措施。脚手架上坠落，占此类事故总数的第二位。主要原因是搭设不规范，如相邻的立杆的接头在同一平面上，剪力撑、连墙点任意设置等；架体外侧无防护网、架体内侧与建筑物之间的空隙无防护或防护不严；脚手架板未铺满或铺设不严或不稳等。

2. 触电事故。电缆电线绝缘老化、破损及接线乱造成漏电，占此类事故总数的第二位。施工机械漏电造成事故，占此类事故总数的第一位。主要原因是建筑施工机械要在多个施工现场使用，不停移动，环境条件差，带水作业多，如果保养不好容易漏电；施工现场临时用电没有按照规范要求做。

3. 失控物体打击。主要有在基抗边堆物不符合要求，如砖、石、钢管等滚落到基坑、桩洞内造成基坑、桩洞内作业人员受到伤害。从物料堆上取物料时，物料斗散落、倒塌造成伤害。高处堆放材料超高、堆放不稳，造成散落，作业人员在作业时废料随手往地面扔；折脚手架时，拆下的构件、扣件不通过垂直运输设备往地面运，而是随拆随扔；立体交叉作业时上下层间没有设置安全隔离层；起重吊装材料散落；手柄断裂工具头飞出伤人等。

4. 机械伤害。没有安全防护和保险装置或装置不符合要求，占此类事故总数的第二位。如机械外露转动部位没有安全防护罩，圆盘锯无防护罩，塔吊的"四限位两保险"不齐全或失效。违章作业，占此类事故总数的第一位。

5. 坍塌。包括模板坍塌，脚手架倒塌，其中基坑、基槽开挖过程中的土方坍塌，占此类事故总数的第一位。排水措施不畅通，造成坡面滑动塌方等。塔吊倾覆。主要是由于塔吊起重钢丝绳或平衡臂钢丝绳断裂等。

（二）仔细分析建筑工程施工的特点

建筑施工产品固定、人员流动。任何一种形式、功能的建筑物或者构筑物一经选定地点，破土动工至施工完毕，人们都围绕着建筑物或者构筑物的上上下下进行生产活动。

建筑施工作业条件变化大、规则性差。任何一栋建筑物从基础、主体、屋面到装饰施工，每道工序都不同；即使同一道工序由于工艺和施工方法不同，生产过程也不相同。随着工程施工形象进度的变化，作业条件和作业环境也在不断变化。建筑施工作业环境恶劣，体力劳动繁重。建筑施工需要作业人员常处在室外露天作业，要经受夏天的炎热，冬天的寒冷、风吹，夏天的日晒、风刮雨淋，在恶劣的环境中，从事繁重的体力劳动容易引起作业人员的疲劳和注意力不集中，出现安全事故。

建筑施工多方参与，管理层次复杂。建设方、承包商、材料供应商、质监站、监理公司、审计所等参与到建筑施工中，建筑施工要在各个方面做到统一指挥，协调管理，各尽其职，还是比较困难的。

（三）认真执行安全技术管理制度

施工安全技术措施是对每项工程施工中存在的不安全因素进行预先分析，从技术上和管理上采取措施，从而控制和消除施工中的隐患，防止发生伤亡事故。因此，它是工程施工中实现安全生产的纲领性文件，必须认真编制和执行，要做到以下几点：

1. 要有针对性。要针对工程的特点、施工环境、施工方案、劳动组合、使用的机具、架设工具以及施工季节等具体情况，制定保障安全施工措施。

2. 对新购的或原有周转使用的安全设施防护用品，都必须进行验收，合格后，才准进入施工现场使用。不合格的产品不准进入现场并及时清除施工现场，以防误用，发生事故。

3. 各种安全设施、防护装置，应列入任务单下达落实到班组或个人，完成后必须进行验收。

4. 在开工前完成编写和审批。由具有法人资格的企业的技术负责人审批和签字生效。在施工中如果发生工程变更等情况，安全技术措施必须及时作相应的修改、补充和完善。

5. 安全技术措施经费应列入工程项目财务计划中，并保证使用。

（四）建立、健全安全生产责任制

按照标准要求组织施工，执行安全技术措施都不能是纸上谈兵，都必须落实到实处，这就需要有责任制。

在建筑施工中还要注重四个环节，即施工前、施工中、施工现场和伤亡事故。在这四个环节是搞好建筑施工安全生产的主要范围，由此可见，安全生产贯穿于施工生产的全过程，存在于施工现场的各种事物中，也可以说凡与施工现场有关的人员，都要负起与自己有关的安全生责任。为了安全生产责任制能落实到处，建筑企业和施工单位还应制定责任制的考核办法，这样才能给落实安全生产责任制打下基础。责任落实了，在建筑施工中的安全生产工作就能做到事事有人管，件件能落实。

（五）加大安全培训教育的力度

安全培训教育是实现安全生产的一项重要基础工作。只有通过安全培训教育才能提高各级人员的安全意识和搞好安全生产的责任制和自觉性，使从业人员掌握安全生产法规和安全生产知识，提高各级管理人员对安全生产的管理水平，提高作业人员安全操作和安全技能，增强自我保护能力，预防重大伤亡事故。

总之，安全关系到每个劳动工人和管理者的切身利益，是高于一切的，所以我们每一个从事建筑行业的劳动者都要以职工的安全为最高始命，在保证安全的条件下建造出高质量的工程成果。

二、工程管理具体内容

当前，我国的经济关系仍处在深刻的变动之中，大力发展社会主义市场经济，调整和规范社会主义市场经济体制条件下的各种经济关系和经济活动，在这种大的经济环境下，各地城市建设发展较快，建筑施工企业也不断涌现。然而，建筑行业是一个危险行业，每年由于安全事故丧生的从业人员有数千人之多，直接经济损失超过百亿元。

经过大量的调查事实表明，大量事故都源于安全管理的不完善或者失误，违规违章操作就是典型的管理不善的结果。因此，建立健全有效的安全管理体系，加强工程的安全管理，是进一步提高建筑安全水平的关键。

（一）安全管理含义及存在问题

安全问题在建筑工程中十分重要，因此，加强安全管理，防范和减少安全事故的发生，及时妥善处理安全事故，减低因安全事故造成的人身伤亡和经济损失，从而使工程顺利进行到底，是工程管理中不可忽视的一个重要环节。

安全管理是针对安全事故而言的，从其造成的原因来说，有主观原因和客观原因；从发生伤害的对象及性质来说，有人身安全、设备财产安全和工程结构安全等；从所发生的地点来看，有工程施工区内和区外之分；从发生的时间长短来看，又有突发性和持续性的区别等。当然，还有一种根据事故大小来分类的方式。安全管理的主要内容是为贯彻执行国家安全生产的方针、政策、法律和法规，确保生产过程中的安全而采取的一系列组织措施。其任务是发现、分析和消除生产过程中的各种危险，防止发生安全事故，保障员工的安全健康，从而建设工程的顺利开展。

我国《建筑法》第三十条规定："建筑工程安全生产管理必须坚持安全第一、预防为主的方针，建立健全安全生产责任制度和群防群治制度"。《安全生产法》第三条规定："安全生产，坚持安全第一、预防为主的方针"。第四条规定："生产经营单位必须遵守本法和其他有关安全生产的法律、法规，加强安全生产管理，建立、健全安全生产责任制度，完善安全生产条件，确保安全生产"。

由此，我们可以发现，其实安全管理就是要坚持以人为本，贯彻安全第一、预防为主的方针，依法建立健全具有可操作性、合理、具体、明确的安全生产规章制度，使之有效、合理、充分地发挥作用，及时消除事故隐患，保障项目的施工生产安全。安全管理的好坏，既关系到工程能否顺利实施，又从一个侧面反映了一个公司的管理水平和文明程度。

当前，我国的社会经济活动日趋活跃和复杂，工程的建设活动也比原来计划经济体制下复杂多了。在计划经济体制下，从业人员相对固定，其技能和素质相对稳定，国家安全生产的标准规范还能得到贯彻落实。但是，当前社会环境下的从业人员有相当一部分未经过系统教育培训的非专业人员负责施工项目的生产经营活动，他们对安全管理的重要性认识不到位，经常是"说起来重要、干起来次要、忙起来不要"，从而造成了很多安全隐患问题出现。

（二）加强安全管理措施

科学合理的施工安全管理，是一个相对完善严密又行之有效的管理体系，包括人员组织、制度建立、设施配备等，其主要任务是安全防范和安全事故处理。

（1）安全生产规章制度是安全管理的关键。一是要针对具体情况制定专门的安全管理制度；二是在制定其他管理制度时也应考虑安全管理的因素。安全管理制度种类繁多，要因时因地制宜，既要严格又要合理，便于操作执行。对于一些安全生产责任制度、安全检查制度、安全标志制度等，一定要根据项目的实际情况做灵活的规定，既要使规定符合要求，又要使规定操作方便。

（2）所有从业人员必须有明确的安全意识。在工程建设中，安全管理做得再好，也可能发生意想不到的安全事故。只能说预防工作做得越好越细，安全事故发生的概率及其造成的损失越小。但这绝不是说就可以轻视或忽视工程安全管理工作。所有的从业人员必须高度重视安全施工，牢固树立"安全第一，以防为主"的意识，这种意识应该是全员的，必须贯穿从工程信息追踪、编投标和谈判签订合同，到工程施工期及缺陷责任区的整个过程。

（3）在施工前要采取必要的安全措施，比如设置安全标志等。针对不同的建设地区，要采取不同安全防范措施。如设置专、兼职安全管理员，配备专用放火消防器材，架设安全护网护栏，树立安全警示标志，根据需要配置安全帽绝缘衣鞋，按要求修建爆破材料仓库，配备必要的医疗和急救人员、药品和设施，采取适当措施保证饮用水的安全。还要根据工程的施工期内和结构的特殊性，专门采取必要的安全防范措施。

（4）在施工场所要建立安全预警机制。分层规划安全平面防护图，图中标明"四口"防护位置、临边防护位置，并以颜色区分防护的重要性。现场按照平面图进行防护，并做出安全标识和警示。建立安全动态防护和检查制度，根据动态防护的特点，要求项目安全员的检查必须是动态的，应根据动态防护平面图进行定时检查、记录和跟踪落实。

（5）对从业人员进行严格市场准入，保障安全生产。建筑业市场竞争比较激烈，压低造价是主要的手段。固定的生产成本是必需的，只能从安全文明施工措施费、管理费、利润中压榨，这就影响了生产中安全措施费的投入，使得安全防护不到位，不仅不能防止事故的发生，而且如果事故发生了也不能起到教育和警示的作用。必须按照国家的明文规定，执行严格的市场准入制度。

（6）对施工人员要做好安全教育和环境教育。政府应勇于挑起对农民工的安全基础教育的责任。农民工应有一个准入制度的约束，从农民工转化为建筑工人也应有一个过程，输出劳务的当地政府作为受益者理应负起这个责任，对输出劳务进行初级培训教育。建筑施工企业在招募劳务工或选择劳务公司后，对其进行三级安全教育，强化工程特点所带来的安全风险和具体作业安全要求。大力培育专业劳务公司，把零散的农民工纳入有序的劳务公司，对劳务公司进行资质评定、资格评审。

从业人员要了解熟悉所要从事建筑工作的环境，包括社会环境和自然环境。工程的管理者还应了解工程结构特点，施工过程与工艺流程及施工机具的性能等。对工作环境的全面透彻了解，有利于制定恰当的预防措施，防范安全事故的发生。

（7）为从业人员办理各种保险项目。如果说上述各种措施是为了防范安全事故的发生的话，工程保险则是在事故发生后减少项目损失的有效途径。一般在合同中对保险作了明确规定，承包商必须办理，如工程一切险，施工设备险，第三方责任险等。承包商还可以根据具体情况办理其他险种，如人身意外伤害险、航空险、交通车辆保险、货物运输全程保险等。

（三）出现安全事故的处理措施

安全问题虽然说重要，但是很多企业还是仅仅停留在表面，并没有对安全管理的实质内容进行把握。也正是由此，现在各个建筑工程普遍都会发生这样或那样的安全问题，而且很多的企业，发生安全问题之后不知道如何去紧急处理，这样造成的后果就可能更加严重了。

（1）注意把握现场急救的机会。一般来说，工地发生的安全事故，靠承包商项目自身的力量就能解决救护，有的则需要得到业主或总部的支持。当安全事故发生后，应立即组织人力物力进行现场救护。对于人身安全事故，造成受伤的，要对伤口进行临时处理；危及生命的要进行急救处理；已死亡的，要打捞或处理尸体，并根据具体情况及时作进一步的处理，如送医院救治等。

（2）尽快处理安全问题后遗症，恢复施工。造成严重人员伤亡的，要视具体情况，将伤亡者送往医院，或通过总部安排其家属到场。一般由于工程施工期紧迫，出现大的安全事故后可能会引起工程局部或全部停工，也可能会在员工中引起情绪波动，要积极采取措施尽快恢复生产，如安抚动员员工上班，安排受淹基坑排水，毁坏机器设备的修复，受损工程的清理重建等。

（3）及时调查事故原因，追究责任，杜绝下次事故的可能。安全事故发生后，要组织有关人员进行调查取证，分析查明事故的原因，评估损失大小，确定事故性质。属责任事故的，要依据制度规定，追究相关人员的责任。情节严重的直至追究其法律责任。同时，要检查反思项目安全管理体系是否存在某些不足，需要加以改进完善。这样处理，一方面可以使事故受害者得到安慰，另一方面也能尽量的保证以后不再有类似的完全问题发生。

（4）及时上报安全事故，对事故原因一定不能隐瞒。安全事故发生后，要视事故的性质和大小，报告有关方面。小的事故，可在项目内部由下级向上级报告。有的事故则要通报项目全体员工，或报告业主、保险公司、当地警察、公司总部或受害人家属等。报告有口头或书面形式，严重的事故，项目管理者要亲自向有关领导汇报，并及时上报事态发展及处理情况。对于已经调查得出的事故原因一定要如实反映，对于一些大的安全隐患问题，可能会引起上级甚至是国家相关部门的重视，相关部门可能会就此通知相关企业，让相关企业做好预防措施，防止类似事故再发生。

安全问题我们喊了许多年，也有不少规定，而建筑劳务市场的现状就像一个多嘴的漏斗，不同环节的流转是自由的和多向的。最终的结果总是不断会听见有安全问题出现，究其原因，大多是对安全问题不重视的结果。

其实，安全管理是一个系统的工程，仅仅靠施工企业是不够的，当然施工企业在安全管理中起着核心的作用，他们对于安全问题应该有一套完善的防护体系。但是，从整个安全管理的流程上看，整个行业系统应通过对从业人员的安全教育提高主动防护意识，并保证安全防护投入和措施的到位，才能从根本上降低安全事故的发生。

三、工程施工现场

（一）建立健全安全生产组织机构

要做到安全生产首先就要建立健全各种安全管理机构。安全管理机构是企业各项安全生产规章制度的具体执行落实者，对安全生产负有重要责任。一些施工单位没有安全管理组织机构，专职安全员一般也是挂名的，平时根本不到现场，最多只是应付上级的检查。工地的现场主管既是施工员，又是技术员，还是安全员，一兼多职。安全生产制度无法落实，施工管理混乱，安全生产没有切实的保障。一些单位安全部门的管理权限不够，只有建议权没有决策权。现场安全员发现安全隐患不能直接安排人员整改，要先报告，能否落实还得看施工队或者项目经理对安全工作的重视程度，遇到施工进度与安全发生矛盾时，总是难以摆正关系。

安全组织机构在企业安全生产的管理中是一项最基本的也是最重要的工作，组织机构的设置要遵守《中华人民共和国安全生产法》的规定，也就是说企业第一责任人同时也是安全生产的第一责任人，负责安全工作重大问题的组织研究和决策。机构第二内容就是主要安全的负责人负责企业的安全生产管理工作。机构的第三个内容是企业安全职能部门，施工企业的性质决定必须设立安全职能部门，负责日常安全生产工作管理监督和落实。安全管理机构要体现高效精干，既有较强的责任心又有一定的吃苦精神；既有较丰富的理论知识、法律意识又有丰富的现场实际经验；既有一定的组织分析能力又有良好的道德修养。将责、权、利充分落实到位，以充分调动其工作积极性，进一步促进安全管理工作走向正规化、规范化、法制化的轨道。组织机构要对国家法律、法规知识了解掌握；并贯穿到基层去；负责修订和不断完善企业的各项安全生产管理制度；负责监督、检查、指导企业的安全生产执行情况，确保安全指令的顺利下达，安全措施落实以及安全防护设施的到位。同时负责查处企业安全生产中违章、违规行为，负责对事故进行调查分析及相应处理。负责组织学习、培训企业在职人员安全管理知识和实际操作技能；负责监督、检查、指导企业的安全生产执行情况；负责查处企业安全生产中违章、违规行为；负责对事故进行调查分析及相应处理。在组织机构建立完善的同时，层层建立安全生产责任制，责任制要深入到单位、部门和岗位。

（二）建立安全生产管理制度

安全规章制度是安全管理的一项重要内容，俗话说，没有规矩不成方圆，制度保证就是要在企业的经营活动中实现制度化安全生产管理。安全制度的制定依据要符合安全法律和行业规定，制度的内容齐全、针对性强。企业的安全生产制度，应体现实效性和可操作性，反映企业性质；应明确界定各级部门在安全生产工作中的责、权、利；应面向生产一线贴近职工生活，让职工体会并理解透彻。一部合理、完善、具有可操作性的管理制度，有利于企业领导的正确决策，有利于规范企业和企业职工行为，有利于指导企业生产一线安全生产的实施，提高职工的安全意识，加强企业的安全管理，最终实现杜绝或减少安全事故的发生，为企业的生产经营和生存与发展奠定良好的基础。

（三）紧抓安全生产教育落实

随着建筑市场的开放，大量农民工进城从事建筑施工。施工单位的主要管理方式是和民工队的"飞机头"签订单项工程承包合同，以包工不包料的形式明确双方责、权、利，安全全部由自己负责。按照规定，新工人进厂必须进行安全生产"三级教育"。教育的主要内容包括劳动技能和安全知识两个方面，经考核合格后才能上岗。根据接受教育的对象和不同特点，采取多层次、多渠道、多方法进行安全生产教育。经常性安全教育反应安全教育的计划性、系统性和长期性，有利于加强企业领导干部的安全理念，有利于提高全体职工的安全意识。更加具体地反映出安全生产不是一招一式、一朝一夕，而是一项系统性长期性社会化公益性工程。施工现场的班前安全活动会就是经常性教育的一个缩影，长期有效地班前活动更面向一线、贴近生活，具体地指出了职工在生产经营活动中应该怎样做，注意那些不安全因素，怎样消除那些安全隐患从而保证安全生产，提高施工效率。

总之，在实际工程中，工程管理人员要抱着维护企业的社会信誉和经济效益、国家和集体财产以及职工生命安全的态度，科学管理，规范施工，统筹好安全与生产、安全与质量、安全与速度、安全与效益的关系。因此，安全管理工作意义重大、任重道远，管理者应不断深入地研究和探讨，把安全生产贯彻到企业管理的每一个环节，使施工过程中发生事故的可能性减小到最低限度，从而有利于安全生产目标的实现。

四、工程项目

建筑行业安全生产事故时有发生，特别是高处坠落、施工坍塌、物体打击、触电、起重伤害等事故，加强生产安全管理变得刻不容缓，这既是企业发展的需要，也是施工管理人员责任和义务，应作为一项常抓不懈的工作坚持。

（一）工程项目管理中应提高安全重要性的认识

认识不到位是一切工作不到位最为深层次的根源。长期以来，实践操作中的"生产第一"和理论上的"安全第一"冲突不断。有些地方、部门、单位的领导不能从安全也是生产力的高度来认识安全生产工作的极端重要性，不能正确处理经济发展与安全生产，重经济发展、轻安全的现象依然存在，对安全生产工作消极对待或被动应付，没有把安全生产摆上重要位置，或把安全工作停留在口头上、文件中，没有真正落实到实际工作中去。

（二）施工项目安全管理工作的重点在于积极开展宣传和教育工作

1. 安全宣传

建筑安全生产与人民群众的切身利益息息相关，是构造和谐社会的重要组成部分，提高建设系统全体员工的安全意识，最重要的手段就是宣传。国家出台的有关法律法规，建设主管部门、施工企业等都要认真履行，把宣传放在安全生产工作的第一位，切实抓紧抓好。施工企业是建筑安全生产的主体，要重点学习和贯彻落实。

要注重宣传的效果，坚持以人为本的理念，通过宣传，树立安全管理靠大家的观念，单靠哪一家的力量都很难解决，必须各方面齐抓共管。通过宣传，让全体人员明确企业和工程项目的安全生产管理目标，全面落实安全生产责任，对目标的落实和安全事故的遏制起到很大的促进作用。

2. 安全教育

为贯彻安全生产的方针，加强建筑业企业职工安全培训教育工作，增强职工的安全意识和安全防护能力，减少伤亡事故的发生。应侧重从安全教育的内容、课时、对象、方式和类型上几方面开展，在多年的项目管理实践中，经常可以看到有些项目部或企业在开展安全教育过程中流于形式，应付检查，其实由于建筑工程施工所面对的施工人员结构比较复杂，为减少安全事故的发生，及时、有效的按照规定开展安全教育是非常必要的。

（三）项目安全管理中应树立检查与管理两者间的正确关系

要树立检查与管理的辩证关系，检查是检查管理效果的唯一途径，也能及时反映管理的缺点，对管理者提出缺陷或风险因素，对风险事件的发生起着重要的作用。

1. 安全检查目的

安全检查本身是对施工项目贯彻安全生产法律法规的情况、安全生产状况、劳动条件、事故隐患所进行的检查，对预防事故的发生，不断改善生产条件和作业环境，起到至关重要的作用，利用检查，对施工生产中的不安全行为和不安全状态及时消除，及时制止违章，了解和掌握安全生产状态，深入开展安全教育、进一步宣传、贯彻、落实国家的安全生产方针、政策和企业的各项规章制度，对提高企业员工搞好安全生产的自觉性和责任感都有着重要的意义。

2. 积极学习安全检查标准

目前，建筑施工统一采用1999年4月颁发了《建筑施工安全检查标准》（JGJ59—99），设定了固定的表格和检查的项目，涵盖了建筑施工中所有的安全隐患的检查，覆盖面广。因此，只有通过积极组织学习检查标准，让更多的施工人员掌握检查的标准和具体要求，才能确保安全措施的有力实施，减少安全事故的发生。

3. 积极探讨有特色的检查方式

建筑安全检查标准的制定为检查过程的评估提供了依据，常见到的检查方式有：定期检查、经常性检查、专业性安全检查、季节性检查、节假日检查等。在项目管理中要明确检查主要是为安全生产管理目标服务的，只要是安全稳定的生产环境，定期检查能满足要求，如果频繁存在人的不安全行为、生产的高峰期、技术难度大的分项工程的施工等，不定期或全程专职管理人员跟踪检查都不为过。只要根自身施工的不同阶段和实际情况，制定能够有效控制自身安全生产环境，确保安全生产。

（四）施工项目安全管理中的技术保证措施的制定

1. 编制的施工安全技术措施要有超前性和针对性

项目开工前本工程的施工安全技术措施必须编制好，审核批准后就可以指导施工，同时对于该工程各种安全设施的落实就有较充分的准备时间；施工安全技术措施要针对每项工程特点制定，编制人员必须掌握工程概况、施工方法、施工环境条件等资源，并熟悉安全法规、标准等才能编写出有针对性的安全技术措施。

2. 编制的施工安全技术措施要有可靠性和可操作性

安全技术措施要贯彻于每个施工工序之中，力求细致全面、具体可靠；对大中型项目工程，结构复杂的重点工程除必须在施工组织总体设计中编制施工安全技术措施外，还应编制单位工程或分部分项工程安全技术措施，详细制定出有关安全方面的防护要求和措施，并易于操作、实现，确保单位工程或分部分项工程的安全施工。

3. 编制的施工安全技术措施要有总体部署、内容要有全面性

编制的安全技术措施中必须有施工总平面图，在图中必须对易燃材料库、变电设备、塔式起重机、井字架或龙门架、搅拌机的位置等按照施工需要和安全规程的要求明确定位，并提出具体要求，特殊性和危险性大的工程，施工前必须编制单独的安全技术措施方案；内容的全面性既包括共性较多的一般工程安全技术措施，如："四口"的防护、脚手架的选型和安全防护措施、基坑边坡的支护、施工临时用电的施工组织设计、人行通道及民房的防护隔离设置等，也包括特殊工程施工安全技术措施，针对结构复杂、危险性大的特殊工程，应编制单项的安全技术措施。

（五）工程项目的安全管理应重视安全技术交底

建筑工程施工技术交底是一项按照设计图纸和辅助施工组织设计，参照建筑施工规范，编制的技术资料，是用于指导施工，保证施工质量和进度任务顺利完成的有效措施。建设项目中，分部（分项）工程在施工前，项目部应按批准的施工组织设计或专项安全技术措施方案，向有关人员进行安全技术交底。安全技术交底主要包括两个方面的内容：一是在施工方案的基础上按照施工的要求，对施工方案进行细化和补充；二是要将操作者的安全注意事项讲清楚，保证作业人员的人身安全。安全技术交底工作完毕后，所有参加交底的人员必须履行签字手续，施工负责人、生产班组、现场专职安全管理人员三方各留执一份，并纪录存档。

（六）完善并落实项目安全管理体制和制度

完善安全生产管理体制，建立健全安全管理制度、安全管理机构和安全生产责任制是安全管理的重要内容，也是实现安全生产目标管理的组织保证。施工企业形成"企业负责、行业管理、国家监察、群众监督、劳动者遵章守纪"的体制，对于安全生产工作具有极大地意义。建立健全安全生产管理制度是安全生产有效运行的有力支撑。

企业的安全管理制度的贯彻和执行还必须有贯彻落实制度的措施。首先，要抓好企业第一责任人，生产经营单位的负责人是安全生产的第一责任人，只有第一责任人以身作则带头执行安全生产管理制度，落实安全生产责任制，对提高其他管理人员的安全意识，执行安全生产管理制度是至关重要的。其次，成立安全组织和部门，及时的修订、补充、完善安全管理制度，保证安全管理制度有针对性、可操作性和完整有效，同时要加强安全管理制度的宣传和学习。再次，要加强监督、检查，企业领导要定期的组织检查安全管理制度的落实情况，对各项安全管理制度执行得好的单位要及时地给予表扬、奖励，对安全管理制度落实不到位的单位要及时地提出批评，对多次指出不改的单位要给予处罚，并及时追踪制度的执行效果，适时地加以修改、补充。最后，要发挥全体劳动者的作用，要充分发挥劳动者的积极性，调动劳动者在工作中相互监督、严格遵守各项安全管理制度，才能保证安全管理制度的落实。

工程项目的安全生产管理是一项系统工程，涉及企业的各部门和施工的各个环节，只要我们思想重视、措施得力、评价科学、严格管理，积极调动全体员工的积极性和自我安全保护意识，就一定能做好安全生产工作，同时也是确保项目管理目标实现的保证。

五、工程的施工管理及安全管理

目前，我国正处于工业化中期，城镇建设发展迅速。建筑业迎接机遇的同时也面临着严峻考验。当前国内建筑市场的不规范、安全监管的薄弱以及企业安全工作基础差等主要特点决定了目前国内建筑安全管理水平与国外同行业差距较大，《安全生产法》和《建设工程安全生产管理条例》的颁布实施，给建筑施工提出了更加严格的要求。为此，高度重视和加强建设施工现场的安全管理工作，对存在的安全问题进行系统的研究，强化管理，才能构建有效的建筑现场安全保障体系。笔者结合施工现场的实际工作就施工现场安全管理工作中的问题进行归拢，并提出应对策略。

（一）存在的问题

1.安全生产责任制不健全

建筑施工实行多层次、多行业、多部门承包的管理体制，多种承包商同时进入现场又各自组织作业，而每次施工地点变化时承包商也有变化，这就造成管理上先天的困难。如果施工单位组织机构不健全，制定的安全生产责任制不明确，就会致使项目管理人员提出的安全生产措施，落实不到施工现场，导致安全生产工作未能真正落实到实处。

2．施工现场安全管理人员未能充分发挥其监督管理作用

很多施工现场的安全员身兼数职形同虚设、专业水平低下，不能熟练掌握现行的规范和技术标准，使施工现场许多显而易见的安全隐患得不到及时纠正、消除，为日后的安全事故遗留隐患。

3．施工现场的安全技术质量措施指导性差

由于施工技术质量引发的建筑物部分坍塌或整体倒塌的恶性事故已多有发生，既造成施工过程中伤亡，也曾造成用户及周围人员伤亡。因此建筑施工安全技术管理与施工质量管理密切相关，同时安全技术管理又与材料品质、工艺方法、工序组织等管理相关。从而使安全技术措施的制定成为施工现场的一个重点。安全技术措施是整个施工过程中保证安全生产的技术性纲领，如果施工单位编制的纲领未能根据工程施工的特点、施工的环境、施工的方法及劳动力的组织，充分考虑各种危险因素进行制定，而是罗列现行的规范、标准，指导生产的作用，就不能有效地预防安全事故的发生。

4．施工现场的安全教育流于形式

各大建筑企业本身的技术队伍质量不稳定，乡镇、集体、个人建筑队技术工人少，质量差，构成了建筑施工基础管理上的先天缺陷；同时不同地区、较低文化技术品质、甚至是完全没有现代化安全生产观念的又未受到必要培训的临时工大量涌入高危险性施工现场，致使违章施工、冒险蛮干的行为时有发生，是造成安全事故的重要原因之一。

5．施工现场的安全隐患众多

很多施工现场的临时用电，未按规定编制有关临时用电施工组织设计，未按"三级用电两级保护以及三项五线制的原则"进行施工；操作人员对专用保护零线认识不够；线路连接不正确、不规范，重复接地电阻值不符合要求施工现场用电线路乱拉乱扯现象十分严重；开关箱内的漏电保护器参数不匹配——额定漏电动作电流及漏电动作时间全部超标，致使触电伤亡事故发生的概率进一步增大。其次是施工现场的基坑及建筑物周边的防护不够或不防护安全警示标志不明显，有的上料平台既无临时停靠装置又无超高限位仪，机械设备的防护、维修与保养远未及要求。

（二）应对策略

1．建立健全安全管理责任制度

凡事有章可循、有据可查做到安全管理制度化是实现安全生产的有力保证。建立健全安全管理制度应从以下几方面入手：

（1）项目部要建立完善的安全组织机构。项目施工班子要建立以项目经理为安全第一责任人，以现场安全员、项目技术负责人及施工班组长为成员的项目安全领导小组，指定小组办公室，负责从开工到竣工全过程的安全生产工作。

（2）建立健全规范、完整的安全管理制度，把安全教育、规章制度执行情况及检查考核全部纳入安全管理体系。生产过程中根据形势和工程施工实际，及时修改、完善和安全管理规定，对各种不安全因素要及时制定防范措施，真正做到防患于未然。

（3）坚持安全例会制度，及时组织学习上级有关安全生产的法规、文件、制度、规定，讨论分析本单位安全生产情况，认真总结经验教训。

（4）认真抓好阶段性安全整治，针对不同阶段安全生产的特点，集中开展安全生产专项整治活动。

2．加强施工现场安全管理人员的培训与明确责任

（1）强化现场安全管理人员的业务培训使其能够熟练掌握各种安全规程，与标准真正胜任安全监管这一岗位，进而发挥其应有的作用。

（2）将安全监管的职责纳入现场工程监理的责任范围之内，使质量监管与安全监管平行进行，在质量符合要求而安全不达标的情况下，不得进行下一道工序的施工彻底改变某些施工单位重质量、轻安全的思想观念，从源头上消除安全事故隐患，使安全监管制度化、程序化。

（3）抓好各级施工现场安全管理人员安全生产责任制落实，奖罚有据、考核到人

（4）建立项目部的安全轮流值班制度，值班人员是当日安全生产的具体负责人。职责包括：

1）监督和督促施工班组做好班前的安全教育；

2）对现场的违章现象进行制止和纠正，并在曝光台上予以通报；

3）对现场的安全生产状态进行全面的检查；

4）做好值班和交接班记录。

3．制定严密的安全技术措施

施工现场的安全技术措施，要针对工程施工的特点和施工中存在的不安全因素，及不利条件结合以往的施工经验与教训遵照有关规定，全面具体地将其贯穿于全部施工工序之中。安全技术措施的实施，定会改善劳动条件，调动职工的积极性，焕发劳动热情，带来经济效益，足以使原来的投入得以补偿。在安全管理中，"投入要适度工料要适当，精打细算，统筹安排"。既要保证安全生产，又要经济合理，还要考虑力所能及。为了节省资金而忽视安全生产或单纯追求不惜资金盲目高标准，都不可取。

4．加强施工队伍的安全教育与培训

安全管理首先是人的管理，要强化安全教育培训，不断提高安全业务素质，增强人的安全防范意识，同时采取有效措施规范人的行为，实行规范化作业，杜绝工作凭感觉、靠经验，使施工人员形成一种程序化、标准化的工作习惯。

（1）要重视员工的安全培训工作。培训教育要突出重点，有针对性，防止搞形式走过场，不断提高全员安全素质。为此要做到：

1）抓好骨干的安全培训工作，重点对班组长、专兼职安全管理人员和工程项目负责人进行培训。

2）强化生产运行岗位安全工作的技术培训。

3）抓常规培训，开展群众性的安全技术练兵和技术比武活动，逐步提高员工的技术操作水平。

4）定期进行紧急救援及危急情况下的求生和防护演练。

（2）抓好特殊工种和临时工的安全教育特殊工种必须经过严格培训考核，持证上岗。临时工必须经过岗前培训，考核合格后才能进入施工现场。用人单位和安检部门必须重视临时工的安全教育，提高临时工的安全素质。

（3）要采取各种方式和途径不断提高员工的专业技术素质，保证施工生产程序化标准化、规范化，加强工序管理，推行超前防范，杜绝施工中的盲目性。

（4）努力营造丰富多彩的安全文化。通过开展各种形式的安全文化活动，采取正面教育和寓教于乐相结合的方式，普及安全知识，强化安全意识。

5. 深入开展对高坠、触电、坍塌中毒、塔吊等伤害事故的专项治理

工作为治理伤害事故相应采取以下几个方面的措施：

（1）对高处作业应挂合格的密目安全网进行全封闭施工，安全通道（如电梯井口预留洞口、楼梯口、阳台边等）应进行防护。

（2）对用电设备施工单位一定要根据施工环境和所使用的机具合理编制临时用电施工组织设计，按照三级用电两级保护"一机一闸一漏电"的原则实行三项五线制，确保用电线路清晰，连接正确，漏电保护器工作参数匹配合理（开关箱内的漏电保护器其额定漏电动作电流不大于 30mA，额定漏电动作时间小于 0.1s）。所有电器设备的金属外壳必须与专用保护零线连接，并且每组重复接地装置的接地电阻值必须小于规定值。加强施工现场基坑及建筑物周边（楼层周边、阳台边、卸料平台侧边）及楼梯口、电梯口、预留洞口、通道口的防护是防止安全事故发生的有效途径。因此要按有关规定确保其具体实施，龙门架提升装置正式运行之前，停靠装置、超高限位仪要及时准确到位，否则不许使用，并要定期对机械设备进行检查、维修、保养以保证机械设备安全运行。安全警示标志要醒目地设置在施工现场的各个危险部位，使作业人员和其他有关人员提高注意力，加强自身安全防护，减少安全事故的发生。

3. 对易发生坍塌的基坑、人工扩孔施工必须按规定放坡和支护，"4m 以上的坑、井要进行测毒和送风"等。

4. 在中毒方面，必须严防食物中毒和亚硝酸盐中毒，把住"病从口入"关。

5. 必须对现场从事塔吊拆、装人员进行严格管理，未经准用的塔吊一律不准进入施工现场，塔吊拆装不但要制订方案，还必须经过审批，同时开展对建筑市场使用的安全防护用品及设备的打假活动，以提高现场的防范能力。

六、工程安全监督管理

建筑施工安全有关人民生命安全，做好这项工作是"三个代表"落到实处的体现。建筑安全管理具有流动性、复杂性、密集性等特点。当前我国建设施工管理体制是"国家监督、行业管理、企业负责、职工遵章守纪"。要做好施工安全工作"行业管理"管什么，如何管，就成为摆在我们面前的一个难题。《建设工程安全生产管理条例》（以下简称《条例》）出台前，各地对施工安全的监督以实物监督为主，《条例》出台后，将建设单位作为龙头，把过去对施工企业的安全管理为主，变成了对勘察设计、建设、监理、施工等各方责任主体的安全管理，安全监督部门作为政府的代表进行安全行业管理，如何实现这个转变，如何让企业真正负起责任来，对于这些问题我们都在探索，下面就抛砖引玉，谈谈自己的看法。

（一）不断更新知识，提高

安全监督水平安全监督人员应先学法、懂法，要认真学习和贯彻执行《建筑工程安全生产管理条例》《安全生产法》《安全生产许可证条例》《建筑工程安全生产监督管理工作导则》《建筑法》等国家有关建设工程安全监督的政策和法律、法规。不断完善自身的法律意识与法制观念，严格按照国家标准进行监督管理，具备过硬的技术素质和业务水平，做到熟悉和正确运用国家强制性标准，理解标准的内涵。只有自身政治、业务素质的提高，才能在日常的监督检查中更好地维护执法者的形象，做到监督工作规范化、标准化，才能提高安全监督水平。

（二）健全完善安全生产监督管理制度

监督部门应当依照有关法律法规，针对有关责任主体和工程项目，健全完善建筑施工企业安全生产许可证制度、建筑施工企业"三类人员"安全生产任职考核制度、建筑工程安全施工措施备案制度、建筑工程开工安全条件审查制度、施工现场特种作业人员持证上岗制度、施工起重机械使用登记制度、建筑工程生产安全事故应急救援制度等安全生产监督管理制度。

（三）加强对勘察设计单位安全行为的监督

监督部门应当依照有关法律法规，对勘察设计单位是否按照工程建设强制性标准进行设计；在设计文件中是否注明了施工安全重点部位、环节以及提出指导意见；对采用新结构、新材料、新工艺或特殊结构的建筑工程，是否提出保障施工作业人员安全和预防生产安全事故措施建议等。发现有违规行为，应下发整改通知书，限期改正，同时应跟踪检查。

（四）加强建设单位安全行为的监督

对建设单位安全行为的监督重点主要有：建设单位申领施工许可证时，是否提供了与建筑工程有关的安全施工措施资料；是否按规定办理工程质量和安全监督手续；是否按照国家有关规定和合同约定向施工单位拨付建筑工程安全防护、文明施工措施费用；是否向施工单位提供施工现场及毗邻区域内地下管、气象和水文观测资料，相邻建筑物和构筑物、地下工程等有关资料的情况；有无明示或暗示施工单位购买、租赁、使用不符合安全施工要求的安全防护用具、机械设备、施工机具及配件、消防设施和器材等行为。发现有违规行为，应下发整改通知书，限期改正，同时应跟踪检查，并及时上报建设行政主管部门。

（五）加强对监理单位安全行为的监督

对监理单位安全行为的监督重点主要有：是否将安全生产管理内容纳入监理规划，以及在监理规划和中型以上工程的监理细则中是否以制定了对施工单位安全技术措施的检查计划；是否审查了施工企业资质和安全生产许可证、三类人员及特种作业人员取得考核合格证书和操作资格证书；是否审核施工企业安全生产保证体系、安全生产责任制各项规章制度和安全监管机构建立及人员配备情况；是否审查了施工组织设计中的安全技术措施或专项施工方案是否符合工程建设强制性标准；是否复查了施工单位施工机械和各种设施的安全许可验收手续；是否审核了施工企业应急救援预案和安全防护、文明施工措施费用使用计划及施工现场安全防护是否符合投标时承诺和《建筑施工现场环境与卫生标准》等标准要求等。发现有违规行为，应下发整改通知书，限期改正，同时应跟踪检查，如有重大违规行为，应记入不良行为记录并进行曝光。

（六）加强对施工单位安全行为的监督

施工工单位安全行为的监督主要是对施工承包单位及其分包单位是否取得安全生产许可证；项目经理、安全员、特殊工种是否持证上岗情况；各项安全生产管理制度（包括：安全生产责任制度、安全教育培训制度、安全生产规章和操作规程、安全检查制度、施工现场消防管理制度、班前安全活动制度、特种作业人员持证上岗制度、安全生产费用保障制度、防护用品及设备管理制度、安全事故应急救援制度、安全事故报告制度等）是否建立；是否建立及分解安全生产目标管理；是否建立以建立治安保卫制度、门卫岗位制度、卫生管理制度等相关制度、文明施工管理网络，制定文明施工保证措施、文明施工管理奖惩措施，是否按规定设置围挡、牌图、安全标志平面布置图和材料堆放；安全施工措施或专项施工方案是否已编制、审批及专家论证；是否使用淘汰的设备、设施；是否按要求办理意外伤害保险；是否建立了应急救援预案及其落实情况；是否建立了教育培训计划制订及其落实情况等进行重点监督抽查。

对建筑施工现场安全防护质量监督实行巡查与重点检查相结合，监督抽查的重点是《建筑施工安全检查标准》（JGJ59—99）规定的保证项目和工程建设强制性标准条文。如：脚手架重点抽查是否按专项方案搭设，基础处理、悬挑梁设置、拉结点构造和数量、作业层脚手板铺设及平网与立网设置等是否符合规范要求；深基坑重点抽查临边防护、坑壁支护、坑边荷载控制等；施工用电重点抽查外电防护、接地与接零、漏电保护器的选择与配置、配电线路架设、安全电压使用等；物料提升机重点抽查限位保险装置、防坠及停靠装置设备、附墙装置、卸料平台防护等；外用电梯重点抽查安全装置设置、卸料平台防护及运行、维修、保养等；塔吊重点抽查附墙装置、联络信号、多塔作业等情况；高支模板工程重点抽查是否按方案搭设：基础处理、立杆间距、剪刀撑设置、水平杆步距、扫地杆设置等。

同时，对发现的事故隐患，应下发整改通知书，限期改正；对存在重大安全隐患的，下达停工整改通知书，责令立即停工，限期改正，并进行曝光。对施工现场整改情况进行复查验收；监督检查后应做出书面安全监督检查记录。

总之，建筑施工安全管理是一项具有挑战性的艰巨工作，我们在建设工程安全监督中只要做到细、狠、准、实四个字。细：对的重点部位、重点环节认真检查，一丝不苟提高监督检查工作质量；狠：对查出的事故隐患坚决要求整改，决不心慈手软；准：按照国家与地方有关政策、法规瞄准施工现场的事故隐患，认真查、从严抓，防患于未然；实：检查安全资料的要真实、齐全、及时。同时有政府对安全工作的重视和英明领导，我们坚信一定会开创关爱人、尊重人的良好的安全生产新局面。

七、现场施工管理之安全管理

（一）施工现场的危险源分析

1. 人为的危险源

在建筑工程的现场，与人有关的重大危险源主要是人的不安全行为，如："三违"，即：违章指挥、违章作业、违反劳动纪律，集中表现在那些施工现场经验不丰富、素质较低的人员当中。事故原因统计分析表明，70%以上的事故是由"三违"造成的。

2. 机械运作的危险源

存在于分部、分项工艺过程、施工机械运行过程和物料的重大危险源。如：1. 脚手架、模板和支撑、起重塔吊、物料提升机、施工电梯安装与运行，人工挖孔桩、基坑施工等局部结构工程失稳，造成机械设备倾覆、结构坍塌、人员伤亡等事故；2. 施工高层建筑或高度大于2m的作业面，因安全防护不到位或安全兜网内积存建筑垃圾、人员未配系安全带等原因，造成人员踏空、滑倒等高处坠落摔伤或坠落物体打击下方人员等事故；3. 焊接、金属切割、冲击钻孔、凿岩等施工时，由于临时漏电遇地下室积水及各种施工电器设备的安全保护不符合要求，造成人员触电、局部失火等事故；4. 工程材料、构件及设备的堆放与频繁吊运、搬运等过程中，因各种原因发生堆放散落、高空坠落、撞击人员等事故。

（二）施工现场安全管理存在问题分析

1. 建筑管理与施工人员安全意识的缺乏

某些建筑行业的领导，在讲究安全问题上只是纸上谈兵，对人民安全的负责态度不够端正，往往只重视建筑施工的进度，效益，却对质量和安全方面都没有足够的重视，对现在的施工安全的监督往存在侥幸心理，忽视安全隐患，最后导致恶劣的后果。

2.安全管理制度不够完善、落实不充分

现存的安全管理制度对安全责任的划分不明确，奖罚制度也不分明，不够完善。而且在现场施工当中，相关部门也对安全管理制度视若无睹，没有充分的落实到现实当中去，使安全管理制度流十形式，成为一纸空文，形同虚设。

3.施工单位与施工工人操作不规范

（1）施工现场的用电不规范。施工现场没有完全地落实三级配电二级漏电保护，没有食用油标准的配电箱，有的配电箱安装的位置也不恰当，有些施工单位竟然还在使用木制的开关箱，一个普遍存在的问题就是专用的保护零线没有引至用电的设备，有些现场存在外电防护的不到位或者不符合要求的现象。（2）脚手架的搭设不够规范。没有按照要求编制施工嘴直的设计方案，交底，验收与进行搭设。横向的扫地杆搭设的不对，脚手板也存在防止杂物过多，材质不好和不牢固的缺点，架体和建筑结构的拉撑点受力不够符合规范，不牢固。最后模范工程和基坑的支护属于管理和监督。稳定性差，还有违规拆模等现象。

4.建筑市场的管理不够规范

当前社会的建筑行业中存在一种扭曲的认识，就是重质量，轻安全，低价中标包死价工程，对安全施工方面的投资不够，甚至有根本就没有安全施工的资金投入。所以，一些公司中标以后，只负责任务，对管理不负责，没有贯彻现场施工的安全管理制度，甚至有些公司乱用经费，没有购置相应的，合格的安全必需品，导致施工的现场十分混乱，工人的人身安全无法得到保障，无形中就加大了安全事故的隐患。

5.对建筑工人的教育培训工作做得不到位

建筑行业中的施工工人大部分是农民工，文化素质低，从农村进入到城市以后，知识结构思维意识都不能适应现代建筑行业的特殊环境，所以缺乏一些应该具备的安全知识与防范意识，存在很多问题，如纪律松散、违章操作、冒险蛮干等等，在施工的过程中，出现不戴安全帽，不系安全带等现象，甚至有人无证操作，违规操作，这都给安全施工埋下了隐患的种子。

（三）施工现场安全管理的原则分析

1.提高相关领导对建筑施工安全的认识程度

因为领导在各项工作都起到了监督和引导的作用，所以在安全工作上，领导的作用更是不容小觑。所以要强化对领导人员的安全培训工作，使他们能更加深入的了解与认识到安全施工的政策方针，以及相关的法律法规。要让领导人员知道只有做好了安全工作，才能为企业和公司带来长远的经济效益，从而更加深刻的介绍了安全工作的重要性与必要性。使领导层首先对安全工作重视起来，才更好地加强落实，加大对事故责任的处罚，真正的树立"安全第一"的观念。

2. 坚持生产与安全齐抓共管

安全寓于生产之中，并对生产发挥着促进与保证作用，且从两者的目标来看，其存在着密切的联系，是进行共同管理的基础。因此，建筑施工单位应明确各级各类人员业务范围的安全管理责任和各项安全规章制度，建立并落实各级各类人员安全生产责任制度，以达到生产与安全同时管的安全管理目标。

3. 坚持目标管理、并加强教育培训

安全管理的目标是有效控制生产过程中人的不安全行为和物的不安全状态，以保护施工操作人员的安全和健康。因此，在建筑施工中，应坚持施工安全管理的目标性。同时，加强施工人员的安全教育和培训。既然安全管理的本质就是人的管理，所以要加强安全管理，就要加强对施工人员的管理，对其进行安全意识的教育和培训，使之不断地提高自身的安全素质，提高自身的安全防范意识，而且还要采取有效措施来规范施工人员的行为，彻底的形成规范化的作业，杜绝以往凭感觉，靠经验的工作方式，使施工人员可以形成程序化与标准化地工作习惯。

4. 坚持"预防为主"的方针，进行动态控制

"安全第一、预防为主"。在施工安全管理中，应贯彻"预防为主"的方针，针对施工生产中有可能出现的危险因素，采取相应的管理措施，有效的控制不安全因素的发展与扩大，把可能发生的事故消灭在萌芽状态，以保证生产活动中人的安全与健康。

进行安全管理的目的是预防、消灭事故，防止或消除事故伤害，保护劳动者的安全与健康，尤其是对施工过程生产因素状态的控制，更是安全管理的重点。因此，在施工现场安全管理中，应将施工中人的不安全行为和物的不安全状态在过程中就予以控制，从而保证施工操作人员的安全。

综上，在安全管理上，建议：1.完善企业安全管理体系，高度重视安全生产，认真落实安全生产的各项保证措施；2.营造企业安全生产文化，做到人人讲安全，时刻抓安全，对工人落实三级教育，落实岗前培训达标率100%；3.业主给足安全文明施工费用，并对施工企业安全文明措施进行检查；4.建立健全的承发包体制，杜绝层层转包，忽略安全施工现象。

八、公路工程安全解决方案

（一）前言

国家的基础建设：公路建设（高速公路）快速发展的今天，在其施工过程中出现的安全事故和人身伤害时有发生。在我国公路工程施工安全管理及事故预防总体上属于"经验控制型"和"过程控制型"，尚未形成较为完整的事故防范体系，无法做到事先有效地抑制事故苗头，防范事故的发生。实际上，作为现代安全生产管理模式的健康安全管理体系的管理核心是危险源，而不是事故。事故是危险源发生后可能产生的后果，对事故进行管理只能是事后的管理。任何事故的产生一定有原因，这些原因包括人的不安全行为、物的不安全状态、管理缺陷等等。

（二）公路工程施工过程中的不安全因素分析

1.内部原因分析

公路工程施工安全事故作为导致施工进程停止或受到干扰的意外事件，是以施工生产过程中一系列有序的不安全事件为前提的。施工过程中的人员、设备、工具、材料和环境是构成安全事故的主要因素。根据公路工程施工安全事故特征，安全事故产生的原因主要是作业活动、不安全因素、不安全事件构成的系统在安全管理活动中相互作用的结果。不安全因素和不安全事件的存在是安全事故产生的基础，而安全事故是以施工生产活动为载体的。

2.外部原因分析

公路工程施工安全事故发生的原因除上述的内部机理外，还受到社会上相关因素的影响，具体体现在以下几点。

（1）公路工程上级主管部门安全监管工作不到位

安全监管工作不到位表现为：针对施工过程中薄弱环节采取的事故防范措施不到位，安全施工的主动性和预见性差；上级主管部门安全监管管理资源和充分发挥各个管理层次、环节的整体效能。

（2）公路工程施工各方主体安全责任未落实到位

安全责任不实到位表现为：部分施工单位安全生产主体责任意识不强，重效益、轻安全，安全生产基础工作薄弱；安全生产投入严重不足，安全培训教育流于形式；施工现场管理混乱，安全防护不符合标准要求，未能建立起真正有效运转的安全生产保障体系。

（3）保障安全生产的各个环境要素尚需完善

施工企业之间恶性竞争，低价中标，违法分包、非法转包、无资质单位挂靠、以包代管现象突出；公路施工行业科技进步在推动公路施工安全生产形势好转方面的作用还没有充分体现出来。

（三）公路工程施工危险源控制技术

公路工程施工危险源控制的主体可以是施工单位、施工作业班组，也可以是业主或监理及其所属的职能部门。危险源控制的对象是整个施工过程，横向包括人、机械、材料、施工工艺技术和管理等方面存在的缺陷；纵向涉及施工项目系统的各个层次。

从危险源控制的阶段看，包括施工前的危险源控制方案制定和初始评审；施工过程的危险源监测、预报和定期评审；发生事故后的应急管理和紧急救援等不同阶段内容。

1. 危险源控制原则

（1）危险源控制的一般原则

危险源控制的一般原则主要包括：1）立足消除和降低危险，构建系统安全，落实个人防护；2）预防为主，防控结合，预案与应急措施联动机制；3）动态跟踪，重点控制，应变及时。对不可承受的危险要禁止作业，对重大危险要立即整改；对中度危险要限期整改；对轻度危险要加强监测和保护；对尚可忽略的危险，按照常规进行管理。

（2）危险源控制的及时评审原则

危险源管理是一个系统的动态过程。随着施工进度的展开，危险源的存在及分布、危险等级都会随之变化。因此必须及时或定期地对危险源控制计划进行评审和修订，以确保危险源管理的充分性、适宜性和实效性。一般选择以下时机进行及时评审：新工程、新项目开工前；单位工程开工前；特殊作业、危险作业开工前；新材料、新工艺、新技术、新型机具设备使用前；现场组织机构、工程审计、现场布局等有重大变化时。危险源计划评审内容主要包括：危险源的辨识是否充分，是否有新的危险源产生；危险等级评价是否合理，是否有风险程度的变化；危险源控制措施是否适宜，实施是否有效；是否有进步改进的需求。

（3）危险源控制的事故预防措施与原则

在事故发生之前，应当采取防止事故发生的安全技术和管理措施，可以按照以下优先次序进行：根除危险源—限制和减少危险源—隔离、屏蔽和连锁—故障安全措施—减少故障及失误—安全规程矫正行动。

公路工程施工项目危险控制的预防措施包括：1）制定安全目标、指标，组建机构，落实职责；2）制定管理方案，包括管理措施和技术措施等；3）制定程序文件、作业指导书、操作规程、作业规范、管理制度等；4）加强监督、检查、测量及测试；5）对危险作业、危险设备、危险场所，加强运行控制；6）组织员工培训，提高从业人员特别是关键岗位人员的安全意识和工作能力；7）发现事故苗头、隐患，及时分析原因并采取纠正和预防措施。

2. 危险源控制及管理措施

对危险源如何进行合理有效的管理是公路施工安全事故控制工作的核心和精华，也是抑制事故发生的关键。

（1）建立公路工程施工危险源系统

在危险源辨识的基础上，以公路工程施工过程及工艺流程为主线，按照不同的施工标段建立公路施工危险源系统，以避免因危险源广、杂、散而难于控制管理的缺陷。在系统图上应明确标明危险源所处施工环节、危险等级、危险源管理所属单位和部门。这样可以使危险源检查控制管理中有条不紊，有轻有重，同时也可以对危险源系统安全分析和研究，以提高安全管理决策水平。

（2）建立危险源分级管理体系

根据危险源级别，可以明确规定各级危险源所属管理单位和部门。对于潜在危险性大，难以控制，发生事故会造成重大人身伤亡或多人伤害及重大设备事故的危险源由业主进行定期检查管理，项目经理部和监理应作为日常工作检查管理重点，施工作业班组应进行日常管理并记录齐全；对于潜在危险性较小，但可能发生人身伤害及设备事故，且能够控制的危险源以项目部和作业班组管理为主，业主和监理应定期进行检查监督；对于具有一定危险性，有可能发生事故，但完全可以控制的危险源由危险源所在施工作业班组管理为主，项目经理部定期检查，业主和监理进行不定期检查监督，每级危险源严格按危险源管理办法进行管理。

（3）制定危险源分级控制和管理办法

具体体现在：1）项目经理部应建立全标段危险源控制管理档案，档案中应明确各级危险源状况、控制措施以及日常管理，危险源升降级情况，随时调整危险源系统变化，做到管理有序；2）企业应制定各级危险源安全检查表。应根据公路工程安全施工状况、安全条件、控制措施、应急措施等制定危险源安全检查表，并根据该表分别按业主、监理、项目部、施工作业班组安全检查最低时间要求进行检查，检查结果记录在案；3）对动态危险源实行跟踪管理。根据动态危险源变化快、情况复杂、难于控制等特点，应实行跟踪管理；对于特别危险、情况复杂的危险源由监理安排人员进行定点跟踪，并有权现场采取应急措施及停工观察；对一般动态危险源，由项目经理部派人跟踪检查，安全部门随时检查监督。制定危险源分级控制和管理实施及考核办法。办法中应明确规定危险源分级依据、分级控制与管理责任者、控制和管理措施、检查情况汇报制度、建档制度和要求、危险源变化呈报和审批制度以及对上述内容实行管理的奖惩考核办法。

施工安全是公路建设过程中永恒的主题，安全管理是高速公路施工企业管理的重要组成部分，是实现公路施工安全生产的重要保障，也是一项复杂的系统工程。为了确保公路工程施工质量，在公路施工中需要树立安全发展理念，坚持"安全第一、预防为主"的指导方针。

第六节 工程信息

一、工程项目信息管理

随着信息技术在建筑业的广泛应用，建设工程的信息化管理手段也不断更新和发展。建设工程离不开信息技术，信息管理影响着整个项目管理系统的运行效率。建设工程的信息化管理手段与建设工程的思想和方法不断互动，产生了许多新的管理理论，对建设工程产生了深远的影响。

（一）工程项目信息管理的含义和目的

我国从工业发达国家引进项目管理的概念、理论、组织、方法和手段，在工程实践中取得了不少成绩。但我们应该认识到，至今多数业主方和施工方的信息管理还相当落后，其落后表现为对信息管理的理解，以及信息管理的组织、方法和手段基本上还停留在传统的方式和模式上。

工程信息的含义及类别：

工程项目的实施需要人力资源和物质资源，应认识到信息也是项目实施的重要资源之一。信息的接受者将依据信息对当前或将来的行为做出决策。建设项目信息是反映和控制建设项目管理活动的信息，包括各种图表、数字、文字和图像等。

（二）信息管理的含义和原则

1. 信息管理的含义

信息管理指的是信息传输的合理的组织和控制。项目的信息管理是通过对各个系统、各项工作和各种数据的管理，使项目的信息能方便和有效地获取、存储、存档、处理和交流。项目的信息管理的目的旨在通过有效的项目信息传输的组织和控制（信息管理）为项目建设的增值服务。

建设工程项目的信息包括在项目决策过程、实施过程和运行过程中等产生的信息，它包括：项目的组织类信息、管理类信息、经济类信息，技术类信息和法规类信息。

2. 项目信息管理的工作原则

项目产生的信息数量巨大、种类繁多。为便于信息的搜集、处理、储存、传递和利用，建设项目信息管理应遵从以下基本原则。

（1）标准化原则

（2）有效性原则

（3）时效性原则

（4）高效处理原则

（5）可预见原则

（三）工程项目信息管理的任务

1. 业主方和项目参与各方都有各自的项目信息管理任务

为充分利用和发挥信息资源的价值、提高项目信息管理的效率、以及实现有序的和科学的信息管理，各方都应编制各自的信息管理手册，以规范项目信息管理工作。信息管理手册描述和定义信息管理的任务、执行者（部门）、每项项目信息管理任务执行的时间和其工作成果等，它的主要内容包括：

（1）确定信息管理的任务（信息管理任务目录）；

（2）确定信息管理的任务分工表和管理职能分工表；

（3）确定信息的分类；

（4）确定信息的编码体系和编码；

（5）绘制信息输入输出模型（反映每一项信息处理过程的信息的提供者、信息的整理加工者、信息整理加工的要求和内容，以及经整理加工后的信息传递给信息的接受者，并用框图的形式表示）；

（6）绘制各项信息管理工作的工作流程图，（如：信息管理手册编制和修订的工作流程，为形成各类报表和报告，收集信息、审核信息、录入信息、加工信息、信息传输和发布的工作流程，以及工程档案管理的工作流程等）；

（7）绘制信息处理的流程图(如施工安全管理信息、施工成本控制信息、施工进度信息、施工质量信息、合同管理信息等的信息处理的流程)；

（8）确定信息处理的工作平台（如以局域网作为信息处理的工作平台，或用门户网站作为信息处理的工作平台等）及明确其使用规定；

（9）确定各种报表和报告的格式，以及报告周期；

（10）确定项目进展的月度报告、季度报告、年度报告和工程总报告的内容及其编制原则和方法；

（11）确定工程档案管理制度；

（12）确定信息管理的保密制度，以及与信息管理有关的制度。

在当今的信息时代，在国际工程管理领域产生了信息管理手册，它是项目信息管理的核心指导文件。期望我国施工企业能对此引起重视，并在工程实践中得以应用。

2. 项目信息管理

班子中各个工作部门的管理工作都与信息处理有关，它们也都承担一定的信息管理任务，而信息理部门是专门从事信息管理的工作部门，其主要工作任是：

（1）负责主持编制信息管理手册，在项目实施过程中行信息管理手册的必要的修改和补充，并检查和督促其行；

（2）负责协调和组织项目管理班子中各个工作部门的息处理工作；

（3）负责信息处理工作平台的建立和运行维护；

（4）与其他工作部门协同组织收集信息、处理信息和成各种反映项目进展和项目目标控制的报表和报告；

（5）负责工程档案管理等。

3. 信息管理部（

在国际上，许多建设工程项目都专门设立信息管理部（或称为信息中心），以确保项目信息管理工作的顺利进行；有一些大型建设工程项目专门委托咨询公司从事项目信管理动态跟踪和分析，以信息流指导物质流，从宏观上和体上对项目的实施进行控制。

（四）项目信息管理的过程和内容

项目信息管理的过程主要包括信息的收集、加工理、存储、检索和传递。在这些信息管理过程中，建设项目息管理的具体内容很多。

1. 项目信息的收集

项目信息的收集，就是收集项目决策和实施过程的原始数据，信息管理工作的质量好坏，很大程度上取决原始资料的全面性和可靠性。因此，建立一套完善的信息集制度是十分有必要的。

设项目建设前期的信息收集建设项目在正式开工之前，需要进行大量的工作，这工作将产生大量的文件，文件中包含着丰富的内容。

1）收集设计任务书及有关资料

2）设计文件及有关资料的收集

3）招标投标合同文件及其有关资料的收集

（2）项目施工期的信息收集建设项目在整个工程施工阶段，每天都发生各种各样的情况，相应地包含着各种信息，需要及时收集和处理。因此项目的施工阶段，可以说是大量的信息发生、传递和处理阶段。

1）单位提供的信息

2）承建商提供的信息

3）工程监理的记录

4）工地会议信息

（3）工程竣工阶段的信息收集

工程竣工并按要求进行竣工验收时，需要大量的对竣工验收有关的各种资料信息。这些信息一部分是在整个施工过程中，长期积累形成的；一部分是在竣工验收期间，根据积累的资料整理分析而形成的。

2. 项目信息的加工整理和存储

建设项目的信息管理除应注意各种原始资料的收集外，更重要的要对收集来的资料进行加工整理，并对工程决策和实施过程中出现的各种问题进行处理。按照工程信息加工整理的深浅可分为如下几个类别：第一类为对资料和数据进行简单整理和滤波；第二类是对信息进行分析，概括综合后产生辅助建设项目管理决策的信息；第三类是通过应用数学模型统计推断可以产生决策的信息。

3. 项目信息的检索和传递

为了查找的方便，在入库前都要拟定一套科学的查找方法和手段，作好编目分类工作。健全的检索系统可以使报表、文件、资料、人事和技术档案既保存完好，又查找方便。否则会使资料杂乱无章，无法利用。

信息的传递是指借助于一定的载体在建设项目信息管理工作的各部门、各单位之间的传递。通过传递，形成各种信息流。畅通的信息流，将利用报表、图表、文字、记录、电讯、各种收发文、会议、审批及计算机等传递手段，不断地将建设项目信息输送到项目建设各方手中，成为他们工作的依据。

信息管理的目的，是为了更好地使用信息，为决策服务。处理好的信息，要按照需要和要求编印成各类报表和文件，以供项目管理工作使用。信息检索和传递的效率和质量是随着计算机的普及而提高。存储于计算机数据库中的数据，已成为信息资源，可为各个部门所共享。因此，利用计算机做好信息的加工储存工作，是更好地进行信息检索和传递，信息的使用前提。

（五）建设工程项目管理中的信息

建设工程信息管理工作涉及多部门、多环节、多专业、多渠道，工程信息量大，来源广泛，形式多样，建设工程项目信息的构成主要有以下几种。

1. 文字图形信息

文字图形信息包括勘察测绘资料、设计图纸、说明书、计算书、合同、工作条例及规定、施工组织设计、情况报告、原始记录、统计图表等信息。

2. 语言信息

语言信息包括口头分配任务、指示、汇报，工作检查，介绍情况，谈判交涉中的建议、批评，工作讨论和研究，会议等信息。

3. 新技术信息

新技术信息包括通过网络、电话、传真、计算机、电视、录像、录音等现代化手段收集及处理的一部分信息。

（六）建设工程项目信息的分类

在建设工程项目实施中，对涉及的大量信息进行分类是项目信息管理工作的前提。这些信息依据不同标准可以划分为以下几类。

1. 按照建设工程的目标划分

（1）投资控制信息投资控制信息即与投资控制直接有关的信息。如各种估算指标、类似工程造价、物价指数；设计概算、概算定额；施工图预算、预算定额；工程项目投资估算；合同价组成；投资目标体系；计划工程量、已完工程量、单位时间付款报表、工程量变化表、人工、材料调差表等。

（2）质量控制信息

质量控制信息即与建设工程质量有关的信息。如国家有关的质量法规、政策及质量标准、项目建设标准；质量目标体系和质量目标的分解；质量控制的工作流程、制度、工作方法；质量控制的风险分析；质量抽样检查的数据；各个环节工作的质量；质量事故记录和处理报告等。

（3）进度控制信息

进度控制信息即与进度相关的信息。如施工定额；项目总进度计划、进度目标分解、项目年度计划、工程总网络计划和子网络计划、计划进度与实际进度偏差；网络计划的优化、网络计划的调整情况；进度控制的工作情况；进度控制的工作流程、进度控制的工作制度、进度控制的风险分析等。

（4）合同管理信息

合同管理信息即与建设工程相关的各种合同信息。如工程招投标文件；工程建设施工承包合同；物资设备供应合同、咨询、监理合同；合同的指标分解体系；合同签订、变更、执行情况；合同的索赔等。

2. 按照建设工程项目信息的来源划分

（1）项目内部信息

项目内部信息即建设工程项目各个阶段、各个环节、各有关单位发生的信息总体。内部信息取自建设项目本身，如工程概况、设计文件、施工方案、合同结构、合同管理制度、信息资料的编码系统、信息目录表、会议制度、项目的投资目标、项目的质量目标、项目的进度目标等。

（2）项目的外部信息

项目的外部信息即来自项目外部的信息。如国家有关的政策及法规；国内及国外市场的原材料及设备价格、市场变化；物价指数；类似工程造价、进度；投标单位的实力和信誉情况；新技术、新材料、新方法；国际环境的变化；资金市场变化等。

3. 信息的稳定程度

（1）按照信息的稳定程度划分为固定信息和流动信息。固定信息包括标准信息、计划信息和查询信息等流动信息包括项目实施阶段的质量、投资及进度的统计信息；某一时刻项目建设的实际进度及计划完成情况；项目实施阶段的原材料实际消耗量、机械台班数、人工工日数等。

（2）按照信息层次划分为战略型信息和管理型信息。

（3）按照信息的性质划分为组织类信息、管理类信息、经济类信息和技术类信息四大类。

（七）建设工程项目信息管理

信息管理就是对信息的收集、加工整理、储存、传递与应用等一系列工作的总称。信息管理的目的是通过有组织的信息流通，使决策者能及时准确地获得相应的信息。为了达到信息管理的目的，就要把握好信息管理的各个环节，了解和掌握信息来源并进行分类，正确运用信息管理的手段（计算机），掌握信息流程的不同环节，建立信息管理系统。

1. 建设工程项目信息管理的基本任务

收集项目基本情况信息并将其系统化，编制项目手册。按照项目的任务和实施要求，设计项目实施和项目管理中的信息和信息流，确定其基本要求和特征，保证信息在实施过程中顺利流通。熟悉项目报告及各种资料的规定，例如资料的格式、内容、数据结构要求按照项目实施、项目组织、项目管理工作过程建立项目管理信息系统流程，在实际工作中保证此系统正常运行，并控制信息流。

2. 建设工程项目信息管理的原则

对于大型项目，建设工程产生的信息数量巨大、种类繁多。为便于信息的收集、处理、储存、传递和利用，须遵循以下原则。

（1）标准化原则

要求在项目的实施过程中，对有关信息的分类进行统一，对信息流程进行规范，产生的控制报表力求做到格式化和标准化，通过建立健全的信息管理制度，提高信息管理的效率。

（2）有效性原则

为了保证信息产品对于决策支持的有效性，应针对不同层次管理者的要求对信息进行适当加工，例如对于项目的高层管理者而言，应力求精练直观，尽量采用形象的图表来表达，以满足其战略决策的需要。

（3）定量化原则

建设工程产生的信息不只是项目实施过程中数据的简单记录，还是经过信息处理人员采用定量工具对有关数据进行分析和比较后产生的信息。

（4）时效性原则

考虑工程项目决策过程的时效性，建设工程的信息也应具有时效性。建设工程的信息都有一定的周期性，如月报表、季报表、年报表等，这都是为了保证信息产品能够及时服务于决策。

（5）高效处理原则

通过采用高性能的信息处理工具（建设工程信息管理系统），尽量缩短在信息处理过程中的延迟，将主要精力放在对处理结果的分析和控制措施的制订上。

（6）可预见原则

建设工程产生的信息作为项目实施的历史数据，可以用于预测未来的情况，为决策者制订未来目标和执行规划提供必要的信息。

二、工程信息管理

我国在建设工程项目管理中，多数业主方和施工方的信息管理水平还相当落后，其落后表现在尚未正确理解信息管理的内涵和意义，以及现行的信息管理的组织、方法和手段基本还停留在传统的方式和模式上。应指出，我国在工程项目管理中当前最薄弱的工作领域是信息管理。应用信息技术提高建筑业生产效率，以及应用信息技术提升建筑行业管理和项目管理的水平和能力，是21世纪发展的重要课题。

（一）项目信息管理

项目信息管理是通过对各个系统、各项工作和各种数据的管理，使项目的信息能方便和有效的获取、存储、存档、处理和交流。项目信息管理的目的旨在通过有效的项目信息传输的组织和控制为项目建设的增值服务。

（二）工程管理信息化

1. 项目管理信息系统

项目管理信息系统是基于计算机的项目管理的信息系统，主要用于项目的目标控制，它是项目进展的跟踪和控制系统，也是信息流的跟踪系统。由于业主方和承包方项目管理的目标和利益不同，因此他们都必须有各自的项目管理信息系统。项目管理信息系统的功能包括：投资控制（业主方）或成本控制（施工方）；成本控制；进度控制；合同管理。

在应用中主要是将各计划与实际发生情况进行比较分析，并根据工程的进展进行各项预测。有些项目管理信息系统还包括质量控制和一些办公自动化的功能。应用项目管理信息系统的意义：（1）实现项目管理数据的集中存储；（2）有利于项目管理数据的检索和查询；（3）提高项目管理数据处理的效率；（4）确保项目管理数据处理的准确性；（5）可方便地形成各种项目管理需要的报表。

2. 工程管理信息化

工程管理信息化指的是工程管理信息资源的开发和利用，以及信息技术在工程管理中的开发和应用。

工程信息资源包括：组织类工程信息，管理类工程信息，经济类工程信息，技术类工程信息，法规类信息等。在建设一个工程项目时，应重视开发和充分利用国内和国外同类或类似工程项目有关信息资源。

信息技术在工程管理中的开发和应用，包括在项目决策阶段的开发管理、实施阶段的项目管理和使用阶段的设施管理中开发和应用信息技术。

（1）工程管理信息化的意义

工程管理信息化有利于提高建设工程项目的经济效益和社会效益，以达到为建设项目增值的目的。

1）工程管理信息资源的开发和信息资源的充分利用，可吸取类似项目的正反两方面的经验和教训，许多有价值的组织信息、管理信息、经济信息、技术信息和法规信息将有助于项目决策多种方案的选择，有利于项目实施期的项目目标控制，也有利于项目建成后的运行。

2）通过信息技术在工程管理中的开发和应用能实现：a. 信息存储数字化的存储相对集中；b. 信息处理和变换的程序化；c. 信息传输的数字化和电子化；d. 信息获取便捷；e. 信息透明度提高；f. 信息流扁平化。

（2）信息技术在工程管理中的开发和应用意义

1）"信息存储数字化和存储相对集中"有利于项目信息的检索和查询，有利于数据和文件版本的统一，并有利于项目的文档管理。

2）"信息处理和变换的程序化"有利于提高数据处理的准确性，并可提高数据处理的效率。

3）"信息传输的数字化和电子化"可提高数据传输的抗干扰能力，使数据传输不受距离限制并可提高数据传输的保真度和保密性。

4）"信息获取便捷""信息透明度提高"以及"信息流扁平化"有利于项目参与方之间的信息交流和协同工作。

（三）建设工程项目信息管理实施

1. 建设工程项目的信息

建设工程项目的信息包括在项目决策过程、实施过程（设计准备、设计、施工和物资采购过程等）和运行过程中产生的信息以及其他与项目建设有关的信息，它包括：项目的组织类信息、管理类信息、经济类信息、技术类信息和法规类信息。

2. 建设工程项目信息管理的任务

1）业主方和项目参与各方都有各自的信息管理任务，为充分利用和发挥信息资源的价值，提高信息管理的效率，以及实现有序的和科学的信息管理，各方都应编制各自的管理手册，以规范信息管理工作。信息管理手册描述和定义信息管理做什么、谁做、什么时候做和其工作成果是什么等。

2）同时各参与方应设置信息管理部门，信息管理部门的主要工作任务是：a. 负责编制信息管理手册，在项目实施过程中进行信息管理手册的必要修改和补充，并检查和督促其执行。b. 负责协调和组织项目管理班子中各个工作部门的信息处理工作。c. 负责信息处理工作平台的建立和运行维护。d. 与其他工作部门协同组织收集信息、处理信息和形成各种反映项目进展和项目目标控制的报表和报告。e. 负责工程档案管理等。

3）各项信息管理任务应有各自的工作流程。

4）由于建设工程项目大量数据处理的需要，在当今的时代应重视利用信息技术的手段进行信息管理。其核心的手段是基于互联网的信息处理平台。

3. 建设工程项目信息分类、编码的处理

业主方和项目参与各方可根据各自项目管理的需求确定其信息的分类，各方为了信息交流的方便和实现部分信息共享，应尽可能做一些统一分类的规定。一个建设工程项目有不同类型和不同用途的信息，为了有组织的存储信息、方便信息的检索和信息的加工整理，必须对项目信息进行编码。编码时可根据不同用途编制，或者根据需要进行编码的组合。

在当今时代，信息处理已逐步向电子化和数字化的方向发展，但建筑业和基本建设领域的信息化已明显落后于许多其他行业，建设工程项目处理基本上还沿用传统的方法和模式。应采取措施，使信息处理由传统的方式向基于网络的信息处理平台发展，以充分发挥信息资源的价值，以及信息对项目目标控制的作用。建设工程项目的业主方和项目参与各方往往分散在不同的地点，或不同的城市，因此信息处理应考虑利用现代网络远程数据通信的方式，例如：

（1）通过电子邮件收集和发布信息。

（2）通过基于互联网的项目专用网站实现业主方内部，业主方和项目参与各方，以及项目参与各方之间的信息交流、协同工作和文档管理。

（3）通过基于互联网的项目信息门户模式为众多项目服务的公用信息平台实现业主方内部，业主方和项目参与各方以及项目参与各方之间的信息交流、协同工作和文档管理。

（4）召开网络会议。

（5）基于互联网的远程教育与培训等。

4.项目信息门户

项目信息门户是项目各参与方为信息交流、共同工作、共同使用的和互动的管理工具，是在对项目全寿命过程中项目参与各方产生的信息和知识进行集中管理的基础上，为项目参与各方在互联网平台上提供一个获取个性化项目信息的单一入口，从而为项目参与各方提供一个高效率信息交流和共同工作的环境，对一个建设工程而言，其主持者一般是业主。

信息化是人类社会继农业革命、城镇化和工业化后迈入新的发展时期的重要标志。作为重要的物质生产部门，中国建筑业的信息化程度一直低于其他行业，也低于发达国家的先进水平，因此，我国工程管理信息化任重而道远。在建设项目工程管理中，应正确认识信息管理并加以重视，为项目建设增值。

三、信息管理方法

建设工程因具有投资大、周期性长、任务量大、协作单位多等特点，所以管理起来非常的复杂。随着科技的不断发展，建设工程企业为加强企业的管理效率，将信息技术引入到建设工程的管理当中，并得到了广泛的应用。在现代化建设工程的管理工作当中，信息管理贯穿于建设工程的全过程中，成了衔接建设工程各个阶段和各承建单位之间的纽带，其对于工程文件、档案的基础管理工作，更是决定建设工程文件、档案质量的关键所在。

（一）信息管理对建设工程的重要作用

1.信息管理对建设工程企业的作用优秀的信息管理,对建设工程企业的作用不胜枚举。仅针对几个方面对其对建设工程企业的重要作用进行分析：

（1）信息技术发展切实提高了企业各项业务的工作效率，缩短了企业各项活动所需要的时间。企业的计算机信息网络促进了企业各项内部信息交流，同时也扩大了企业的横向交流。随着各部门和各业务环节间信息交流量的不断增加，信息管理的有效应用，不仅优化了业务流程，同时也加快了中小企业专业化进程的发展；

（2）在企业活动中信息技术的广泛应用，促使了企业的组织结构发生变革。随着信息技术在企业中的广泛应用，实行信息的分散处理和自主管理，成了信息技术发展的普遍要求，使企业根据其管理目标进行决策，提高了企业应变能力；

（3）信息网络技术的广泛应用，使企业内部形成了纵横交错的信息管理网，精简了企业的组织结构，使企业的管理效率得到了显著的提高，有效地推动了企业对新型项目管理模式的发展；

（4）目前，建筑工程企业都开始广泛的使用计算机来进行项目管理的可行性研究，施工阶段的目标管理、财务管理、合同管理、文件管理等方方面面的管理控制等工作，良好的信息管理在不仅能够保证企业的管理效益，更降低了管理工作的成本，使企业的工程项目管理工作变得更加具有系统性，进而提高了企业的效益。

2. 信息管理对建设工程项目的作用

工程项目管理，涉及承建方、质监、设计、监理、材料以及设备供应商等诸多方面的关系协调工作，项目的技术质量、安全管理、合同信息、工程进度以及成本控制等所需要控制和处理的项目内容也纷繁复杂。单向性的信息交流方式使参项目承建方之间缺乏应有的信息沟通，使工程信息的及时获取受到了严重的阻碍，以至于很多项目工程出现了工期延误、成本超支以及质量隐患等情况。

为了加强项目工程承建单位之间的信息沟通和协调发展，充分发挥承建方的效率优势，按时保质的完成工程建设任务，信息技术管理被普遍的引用到工程建设企业当中。

在信息化的项目管理模式当中，信息的交流方式不再是传统的单项交流，而是形成了多方交流的网状结构交流方式，让信息交流在满足畅通的条件下，实现了多方交流的信息体系，在这种模式下，各承建方在项目施工过程中可以方便快捷的进行意见交换，进而减少和避免了因沟通不足而造成的工程项目失误和返工情况。

（二）建设工程当中信息管理的工作方法

建筑工程信息的收集、整理、加工、分发、检索、存储是一项系统过程。信息管理人员只有运用科学的管理方法和细致耐心的工作，才能得到准确的工程信息，为工程文件及档案的形成创造条件，进而保证工程档案的真实性、准确性、时效性和系统性，使工程档案文件更好地为建设工程服务。

1. 建设工程的信息收集

由于建设工程中各个参建部门对于信息的使用角度有所不同，所以信息来源也不尽相同，对信息的处理方法更是大相径庭，使得他们所收集到的信息和数据也是不同的。虽然在信息收集过程中的侧重点各不相同，但是参建各方应统一制定和规范信息数据，并对信息进行统一收集。建设工程中的参建各方应该按照工程不同的设计阶段、招标阶段、决策阶段、保修阶段、施工阶段等时间阶段来对所收集信息进行收集和划分，并保证收集到的信息是准确真实的。

2. 建设工程的信息加工、整理

信息加工的主要工作就是把在建筑工程当中所收集到的所有数据和信息进行统一的鉴别、核对、排序、合并和汇总的过程，生成不同形式的信息数据，以供不同部门的管理人员进行使用。为了满足不同部门管理人员对不同信息的需求，信息管理人员应对信息进行分类加工，不同的需求对于信息的加工手段是不同的由己方收集的信息可靠性相对较高，对于其他参建单位所收集提供的信息，信息管理人员可根据参建单位的人员素质、信息采集的规范性等一切相关条件进行综合考虑，对数据进行核对和选择性的使用，并及时的做好记录。

3. 建设工程的信息检索

做好工程信息的分类加工处理后，就需要信息管理部门根据其他部门的不同需要，建立起信息检索系统来对信息进行分发和检索。为了确保信息检索的规范性，信息管理部门应制定出全面而又完善的检索制度，以保证即能使信息使用部门在第一时间对所需信息进行检索和利用，又能够保证其信息不会提供给其他所不需要此信息的部门。为了让信息的使用更加方便和快捷，信息管理部门在进行检索设计的过程中，应实现"关键词"的智能检索模式，以保证信息的使用部门能够及时地对信息加以利用。例外，信息管理部门应根据信息重要程度的不同，来对信息检索的范围进行分级式密码检索管理，进而保证数据信息的机密性。

4. 建设工程的信息储存

任何信息数据的储存，都需要一个庞大的数据库来作为后台支持，将数据组织到一起加以利用。参建单位可以根据自身对数据需求的侧重点，来建立起相应的数据库和信息数据的组织方法，但无论构建何种信息数据库来对信息进行储存，都必须要坚持一个原则，即数据信息的规范化。

参建单位在对信息数据进行组织时，可参照如下方法进行：1.同一工程可根据工程的投资大小、工程进度以及参建方合同的角度来进行组织分类，各类信息根据具体情况进一步细化处理；2.根据不同工程的不同信息来对信息数据的文件储存夹进行命名如；工程类别、开工时间、工程代号等等；3.各承建方应协调统一数据储存方式，在国家技术标准出台统一代码后，采取统一代码的管理方式，以方便信息数据的管理。

5. 建设工程的信息归档

承建单位，应按照《建设工程文件归档整理规范》的要求对建设工程信息进行收集、整理、加工、检索以及存储管理工作。对需要连续产生的工程信息进行统计和归档过程中，应为此类信息建立起专属的汇总统计表格，以便其信息的统计工作和日后核查。在进行信息归档前，信息管理工作人员，应对信息进行最后核查，及时的发现和改正信息核查中所存在错误和漏洞，进而保证工程信息的完整性。

总而言之，将信息化管理系统全面引入到建设工程当中，不仅能够使工程建设的管理水平得到有效的提高，更是保证工程建设质量、促进工程建设安全生产和按时完成工程建设的重要手段。信息管理系统的应用实现了企业对工程管理信息的标准化、规范化以及系统化管理，将工程建设信息的采集、提取和应用变得更加快捷和方便。工程建设企业应充分认识到信息化管理对于自身发展的重要作用，从提高企业管理水平出发，根据企业自身特点，建立起一套能够服务于企业工程建设的信息管理系统，为提高企业工程建设的办事效率，降低企业的管理工作负担，提供强有力的保障。

四、工程造价信息的管理与应用分析

工程造价信息是工程造价管理中的一个重要方面。如今，随着时代的发展，建筑市场信息变化速度快，而且充满了企业之间的竞争。工程造价信息能够反映市场上的建筑产品总体情况，以及变化的情报、消息和资料。工程的概算、预算、决算中，都有许多的新设备和新结构资料，利用工程造价信息可以将其准确地分析。工程造价时常会因为市场情况和突发因素而发生着变化，而准确地了解工程造价的变化，需要应用工程造价信息。而目前我国许多的建设工程在结算管理时常出现造价失控的情况。为了保证企业获得更多的经济利益，也为了提高资源的有效利用率，必须要加强工程造价信息的管理和应用。

（一）建设工程造价信息管理中常见的问题

1. 缺乏统一的标准

工程造价信息若要推行网络化管理，那么就要将信息指标体系、系统开发、编码、技术支撑等方面做好统一的标准。我国现阶段在采集信息和传播信息的过程中，缺乏统一的编码和规划程序，开发信息系统资源处于封闭的状态。那么，其结果也是不能共享信息资源。许多的管理者只愿意停留在表面的信息资源上，缺乏对信息资源的加工和传播能力。

2. 信息资源的质量低

工程造价信息管理中的常见现象就是信息资源的质量比较低。传统的信息采集技术比较落后，而且没有统一的信息分类，不一样的存取数据格式，缺乏信息的来源。这些诸多的问题导致信息资源有着较低的质量。维护信息也不能跟进市场变化，缺乏时效性，不能达到信息市场的需求标准。

3. 信息网建设程度不够

工程造价信息网中，许多是定额站。有的只是负责公司的介绍和价格信息的发布，没有全面性的信息。而且信息网内的信息多会滞留很久，时效性较差。多数的网站只是将原本的造价信息进行登载，没有做好信息的整理和深入分析。信息资源只停留在表面的程度，没有确切的实用性。

（二）工程造价信息管理的相应对策

1. 完善工程造价信息的收集渠道统

分析工程数据属于复杂的系统工程，有着较大的工作量。为了提升工程造价信息的收集能力，需要建立一个良好的数据收集渠道，并让工程的各部门都意识到收集数据的重要性，主动地将数据资料按规格填写并上报。工程造价管理需汇总、分析、统计好每一份的工程数据，并利用信息网发布工程造价的指数和指标，完成数据的共享。收集信息的渠道是多样化的，而将其纳入工程项目的总体之中，成为一套运行机制，才能确保工程造价信息的准确性和实用性。

2. 完善相关法规和制度

虽然工程造价信息因为工程的结构和类型而有着很大的不同，但在信息的采集和加工过程中，缺乏统一的编码会影响资源的使用。在市场中，建筑物信息的分类和编码需要加强管理，并配套相关的法规和制度。行业信息指标体系，要具有一定的扩展性和集合性。并由此建立一套造价信息申报体系，解除区域之间的时间和空间限制，保证造价信息的时效性和完整性。

3. 建设和维护好工程造价信息网

工程造价信息网追求的是全交互、全开放以及全动态的体制。因此，工程造价信息网要满足于政府机关、企业机构、中介机构以及与建筑行业有关联的一切单位和部门的信息需求。工程造价信息网能够提供多地域、多层次的信息交换，并建立一个工程造价的决策系统，为市场信息所服务。

为了更好地了解用户的需求，需分期地做好价格信息系统和电子商务系统的内容。网站建设中，根据用户的需要和客观条件等因素建设造价信息网。先是做好调研工作，建立信息发布的平台。再次是建立起全面的内部管理系统，在局域网中实现信息共享。最后和因特网相连，完成信息查询和检索的功能。此外，在对信息量增加时，还要注重提高信息的质量。并要时常注意信息网的安全性。

随着我国国民经济的迅速发展，工程造价信息的管理开始向市场需求的方向进行改革。工程造价信息有着比较多的信息量，涉及社会的方方面面。现阶段，我国的工程造价管理存在着诸多的问题，只有采取科学合理的方法和措施进行解决，才能保证我国建筑行业走向良性发展的道路。为了保证企业获得更多的经济利益，也为了提高资源的有效利用率，必须要加强工程造价信息的管理和应用。

五、工程档案信息的全程管理

建设工程档案是在工程建设活动中形成的，是工程营运投产后维护改造、事故处理、改扩建和恢复建设的重要依据和凭证。随着数字城市的建设以及"无纸办公"领域的拓展，电子文件将逐步成为档案馆主要管理对象和社会服务资源。多载体文件并存的局面以及电子信息管理的特殊要求必然要求城建档案管理部门要加快电子文件立法和标准化建设。

现代的档案管理理念强调将要形成而不是已经形成；强调动态而非静态；强调过程而不仅是结果和产品；强调背景而不仅是信息内容。全程管理思想正是基于通过过程控制实现结果控制的理念建立起来的。一个建设工程从立项到竣工验收是个过程。为此档案工作应主动参与到文件、档案的生成、管理与利用过程之中，把建设工程档案的全部运行过程严密控制起来，进而最大限度地保证档案信息的完整和准确。为此，天津馆以对建设工程档案信息进行全程管理思想为核心，结合长期工作实践开发了《建设工程电子文件制作程序》，以此来实现对建设工程信息的全程管理。

（一）建设工程档案信息著录的前端控制

前端控制是现代文件、档案管理理念的重要内容，它以文件生命周期理论为基础，把文件从形成到永久保存或销毁的不同阶段看作一个完整的过程。在这个过程中，文件的形成是前端，处理、鉴定、整理、编目等具体管理活动是中端，永久保存或销毁是末端。传统的文件、档案管理的特征是分阶段、分环节控制，文件管理和档案管理作为两个相对独立的系统分别运行，文件、档案管理的全部目标和要求被分解到不同的阶段、环节和步骤之中。前端控制则是对整个管理过程的目标、要求和规则进行系统分析、科学整合，把需要和可能在文件形成阶段实现或部分实现的管理功能尽量在这一阶段实现。

前端控制是实现建设工程电子文件全程管理的重要保障，是全面、系统、优化思想的集中体现。在对建设工程文件生命周期的全过程通盘规划的基础上，把某些分散在各个业务环节的、带有一定重复性的作业提前实施，可以有效地减少重复作业和滞后作业，最大限度地提高作业效率。凡是可能在文件生成同时生成的数据（包括描述文件内容、结构、背景、版本、文件生成环境、存在状态等各方面的信息）均在当时及时采集、存储下来，对那些在文件形成时尚无法生成的文件运转、保管、利用等方面的数据则进行实时追加，所有数据均为一次采集，终身使用。这种数据采集方式与各管理环节独立采集方式相比工作量大为减少，有效防止了重复采集中数据误差，并且保证了用于描述文件、检索文件和系统维护所需数据的完整齐全，真实可信。

在建设工程项目办理之初，建设单位向城建档案馆申请该工程电子文件管理编号，档案信息著录过程中，随工程建设的进度由业务管理人员，工程技术人员和基层档案人员相结合共同完成，这时的著录可以称之为"前控式著录"。在建设工程全部完成，档案验收合格进馆后，由城建档案馆对该工程档案的信息再次进行分类著录并入库（指城建档案馆的信息数据库），这时的著录是传统意义上的著录，称之为"后控式著录"。这两种著录完美的结合是建设工程档案信息资源管理的最佳方式。值得一提的是这种信息著录的前端控制对那些纸质档案进馆数量少的二类工程档案信息的收集、管理及信息的利用起着重要的作用，也必将成为未来建设工程档案信息收集的主流。

（二）多层级著录原理

信息技术的应用产生了大量的电子文件，形成了相当规模的数字信息，这些在各种电子环境下产生的数字信息的数据格式、所使用的数据库以及运行环境各自不同，若要长久保存这些数字信息并使这些信息可以运行，城建档案馆就必须在保存这些数字档案的同时来保存这些数字档案的运行环境，这对任何一个档案馆来说都是不可能的事。因此，天津馆在《建设工程电子文件制作整理程序》中统一了建设工程档案的信息著录格式和运行环境，采取一种以层级制为基础的多级著录的原理，将著录对象的层级分为工程级、单项工程级、案卷级和文件级。对于同一个工程项目来说，尽管这几个级别的著录有着各自的记录对象，但其终究是围绕着这个工程项目的不同方面、层次和角度进行的。它们之间如同工程档案一样是一种金字塔结构——文件级的集合构成案卷级，案卷级的集合构成单项工程级，单项工程级的集合又构成工程级。通过计算机的应用将一个工程项目原来松散的工程级、单项工程级、案卷级和文件级著录关系，围绕这个工程项目紧密地联系在一起，由此突出和加强了建设工程档案的工程级管理，并使工程级、单项工程级、案卷级、文件级之间形成互为梯次、互为补充的形态，从而深化了对该工程项目文件信息的全方位管理。通过对建设工程档案多级别的著录，就可以把建设工程档案中最重要的结构和背景信息记录保存下来，确保这部分信息的真实性、完整性、长期可读性、可理解性和证据价值。

（三）信息著录中的智能控制

建设工程档案的物理结构和逻辑结构经常是可以分离的。物理结构指信息在载体上分布的位置；逻辑结构则指信息自身的结构。比方说，在一个住宅小区中有十幢住宅楼，由于其中几幢的建筑面积和房屋结构完全一致，那么这几幢住宅楼的施工文件和图纸就会共同使用一套，也就是说这几幢相同住宅楼资料的物理位置是在一起的。但是，相对于整个住宅小区来说，档案中所反映出来的信息是这个小区有十幢住宅楼，它的逻辑结构是在住宅小区这个工程下有十个单项。因此，在建设工程电子文件制作整理程序中，建设工程档案信息的著录不是纸质档案的翻版，建设工程档案中的信息是通过信息技术从纸质档案中游离出的来重新组配的。纸质档案经过一定规则有序的排列后，其物理位置不再轻易变动，这种相对稳定的物理位置是信息管理的基础，也被称作实体控制。在实体控制下人们对档案的需求具有专指性，他们在一定的时间、空间内，为了解决自己的工作、生产、科研、生活中的特定问题，永远会有需要一份或者一部分特定的文件，从中寻找自己需要的信息，这种需求就要求档案的管理要在实体控制基础上将档案信息超脱原始载体的存放位置，重新排列组合来满足人们对档案的利用需求，这种超脱文件原始载体的限制控制档案信息的过程被称作智能控制。城建档案馆设计的电子文件制作整理程序将档案信息通过著录压缩成一条条相互间独立的信息线索，并提供原文存储，既便于随时变换组合方式并提供快速查询，又能直接、准确提供利用原文，使档案信息获得了最大程度的自由度，能够满足一切用户的检索需求。

实行对建设工程信息的全程管理，强调的是有关建设工程的各项管理内容和要求的无缝链接，实现计算机软硬件和信息资源的最大共享和最大效益，这样做的现实意义在于：

1.可及时保证建设工程信息的时效性。由基层档案人员负责电子文件的制作，可有效地防止建设工程信息的积压和拖延，确保今后归档的案卷及时转化为可以随时供建设单位利用的信息资源。

2. 有助于保证建设工程电子文件的质量。由于建设单位对整个工程的立项、前期、设计、施工以及工程变更、竣工验收等相关信息最为了解，因此在制作建设工程电子文件时对工程信息的提取、立卷等形式特征的描述具有较高的全面性和准确性。

3. 统一了建设工程电子文件接收格式。一方面，标准的电子文件数据接收格式，可以省去各建设单位制作建设工程电子文件管理系统的开发费用；另一方面，有利于城建档案馆对电子文件的接收和数据转换，免去了接收电子文件的同时还要保存其相应的运行环境的弊端。

4. 优化管理、提高建设单位的现代化管理水平。在建设单位完成建设工程电子文件的制作，既可以提高建设单位的现代化管理水平，提高工作效率（案卷装具、移交清册、报送清册的自动生成打印等），也可以满足建设单位对工程档案的各项利用需求，有助于电子档案信息的深度开发和综合利用。

5. 促进了档案工作者职业角色的转变。全程管理的思想使档案人员将职业重心从实体管理转向信息管理，从注重文件的实体组织转向信息组织，从关注文件本身深入到文件背后的活动所具有的错综复杂的联系并把这些联系体现在网状的多层次的信息组织之中，使档案工作者由档案实体的保管者转变为信息的管理者。

六、工程施工项目的信息管理

施工项目的信息管理是通过对各系统工作及数据的管理，使建筑施工项目的信息能方便、有效的获取、存储、存档、处理。信息管理是通过有效的项目信息传输的组织和控制为施工项目管理提供服务。施工项目信息管理对工程建设的实施产生巨大影响。施工项目信息管理可对信息资源充分利用，是项目管理者实施控制的基础，是进行项目决策的依据，是增强施工企业竞争力的有力工具。随着市场竞争日益激烈，信息管理为施工企业的科学发展提供了依据。

（一）施工项目信息的主要内容

1. 质量控制信息。主要有国家质量政策及标准、建设项目的建设标准、质量目标分解体系，质量控制流程、工作制度、风险分析和抽样检查的数据等信息。重要及隐蔽工程主要有相关照片和录像等。

2. 工程进度控制信息。主要有施工定额、计划参考数据、施工进度规划、进度目标分解、控制工作程序、控制的风险分析及记录等。

3. 成本控制信息。主要有工程合同价、物价指数、各种估算指标、施工中的支付账单、原材料价格、机械设备台班、人工费用、物资单价及运杂费等。

4. 合同管理信息。合同信息是建设单位与施工单位在招标中签订的合同文件信息，是施工项目实施的重要依据，主要有合同协议书、中标通知书、投标书及附件、合同通用及专用条款、技术规范、图纸等。

5.风险控制信息。主要有环境要素风险、项目系统结构风险、项目的行为主体出现的风险等。

6.安全控制信息。主要有：安全责任制、安全组织机构、安全训练、安全管理措施、安全技术措施等。

（二）建筑施工项目信息的收集

1.建筑工程施工招标阶段信息的收集

（1）投标前基础信息的收集。一是投标邀请书、投标须知、建设单位在招标期内的一切补充通知；二是国家或地方有关技术经济指标、定额、相关法规及规定；三是上级有关部门关于建设项目的批文及有关批示、征用土地和拆迁赔偿的协议文件等，土地使用要求、环保要求等；四是建筑工程地质和水文地质报告、区域图、地形测量图，气象和地震烈度等报告，矿藏资源报告，地下管线等埋藏资料；五是建设单位与供电、电信、交通、消防等部门的协议文件或协调配合方案。

（2）设计文件信息的收集。要收集建筑施工总平面图、建筑物的施工平面图、设备安装图、专项工程施工图各种设备材料明细表、施工图预算等信息。

（3）中标后签订合同阶段信息的收集。中标通知书、合同商洽补充文件、合同双方签署的合同协议书、履约保函、合同条款等等。

2.施工阶段信息的收集

（1）施工单位自身信息的收集。一是各种方案、计划。包括进度计划方案、施工方案、施工组织设计、施工技术方案、质量问题处理方案；二是各种板审信息。主要有开工报告、施工组织设计报审表、测量放线报审表、材料报验单、月进度支付表、分包报审表、技术核定报审表、工料价格调整申报表、索赔申报表、竣工报验单、复工申请、各种工程建设项目自检报告、质量问题报告、工程进度调整报告；三是工地日记。主要包括：天气记录，材料进场的品种、规格、数量及现场复检情况，质量、技术、安全交底情况，施工内容、部位，隐蔽验收状况，见证取样状况，参加施工人员的工种、数量及劳动力安排等，使用的机械名称、台班等，工程质量、安全问题处理，建设单位的指令、要求，监理单位指令、要求，上级或政府到现场检查施工生产情况，设计变更、技术经济签证状况，施工进度与计划进度的比较，施工综合评价等。

（2）建设单位信息的收集。建筑工程实施过程中，建设单位作为建设工程的组织者，按照合同相关规定，发表对工程建设各方面的意见、批示和变更，下达指令。如建设单位负责某些材料供应时，要收集建设单位所提供的材料的品种、数量、规格、价格、性能、质量证明、提货方式、地点、供货时间等信息。

（3）监理单位信息的收集。一是监理工程师的指令和要求；二是监理会议，相关会议的资料、解决的问题、形成的文件资料、会议纪要，会议记录、进度、质量、经费支出总结或小结等；三是监理工程师对施工单位报审资料的审批；四是监理文件，包括监理规划、实施细则、措施等。

3. 工程保修阶段信息的收集

在工程保修阶段，要按合同要求进行各种保修工作，在保修过程中，把保修情况记录在案，包括工程回访记录，问题的具体内容、原因、维修方法，保修及费用。

（三）施工项目信息的处理

1. 施工项目信息处理的要求

建设项目信息处理一定要及时、准确、适用。就是信息传递的速度必须快；真实反映工程实际状况；符合实际需要，具有应用价值；在信息处理时要注意经济效果。

2. 施工项目信息的处理方式

（1）手工处理方式。信息的输出也主要靠人用电话、信函传输通知、报表和文件。目前相当部分施工项目采取的还是这种方式。

（2）计算机处理方式。计算机处理方式是运用计算机进行数据处理。建筑工程项目管理，对信息的准确性、及时性等信息质量提出了高的要求。做好监理工作中的信息处理，还靠手工处理方式是难以胜任的，要用计算机来完成。运用计算机集中存储工程建设项目相关信息，高速准确处理工程监理需要的信息，快捷、方便地完成各种报表。

3. 施工项目信息的输出与使用

建筑施工项目信息管理是为更好地使用信息，为项目管理服务。要根据项目管理工作的要求，以各种形式如报表、文字、图形、图像、声音等，输出并提供给各级项目管理人员使用。存储于计算机的信息，通过网络技术，实施信息在各部门、区域、各级管理者中的共享。以这些信息为依据，科学做出判断和决策，使项目管理更加科学。

4. 施工项目管理信息系统

项目管理信息系统是计算机的项目管理的信息系统，用于项目的目标控制。进行项目管理相关数据的收集、记录、存储、过滤，将数据处理的结果提供给项目管理层。它是项目进展的跟踪和控制系统，也是信息流的跟踪系统。

七、信息工程项目管理能力建设

（一）信息工程项目管理能力建设的含义

1. 如何定义信息工程项目、管理、能力和建设

其一，信息工程项目：利用先进的信息技术，对信息工程项目进行合理的改良和更新，使信息工程项目得到技术上的发展，这是信息工程项目的工作原理和工作目标，是一个名词概念，也是接下来我们要讨论的管理问题的指示对象。

其二，信息工程项目管理：按照国家各项规定和相关部门的措施，对信息工程项目的管理体系做出调整，以配合信息工程项目的发展，是一种制度上的创新和变革，它服务于信息技术项目，它作为一个动词概念，偏重于实施。

其三，信息工程项目管理能力：就是在信息工程的管理过程中，管理发挥的有效性和作用，是评价信息工程管理能力的重要指标，也是企业需要改善和提高的对象。

其四，信息工程项目管理能力建设：就是加强企业信息工程管理的一系列的努力，从人员的选拔到管理资金的投入都包括在内，是一种在企业的抽象的资产上的投资，有助于树立良好的企业文化氛围和企业形象。

2. 信息工程项目管理与传统工程项目管理的对比

传统的工程项目主要是对于工程的各个环节的选材和人员上的分配，属于一种人为的资源配置，通过一个或几个管理人员的协商，决定工程施工的各个环节需要使用什么样的材料，需要由谁负责，需要哪些设备和工具，需要在什么时候以什么进度进行等等。传统的工程管理更多地体现为一种"人治"，即负责人对于现场的指挥对工程的整体进度和发展方向有着重要的影响，是一种由决策者的经验和决定构成的管理行为，这种管理模式显然是落后的，无法适应现代化大生产的，所以，针对它的缺陷，信息工程项目管理取代了传统的工程项目的管理。

上文提到，传统工程管理协调效率低，信息工程项目则不然，因为它主要是侧重于对于专业的工程知识的运用，利用现代化的高科技手段对于工程的各个方面进行指导，包括人员的调配和工程难题的解决，完全依靠现代化的管理技术和手段，对于操作者的要求并没有传统工程项目高，但是达到的效果却远远优于传统的工程项目。所谓科学技术才是第一生产力，不仅是在具体的生产行业，就连项目工程的辅助环节的进步都离不开科学技术的进步。

（二）信息工程项目管理能力建设包括的内容

1. 依法行政管理

任何一种项目管理都必须以法律为准绳，以事实为依据，即在管理的过程中，管理行为首先要符合法律的各项相关规定，否则一切管理活动就无从谈起，再违背相关法规的前提下，任何管理行为都是无效的，无意义的。

2. 重视前期准备。

任何项目要想取得考良好的进展，除了具备施工过程中的优秀的工艺外，充分的前期准备也是非常必要的。在前期准备中，有事甚至可以处理和预防很多施工中的问题，做到不草率的开工，是对工程的负责任的态度。

3. 加强过程管理

管理发挥作用的最主要的环节还是施工过程，所以只有加强了过程管理，才能将管理上的技术投入落实到实处。否则前期的准备和法律规范的树立就无从发挥其应有的作用。

另外，在项目管理的过程中要充分调动各项目参与人之间的积极性，想办法将他们的工作积极的配合起来，只有大家齐心协力的工作，才能将一个复杂的工程项目完美的完成。

（三）如何加强信息工程项目实施管理能力建设

在实践中，我们总结了各种经验教训，得出想要促进工程项目管理在管理能力上的提高和进步，最起码要做到以下几点：

1. 加强有关项目管理法律法规和规章制度的学习和领会

良好的管理知识的学习是良好的管理行为的基础，所以我们必须要重视相关法规的学习，不能使这种培训流于形式，以免在日后的工作中遇到相关的困难时手足无措。任何能力的最初形成都是从对现有的专业知识认真学习开始的，要想更好的遵守规章制度，就必须理解他们的制定理念，而不是仅限于对条款的背诵，只有在真正理解的基础上，才能达到良好的记忆效果。

2. 加强好项目规划、技术可行性研究等前期工作

这是针对上文提到的前期工作的重要性所采取的措施，也是应该工程最终质量的关键之一。值得一提的是，这里的前期准备工作不仅是指对于工程材料的选购和人员的选调，其更重要的作用在于这个准备过程中所达到的对工程可行性的检测。因为准备工作涉及了工程的各个方面，虽然无法直接影响到后续环节，但是其在一定程度上模拟了整个工程过程。这种模拟的意义不仅在于验证工程的进度的计划是否合理，还在于工程中各环节的具体实施方案是否与整体方案相匹配，一旦发现问题，可以及时纠正，或者平衡利弊，进行取舍。虽然前期准备，无法预料到各种项目中的突发状况，但是已经在很大程度上确保了工程的可行性。

3. 进一步做好项目实施管理工作

通过分析，我们知道以上两点的最终主旨和服务对象都是为了工程项目管理工作的更好地进行。所以，在管理过程中，我们应该充分发挥前两项的作用，这不仅是对整个工程管理环节的负责，也是出于对整个工程的负责。切忌在准备充分以后，忽略具体操作的重要性，这是我们在工程项目的管理过程中最容易犯的错误。

4. 进一步做好项目竣工验收和固定资产交付工作

做工程要有始有终，切忌虎头蛇尾，一个工程的施工完成并不意味着工程的彻底完结，对于工程的成果和成品的验收也是工程中非常重要的组成部分。所谓行百里者半九十，就是这个意思，越是到了最后关头，越是不能松懈。越是技术上难度系数低的环节，越容易出现问题，因为人们太过掉以轻心。工程是一个关系国计民生的重大问题，所以它的完结工作和验收工作应该得到我们更多的关注。

综上所述，信息工程项目管理还需要我们多方面的完善，虽然笔者综合自己的工作经验和实践对信息工程项目的管理进行了阐述，但是关于如何加强信息工程项目的管理能力的课题是在不断发展和完善着的，有许许多多从事工程工作的科研工作者一直在努力着，这也是值得我们所有工程人员学习的，我们希望信息工程管理能力会随着信息技术的发展和人文管理技术的进步，而取得更好的成绩，以便更好地应用于工程中，更好地服务于人民，更好地服务于社会主义现代化建设。

八、工程项目管理中的信息管理

（一）建设项目信息管理原则与环节

建设项目信息管理是指建设项目信息收集、整理、处理、存储传递与运用等一系列工作的总称，其实质是根据信息的特点，有计划地组织信息沟通，以保证能及时，准确地获取所需要的信息，达到正确决策的目的。为此，要把握信息管理的各个环节，包括信息的来源，信息的分类，建立信息管理系统，正确应用信息管理手段，掌握信息流程的不同环节。

对业主、监理方和承包商来说，其信息种类、信息管理的细节等有所区别，但信息管理的原则、信息管理的环节基本一致。

为了提高信息的真实度和决策的可靠度，信息管理应遵循以下原则：

1. 及时、准确和全面地提供信息，以支持决策的科学性；应规格化、规范化地编码信息，以简化信息的表达和综合工作。

2. 用定量的方法分析数据和定性的方法归纳知识，以实施控制、优化方案和预测未来等。

3. 适用不同管理层的不同要求。高层领导制定战略型决策，需要战略级信息；中层领导是在已定战略下的策略性决策，需要策略级信息；基层人员是处理执行中的问题，需要执行级信息。自上而下而言，信息应逐级细化，自下而上而言，信息应逐级浓缩。

4. 尽可能高效、低耗的处理信息，以提高信息的利用率和效益。

信息管理的主要环节是信息的获取、传递和存贮：（1）信息获取，应明确信息的收集部门和收集人，信息的收集规格、时间和方式等，信息收集的重要的标准是及时、准确和全面；（2）信息传递，要保证畅通无阻和快速准确地传递，应建立具有一定流量的通道、明确规定合理的信息流程以及尽量减少传递的层次；（3）信息处理，即对原始信息去粗取精、去伪存真的加工过程，其目的是使信息真实、更有用；（4）信息存贮，要求做到存贮量大，便于查阅，为此建立贮存量大的数据库和知识库。同时，完善信息库，是发挥信息效应的重要保证。为此应合理建立信息收集制度，合理规定信息传递渠道，提高信息的吸收能力和利用率；建立灵敏的信息反馈系统，使信息充分发挥作用。

（二）工程项目管理信息的特点

随着市场经济的发展工程项目的管理信息变得越来越复杂，其特点越来越明显，主要表现在如下几个方面：

1. 信息量大。这主要是因为工程项目管理涉及部门多、环节多、专业多、用途多、渠道多、形式多的缘故。

2.信息系统性强。由于工程项目的单件性和一次性，故虽然信息量大，但却都集中于所管理的项目对象，容易系统化，这为信息系统的建立和应用创造了非常有利的条件。

3.项目管理信息从发送到接收的过程中，往往由于传递者主观方面的因素，如对信息的理解能力、经验、知识的限制而发生障碍；也往往会因为地区的间隔，部门的分散，专业的隔阂等造成信息传递障碍；还往往会因为传递手段落后或使用不当而造成传递障碍，发生信息横向流通不畅，纵向流通断层现象。

4.信息产生的滞后现象。信息是在项目建设和管理过程中产生的。信息反馈一般要经过加工整理、传递，然后到达决策者手中，往往迟于物流；反馈不及时，容易影响信息作用的及时发挥而造成失误。信息管理的目的就是根据信息的特点，有计划并及时地收集信息，组织信息沟通，以保持决策者能及时、准确获得相应的信息。这就要求建立信息管理系统。

（三）项目管理信息系统

项目信息管理系统，是指以电子计算机为手段，收集、存贮和处理有关的项目信息，为建设项目的组织、规划和决策提供各种信息服务的计算机辅助管理系统。由信息源、信息获取、信息处理、信息存贮、信息接收者以及信息反馈等环节组成。

建立项目管理信息系统的目标是实现项目信息的全面管理、有效管理，为项目目标控制、合同管理等服务。它有如下的作用：

1.为各层次、各部门的项目管理人员提供收集、传递、处理、存贮和开发各类数据、信息服务。

2.为高层次的项目管理人员提供决策所需的信息、手段、模型和决策支持。

3.为中层的项目管理人员提供必要的办公自动化手段，使其摆脱烦琐的、简单性的事物作业。

4.为项目计划编制人员提供人、财、物、设备等诸要素的综合性数据，为合理编制和修改计划、实现有效调控提供科学手段。

为满足建设项目管理的需要，建立科学的管理信息系统，其前提条件之一是建立起科学、合理的项目管理组织，建立科学的管理制度。它有如下的含义：（1）项目管理的组织内部职能分工明确化，岗位职责明确化，从组织上保证信息传送流畅。（2）日常业务标准化，把管理中重复出现的业务，按照部门功能的客观要求和管理人员的长期经验，规定成标准的工作程序和工作方法，用制度把它们固定下来，成为行动的准则。（3）设计一套完整、统一的报表格式，避免各部门自行其是所造成的报表泛滥。（4）历史数据应尽量完整，并进行整理编码。

工程项目管理是以投资、进度、质量控制为目标，以合同管理为核心的动态系统，因而，项目管理信息系统至少应具有处理三大目标控制及合同管理任务的功能。

（四）建设工程项目设计阶段的信息管理

信息管理是建筑工程设计项目管理的重要内容之一，是使项目建设过程规范化、科学化、正规化的重要保障。

1.设计阶段信息管理原则。设计阶段信息管理的基本原则是：通过对项目在设计过程中产生的所有信息的合理分类、编码，制定信息管理制度，促进各部门迅速准地传递信息，全面有效的管理信息，并且客观有效地记录和反映项目建设的整个历史过程。

设计阶段信息管理的范围除包括各类文件、来往函件、会议纪要等文字资料外，还包括图纸、照片和音像资料等。任何单位和部门发出和接收信息资料，均应按照所制定的信息管理制度的规定给予相应的编码，并按规定进行信息管理。

2.设计阶段信息管理的主要任务。设计阶段信息管理的主要任务由几个方面组成，它们是：（1）建立设计阶段的工程信息的编码体系；（2）建立设计阶段信息管理制度，并控制其执行；（3）进行设计阶段各类工程信息收集、分类、处理和存贮；（4）运用计算机进行本项目的信息管理，随时向业主提供有关项目管理的各类信息，并提供各种报表和报告；（5）协助业主建立有关会议制度，整理各类会议记录；（6）督促设计单位整理工程技术经济资料、档案；（7）填写项目管理工作记录，每月向业主递交设计阶段项目管理工作月报；（8）将所有设计文档（包括图纸、说明文件、来往函件、会议纪要、政府批件等）装订成册，在项目结束后递交业主。

3.设计阶段信息管理制度。设计阶段项目管理的信息管理制度，不仅仅与设计项目管理单位有关，它与设计阶段中有关的主要单位均有很大的关联，如业主、设计单位、施工单位、监理单位。信息制度的建立，即对几方的信息传递进行必要的规定，不仅便于工程的顺利进行，还能督促各方对工程项目实施过程中信息的分类、整理、收集、分发都能规范化、科学化。

（五）项目实施阶段中的信息管理

项目实施阶段的主要任务是将蓝图变为项目实体，通过建筑施工，在规定的工期、质量、造价范围内，按设计要求高效率地实现项目目标。这一阶段在整个项目周期中工作量最大，投入的人力、财力、物力最多，涉及的纵向上、下级各部门，横向远、近各单位也最多，因此管理协调配合难度最大。对承包方的项目经理来说，这一阶段的工作最为艰巨，信息管理内容最复杂。

项目实施阶段经常运用的信息有：各项计划指标、指标的完成情况、原始记录、各种生产调度和施工指挥指令、施工规范、工艺标准、定额、市场价格、规章制度等。

项目实施的全过程都需要信息，要做出准确有效的决策，要求项目实施过程中的信息能够提供及时、准确、内容适用，这就要求项目实施阶段的管理信息系统应具备以下功能：

1.承担信息中心作用，能进行信息的输入、处理和输出，沟通和各种工作关系，既要传递畅通，又要反馈及时，静态、动态信息全面、准确。

2.从系统的角度来处理项目实施过程中产生的一切问题，把局部问题置于整体来处理，力求达到整个系统全局的最优化。

3.能充分运用现代数据处理设备，能使信息迅速、及时、准确地送到管理者面前，提高管理效率。

4.在解决各种复杂的生产管理任务时，能够广泛应用现代数学的成果，建立各种数学模型，从而选择最优方案。

应当指出，信息管理工作是建设项目管理的基础工作，绝不是简单的计算机管理。虽然将计算机用于建设项目管理中的信息管理能提高管理工作的效率，但建设项目的特点是投资大、周期长、交叉作业多、流动性强，这样项目内、外部信息的收集、整理和传递比较困难，往往导致目前已经实现的计算机管理大都属于事后管理。而要实现建设项目的全过程管理，还需要采取种种措施，如提高人员素质，加强对信息管理工作的重视和领导，成立专门的综合协调部门等，从而逐步实现建设项目的全过程管理。计算机是人来操作的，只有解决了人的问题，才能最终解决信息问题，以致最终实现建设项目实施过程中的全方位信息管理。

结　语

　　地质勘探工作中，为探明隐伏矿体或某些特定地质体的形态、产状、深度、规模、结构和储量，取出有代表性的实物地质资料的工程技术。研究这一工程技术的学科称探矿工程学或探矿工程。其内容包括钻探工程、坑探工程和探矿机械。

　　随着生产技术的发展，工程钻进的应用不断扩大，如水坝或其他工程建筑基础的灌浆和固结处理、矿山竖井建设中冻结孔的钻凿，以及地下坑道的通风孔、电缆孔等地钻进，都属钻探工程的范畴。坑探工程是指勘探巷道的气掘进，即按地质设计在岩层内凿出一个可供人员及设备进入的通道，从中直接采集所需的实物样品，并在其中进行观察、描述等，从而为地质和矿产情况提供资料。根据业务工作的内容，探矿工程还分为机械设备及工艺技术两个方面。